高职高专土建类立体化创新系列教材

建筑工程安全管理

主　编　代洪伟　牛恒茂
副主编　吴俊臣　高雅琨　徐　蓉
参　编　杨　晶　杨玉清　王　磊
主　审　李仙兰

机械工业出版社

本书是根据国家最新高职高专建筑工程专业应用型人才培养方案编写的高职高专教材。全书共9章，内容主要包括建筑工程安全管理概论、土方工程施工安全技术、模板工程安全技术、脚手架工程与安全防护、临时用电安全技术、施工机械安全技术、拆除工程施工技术与安全管理、安全文明施工及消防安全管理，各章均有明确的知识目标与能力目标。本书通过二维码的形式链接，拓展了学习内容，每章均安排了一定数量的思考题与习题、职业活动训练等内容以加深对理论的消化。

本书可作为高职高专院校、成人高校及独立院校建筑工程技术专业、工程管理、工程建设监理等专业的教学用书，也可作为施工企业生产一线管理人员的培训和参考用书。

图书在版编目（CIP）数据

建筑工程安全管理/代洪伟主编. —北京：机械工业出版社，2020.7
（2024.1重印）
高职高专土建类立体化创新系列教材
ISBN 978-7-111-65298-4

Ⅰ.①建…　Ⅱ.①代…　Ⅲ.①建筑工程-安全管理-高等职业教育-教材
Ⅳ.①TU714

中国版本图书馆 CIP 数据核字（2020）第 059537 号

机械工业出版社（北京市百万庄大街22号　邮政编码100037）
策划编辑：张荣荣　责任编辑：张荣荣　范秋涛
责任校对：王　欣　封面设计：张　静
责任印制：单爱军
北京虎彩文化传播有限公司印刷
2024 年 1 月第 1 版第 8 次印刷
184mm×260mm · 12.75 印张 · 314 千字
标准书号：ISBN 978-7-111-65298-4
定价：39.00 元

电话服务　　　　　　　　　网络服务
客服电话：010-88361066　　机 工 官 网：www.cmpbook.com
　　　　　010-88379833　　机 工 官 博：weibo.com/cmp1952
　　　　　010-68326294　　金 书 网：www.golden-book.com
封底无防伪标均为盗版　机工教育服务网：www.cmpedu.com

前言

我国高职高专教育目前正处于全面提升质量和加强内涵建设的重要阶段。随着国家示范性院校建设、精品课程建设、优秀教学团队及教学成果奖评选等工作的开展，形成了大批符合教学需要、紧贴行业一线、突出工学结合、自身特色鲜明的示范专业和精品课程，这既反映了高职高专教育内涵建设的阶段性成果，也为今后的发展起到了引领作用。"建筑工程安全管理"课程正是在这样的背景下逐渐发展和成熟起来的。

"建筑工程安全管理"是建筑工程技术专业的一门核心课程。加强工程建设的安全管理是工程建设活动中一项十分重要的工作，在高职高专教育中也应加强学生工程建设安全管理能力的训练，培养"适应生产、建设、管理、服务第一线需要的高等技术应用型人才"，本书突出高等职业技术教育以就业为导向，能力为本位的特色，全面培养学生的职业素质和职业能力，实现"零距离上岗"。本书根据高职高专土建类学科指定的课程教学标准、人才培养方案等要求编写，以国家现行的行业规范、规程和标准为依据。在编写过程中，坚持以"理论适度、够用"为原则，以应用型人才培养为目标，同时力争本书与建造师、施工员等考试内容密切结合。在每章介绍完理论知识后，都有职业活动训练，而且对理论概念的阐述、对实际操作要点，都尽量反映当前施工的最新内容。

本书还通过二维码的形式链接了拓展学习资料、相关工程案例、视频等内容，读者通过手机的"扫一扫"功能，扫描书中的二维码，即可在课堂内外进行相应知识点的拓展学习，节约了收集、整理学习资料的时间。编者也会根据行业发展情况，及时更新书中二维码所链接的资源，以便书中内容与行业发展结合更为紧密。本书由内蒙古建筑职业技术学院代洪伟、牛恒茂担任主编，内蒙古建筑职业技术学院吴俊臣、高雅琨、徐蓉担任副主编，内蒙古建筑职业技术学院杨晶、杨玉清和内蒙古交通职业技术学院王磊参与了本书的编写工作，编写分工如下：杨晶编写1.1~1.5节的内容，徐蓉编写1.6~1.9节、第8章的内容，牛恒茂编写第2章的内容，代洪伟编写第3章、第4章、附录一、附录二的内容，王磊编写第5章的内容，吴俊臣编写第6章的内容，杨玉清编写第7章的内容，高雅琨编写第9章的内容。代洪伟负责编写大纲并对全书统稿，由李仙兰教授主审。

本书在编写过程中还参阅了大量国内相关教材和岗位考试用书，在此对有关作者一并表示感谢。建筑工程施工理论和实践发展很快，编者虽然希望本书能反映我国建筑施工安全管理的先进技术与经验，但限于编者水平，疏漏之处在所难免，恳请广大读者批评指正。

编　者

目录

第1章

建筑工程安全管理概论

知识目标

1. 掌握建筑工程各相关部门的安全生产责任和建筑工程安全管理的基本制度。
2. 掌握建筑施工现场安全生产的基本要求。
3. 掌握建筑工程安全生产评分方法。

能力目标

1. 能深刻体会"安全第一，预防为主，综合治理"的安全生产方针。
2. 能根据建筑施工现场安全管理的具体内容和要求，对施工现场进行相关的安全生产管理，包括建筑企业内部各类人员的安全职责、安全技术措施及审查制度、应急救援、安全检查、事故管理、安全教育和安全资料管理等。
3. 会运用本章知识，正确解决和处理建筑工程施工中的安全管理方面的问题。

重点与难点

1. 建筑施工现场安全管理。
2. 施工现场安全检查制度的落实、安全技术措施的交底与审核以及应急救援的管理。

希望在学习过程中，能深入工程实际，观察和分析施工现场的安全管理现状，体会本章的知识内涵。

1.1 概述

1.1.1 安全与安全生产的概念

1. 安全

"安全"原意为没有危险、不受威胁、不出事故。从这个意义上讲，安全所表征的是一种环境、状态或一定的物质形态。目前建设工程中所讲的"安全"还包含有一种能力的含义，即包括对健康、生命、卫生、财产、资源和环境等维护和控制的能力。总之，安全是指不发生财产损失、人身伤害和对健康及环境造成危害的一种形态，安全的实质是防止事故发生，消除导致伤害、各种财产损失、职业和环境危害发生的条件。

2. 安全生产

"安全生产"则有狭义和广义之分，狭义的安全生产是指消除或控制生产过程中的危险和有害因素，保障人身安全健康、设备完好无损、避免财产损失，并使生产顺利进行的生产活动。而广义的"安全生产"是指除对直接生产过程中的危险因素进行控制外，还包括职业健康、劳动保护和环境保护等方面的控制。

一般意义上讲，"安全生产"是指在社会生产活动中，通过人、物、机、环境的和谐运作，使生产过程中各种潜在的伤害因素和事故风险始终处于有效的控制状态，切实保护劳动者的生命安全和身体健康以及避免财产损失和环境危害的一项活动。《中国大百科全书》对安全生产的定义是："旨在保障劳动者在生产过程中的安全的一项方针，企业管理必须遵循的一项原则"。由此，安全生产工作就是为了达到安全生产目标而进行的系统性管理活动，它由源头管理、过程控制、应急救援、安全教育和事故查处五个组成部分构成，既包括了生产主体（建筑施工企业）对事故风险和伤害因素所进行的识别、评价和控制，也包括了政府相关部门的监督管理、事故处理以及安全生产法制建设、科学研究、宣教培训、工伤保险等方面的活动。

安全生产管理是指建设行政主管部门、建设工程安全监督机构、建筑施工企业、监理单位及相关单位对建设工程生产经营过程中的安全，进行计划、组织、指挥、控制、协调等一系列的管理活动。

1.1.2　安全生产的意义

随着社会的发展与进步，安全生产的概念也在不断地发展。安全生产的概念已不仅仅是保证不发生伤亡事故和保证生产顺利进行，而且增加了对人的身心健康要求，以及搞好安全生产以促进社会经济发展、社会稳定及社会进步的要求。我们应从理论、政治、经济（宏观和微观）、伦理道德和社会稳定等不同角度来理解安全生产，从而进一步搞好安全生产工作。

1）从理论而言，人民群众是历史的创造者。人类社会赖以生存的物质资料都是劳动者创造的，保护劳动者就是保护生产力，推动历史前进。

2）从政治而言，劳动人民是国家的主人，我国的宪法和其他法律法规都明确规定要保护劳动者在生产过程中的安全与健康。国际劳工组织也规范了保障就业者安全的各种章程。搞好安全生产，保护劳动者的安全与健康已成为国家乃至世界关注的一个政治敏感问题。

3）从宏观经济而言，生产力的高低决定着经济发展的高低，生产力是由人的因素和物的因素构成，而人的因素是主体，在构成生产力诸多因素中起主导作用。一个国家或一个地区安全生产搞不好，会直接影响这个国家或这个地区的经济发展。

4）从微观经济而言，每一起生产安全事故都将造成一定的经济损失，这些直接和间接的经济损失有时是巨大的，甚至是一个企业或个人难以承受的。因此，搞好安全生产就是保护生产力，促进经济发展。

5）从伦理道德而言，家庭是社会的细胞，尤其在我国，重视家庭生活是传统的美德。如果一个家庭的某一个成员因生产事故而伤残或死亡，会造成这个家庭的极大不幸。伤亡一名职工，会给其父母、妻子、儿女、亲朋好友带来很大的痛苦，甚至给家庭带来长久的痛苦。

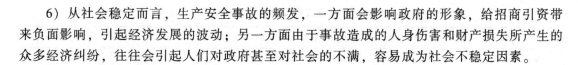

6）从社会稳定而言，生产安全事故的频发，一方面会影响政府的形象，给招商引资带来负面影响，引起经济发展的波动；另一方面由于事故造成的人身伤害和财产损失所产生的众多经济纠纷，往往会引起人们对政府甚至对社会的不满，容易成为社会不稳定因素。

1.1.3　安全生产的方针

我国建设工程安全生产管理的方针是"安全第一、预防为主、综合治理"。

"安全第一"是指我国各级政府，一切生产建设部门在生产设计过程中都要把"安全第一"放在首位，坚持安全生产，生产必须安全，抓生产必须首先抓安全；真正树立人是最宝贵的财富，劳动者是发展生产力最重要的因素；在组织、指挥和进行生产活动中，坚持把安全生产作为企业生存与发展的首要问题来考虑，坚持把安全生产作为完成生产计划、工作任务的前提条件和头等大事来抓。

"预防为主"就是掌握行业伤亡事故发生和预防的规律，针对生产过程中可能出现的不安全因素，预先采取防范措施，消除和控制它们，做到防微杜渐，防患于未然。科学技术的进步，安全科学的发展，使得我们可以在事故发生之前预测事故，评价事故危险性，采取措施进行消除和控制不安全因素，实现"预防为主"。

把"综合治理"充实到安全生产方针当中，始于党的十六届五中全会上《中共中央关于制定国民经济和社会发展第十一个五年规划的建议》，这一发展和完善，更好地反映了安全生产工作的规律和特点。综合运用经济手段、法律手段和必要的行政手段，从发展规划、行业管理、安全投入、科技进步、经济政策、教育培训、安全立法、激励约束、企业管理、监管体制、社会监督以及追究事故责任、查处违法违纪等方面着手，解决影响制约安全生产的历史性、深层次问题，建立安全生产的长效机制。

"安全第一"与"预防为主"两者相辅相成，与"综合治理"共同构成安全生产的总方针。"安全第一"是明确认识问题，"预防为主"是明确方法问题，"综合治理"是明确手段问题。"安全第一"明确指出了安全生产的重要性，是处理安全工作与其他工作的总原则、总要求。在组织生产活动时，必须优先考虑安全，采取必要的安全措施，并贯穿于生产活动的始终。

1.2　安全生产相关法律、法规及标准

安全生产至关重要，实现安全生产的前提条件是制定一系列安全法规，使之有法可依。目前，我国建设工程安全生产法律、法规、标准体系主要由《中华人民共和国建筑法》（以下简称《建筑法》）、《中华人民共和国安全生产法》（以下简称《安全生产法》）、《建设工程安全生产管理条例》以及相关的法律、法规、规章和工程建设强制性标准所构成。

我国现行有关建设工程安全生产的法律、法规与标准见表1-1~表1-4。

建设工程法律是指全国人民代表大会及其常务委员会通过的规范工程建设活动的法律规范，由国家主席令予以公布，如《建筑法》《安全生产法》《中华人民共和国劳动法》等。

建设行政法规是由国务院根据宪法和法律制定的规范工程建设活动的各项法规，由国家总理签署国务院令予以公布，如《建设工程安全生产管理条例》《安全生产许可证条例》等。

表 1-1　建设工程安全生产法律法规

颁布单位	名称	发布(修订)时间/年
全国人大	《中华人民共和国刑法》	2015
全国人大	《中华人民共和国建筑法》	2011
全国人大	《中华人民共和国消防法》	1998,2008 修订
全国人大	《中华人民共和国安全生产法》	2014
国务院	《国务院关于特大安全事故行政责任追究的规定》(国务院令第 302 号)	2001
国务院	《特种设备安全监察条例》(国务院令第 373 号)	2003
国务院	《建设工程安全生产管理条例》(国务院令第 393 号)	2003
国务院	《安全生产许可证条例》(国务院令第 397 号)	2004
国务院	《生产安全事故报告和调查处理条例》(国务院令第 493 号)	2007

表 1-2　建设工程安全生产部门规章

颁布单位	名称	发布时间/年
建设部	《建筑施工企业安全生产许可证管理规定》(建设部令第 128 号)	2004
建设部	《工程建设重大事故报告和调查程序规定》(建设部令第 3 号)	1989
建设部	《建筑安全生产监督管理规定》(建设部令第 13 号)	1991
建设部	《建设工程施工现场管理规定》(建设部令第 15 号)	1991
建设部	《建设行政处罚程序暂行规定》(建设部令第 66 号)	1999
建设部	《实施工程建设强制性标准监督规定》(建设部令第 81 号)	2000
建设部	《建筑业企业资质管理规定》(建设部令第 87 号)	2001
建设部	《建筑工程施工许可管理办法》(建设部令第 91 号)	2001
建设部	《关于加强建筑意外伤害保险工作的指导意见》(建质[2003]107 号)	2003
建设部	《建筑起重机械安全监督管理规定》(建设部令第 166 号)	2008
国家安监总局	《劳动防护用品监督管理规定》(国家安全生产监督管理总局令第 1 号)	2005
国家安监总局	《特种作业人员安全技术培训考核管理规定》	2010

注：建设部现已改组为住房和城乡建设部。

表 1-3　建设工程安全生产规范性文件

颁布单位、文号或时间	名称
建监安[94]第 15 号	《关于防止拆除工程中发生伤亡事故的通知》
建监安[1998]12 号	《关于防止发生施工火灾事故的紧急通知》
建建[1999]173 号	《关于防止施工坍塌事故的紧急通知》
建质[2004]59 号	《建筑施工企业主要负责人、项目负责人和专职安全生产管理人员安全生产考核管理暂行规定》
建设部,2004 年	《建筑施工企业安全生产管理机构设置及专职安全生产管理人员配备办法》
建设部,2004 年	《危险性较大工程安全专项施工方案编制及专家论证审查办法》
建质[2009]87 号	《危险性较大的分部分项工程安全管理办法》
建质[2017]57 号	《住房和城乡建设部关于印发工程质量安全提升行动方案的通知》

表 1-4　建设工程安全生产技术规程及标准规范

编　号	名　称
JGJ 88—2010	《龙门架及井架物料提升机安全技术规范》
JGJ 128—2010	《建筑施工门式钢管脚手架安全技术规范》
JGJ 202—2010	《建筑施工工具式脚手架安全技术规范》
JGJ 183—2009	《液压升降整体脚手架安全技术规程》
JGJ 196—2010	《建筑施工塔式起重机安装、使用、拆卸安全技术规程》
JGJ 180—2009	《建筑施工土石方工程安全技术规范》
JGJ 162—2008	《建筑施工模板安全技术规范》
JGJ 160—2016	《施工现场机械设备检查技术规程》
JGJ 130—2011	《建筑施工扣件式钢管脚手架安全技术规范》
JGJ 46—2005	《施工现场临时用电安全技术规范》
JGJ 33—2012	《建筑机械使用安全技术规程》
JGJ 146—2013	《建设工程施工现场环境与卫生标准》
JGJ 147—2016	《建筑拆除工程安全技术规范》
JGJ 80—2016	《建筑施工高处作业安全技术规范》
JGJ 59—2011	《建筑施工安全检查标准》

建设工程部门规章是指住房和城乡建设部按照国务院规定的职权范围，独立或与国务院有关部门联合，根据法律和国务院的行政法规、决定、命令制定的规范工程建设活动的各项规章，是住房和城乡建设部制定的由部长签署建设部令予以公布的，如《建筑安全生产监督管理规定》《建筑施工企业安全生产许可证管理规定》等。建设工程安全技术规范是强制性的标准，是建设工程安全生产法律法规体系的组成部分。

1.《建筑法》

《建筑法》于 1997 年 11 月 1 日第八届全国人民代表大会常务委员会第二十八次会议通过，1997 年 11 月 1 日中华人民共和国主席令第 91 号发布，自 1998 年 3 月 1 日起施行。《建筑法》主要规定了建筑许可、建筑工程发包承包、建筑工程监理、建筑安全生产管理、建筑工程质量管理及相关法律责任等方面的内容。《建筑法》的颁发实施，奠定了建筑安全管理工作的法律体系的基础。

例如，在安全生产管理中，《建筑法》确立了安全生产责任制度、群防群治制度、安全生产教育培训制度、安全生产检查制度、伤亡事故处理报告制度等五项制度。它把建筑安全生产工作真正纳入到法制化轨道，开始实现建筑安全生产监督管理工作向规范化、标准化和制度化管理过渡。它不仅对"安全第一、预防为主"这个我国一贯的安全工作方针给予了肯定，而且还解决了建筑安全生产管理的体制问题。

2.《安全生产法》

《安全生产法》是为了加强安全生产监督管理，防止和减少生产安全事故，保障人民群众生命和财产安全，促进经济发展而制定的，由中华人民共和国第九届全国人民代表大会常务委员会第二十八次会议于 2002 年 6 月 29 日通过公布，自 2002 年 11 月 1 日起施行。2014 年 8 月 31 日又对其进行了修订，新的《安全生产法》自 2014 年 12 月 1 日起施行。

《安全生产法》中明确了生产经营单位必须做好安全生产的保证工作，既要在安全生产条件上、技术上符合生产经营的要求，也要在组织管理上建立健全安全生产责任并进行有效落实。《安全生产法》不仅明确了从业人员为保证安全生产所应尽的义务，也明确了从业人员进行安全生产所享有的权利。在正面强调从业人员应该为安全生产尽职尽责的同时，赋予从业人员权利，也从另一方面有效保障了安全生产管理工作的有效开展。《安全生产法》明确规定了生产经营单位的主要负责人（含法定代表人、实际控制人）是本单位安全生产的第一责任人，对本单位的安全生产工作全面负责。因为一切安全管理，归根到底是对人的管理，只有生产经营单位的负责人真正认识到安全管理的重要性并认真落实安全管理的各项工作，安全管理工作才可能真正有效地进行。违法必究是我国法律的基本原则，在《安全生产法》中明确了对违法单位和个人的法律责任追究制度。生产安全事故，特别是重大、特大生产安全事故往往有其突发性、紧迫性，如果事先没有做好充分准备工作，很难在短时间内组织有效的抢救，防止事故的扩大，减少人员伤亡和财产损失。因此，《安全生产法》明确了要建立事故应急救援制度，制定应急救援预案，形成应急救援预案体系。

3. 《建设工程安全生产管理条例》

《建设工程安全生产管理条例》于 2003 年 11 月 12 日国务院第 28 次常务会议通过，自 2004 年 2 月 1 日起施行。该条例的颁布是我国工程建设领域安全生产工作发展历史上具有里程碑意义的一件大事，也是工程建设领域贯彻落实《建筑法》和《安全生产法》的具体表现，标志着我国建设工程安全生产管理进入法制化、规范化发展的新时期。该条例较为详细地制定了建设单位、勘察、设计、工程监理、其他有关单位的安全责任和施工单位的安全责任，以及政府部门对建设工程安全生产实施监督管理的责任等。《建设工程安全生产管理条例》确立了建设工程安全生产的基本管理制度，对政府部门、有关企业及相关人员的建设工程安全生产和管理行为进行了全面规范，确立了十三项主要制度。其中，涉及政府部门的安全生产监督制度有七项：依法批准开工报告的建设工程和拆除工程备案制度，三类人员考核任职制度，特种作业人员持证上岗制度，施工起重机械使用登记制度，政府安全监督检查制度，危及施工安全工艺、设备、材料淘汰制度，生产安全事故报告制度。《建设工程安全生产管理条例》还进一步明确了施工企业的六项安全生产制度即安全生产责任制度、安全生产教育培训制度、专项施工方案专家论证审查制度、施工现场消防安全责任制度、意外伤害保险制度和生产安全事故应急救援制度。

4. 《安全生产许可证条例》

《安全生产许可证条例》于 2004 年 1 月 7 日经国务院第 34 次常务会议通过，自 2004 年 1 月 13 日起施行。该条例的颁布施行标志着我国依法建立起了安全生产许可制度。国家对矿山企业、建筑施工企业和危险化学品、烟花爆竹、民用爆破器材生产企业实行安全生产许可制度。企业未取得安全生产许可证的，不得从事生产活动。企业进行生产前，应当按照条例的规定向安全生产许可证颁发管理机关申请领取安全生产许可证，并提供条例规定的相关文件、资料。安全生产许可证的有效期为三年。安全生产许可证有效期满需要延期的，企业应当于期满前三个月向原安全生产许可证颁发管理机关办理延期手续。企业在安全生产许可证有效期内，严格遵守有关安全生产的法律法规，未发生死亡事故的，安全生产许可证有效期届满时，经原安全生产许可证颁发管理机关同意，不再审查，安全生产许可证有效期延期三年。

5. 《建筑施工安全检查标准》

《建筑施工安全检查标准》（JGJ 59—2011）是强制性行业标准，2011 年 12 月 7 日颁发，2012 年 7 月 1 日起强制实施。制定该标准的目的是为了科学地评价建筑施工安全生产情况，提高安全生产工作和文明施工的管理水平，预防伤亡事故的发生，确保职工的安全和健康，实现检查评价工作的标准化和规范化。

《建筑施工安全检查标准》采用了安全系统工程原理，结合建筑施工中伤亡事故规律，依据国家有关法律法规、标准和规程而编制，适用于建筑施工企业及其主管部门对建筑施工安全工作的检查和评价。

6. 《施工企业安全生产评价标准》

《施工企业安全生产评价标准》（JGJ/T 77—2010）是一部推荐性行业标准，于 2003 年正式实施。在此基础上，2010 年 5 月 18 日住房和城乡建设部以第 575 号公告批准、发布了该标准。

制定该标准的目的是为了加强施工企业安全生产的监督管理，科学地评价施工企业安全生产条件，实现施工企业安全生产评价工作的规范化和制度化，促进施工企业安全生产管理水平的提高。标准中的大部分内容是依据《安全生产法》和《建筑法》中对建筑施工企业生产保障的具体的基本要求编制而成。编制时，还结合了《建筑施工安全检查标准》，力求各项规定要求的一致性。

标准的编制使评价方和被评价方均有统一的标准可依，被评价方参照标准可找出自身不完善的地方加以完善提高；评价方根据标准进行系统的客观的评价。这样，一方面帮助施工企业加强管理理念，加强安全管理规范化、制度化建设，完善安全生产条件，实现施工过程安全生产的主动控制，促进施工企业生产管理的基本水平的提高；另一方面通过建立安全生产评价的完整体系，转变安全监督管理模式，提高监督管理实效，促进安全生产评价的标准化、规范化和制度化。

1.3　建设工程相关各方责任主体的安全责任

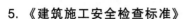

安全生产责任制

在《建设工程安全生产管理条例》中，对建设工程相关各方责任主体的安全责任和义务方面都做了明确的规定，具体如下：

1. 建设单位的安全责任

1）建设单位应当向施工单位提供施工现场及毗邻区域内供水、排水、供电、供气、供热、通信、广播电视等地下管线资料，气象和水文观测资料，相邻建筑物和构筑物、地下工程的有关资料，并保证资料的真实、准确、完整。

建设单位因建设工程需要，向有关部门或者单位查询前述规定的资料时，有关部门或者单位应当及时提供。

2）建设单位不得对勘察、设计、施工、工程监理等单位提出不符合建设工程安全生产法律、法规和强制性标准规定的要求，不得压缩合同约定的工期。

3）建设单位在编制工程概算时，应当确定建设工程安全作业环境及安全施工措施所需费用。

4）建设单位不得明示或暗示施工单位购买、租赁、使用不符合安全施工要求的安全防护用具、机械设备、施工机具及配件、消防设施和器材。

5）建设单位在申请领取施工许可证时，应当提供建设工程有关安全施工措施的资料；依法批准开工报告的建设工程，建设单位应当自开工报告批准之日起 15 日内，将保证安全施工的措施报送建设工程所在地的县级以上地方人民政府建设行政主管部门或者其他有关部门备案。

6）建设单位应当将拆除工程发包给具有相应资质等级的施工单位；建设单位应当在拆除工程施工 15 日前，将下列资料报送建设工程所在地的县级以上地方人民政府建设行政主管部门或者其他有关部门备案：

① 施工单位资质等级证明。

② 拟拆除建筑物、构筑物及可能危及毗邻建筑的说明。

③ 拆除施工组织方案。

④ 堆放、清除废弃物的措施。

7）实施爆破作业的，应当遵守国家有关民用爆炸物品管理的规定。

2. 勘察、设计单位的安全责任

1）勘察单位应当按照法律、法规和工程建设强制性标准进行勘察，提供的勘察文件应当真实、准确，满足建设工程安全生产的需要。

2）勘察单位在勘察作业时，应当严格执行操作规程，采取措施保证各类管线、设施和周边建筑物、构筑物的安全。

3）设计单位应当按照法律、法规和工程建设强制性标准进行设计，防止因设计不合理导致生产安全事故的发生。

4）设计单位应当考虑施工安全操作和防护的需要，对涉及施工安全的重点部位和环节在设计文件中注明，并对防范生产安全事故提出指导意见。

5）采用新结构、新材料、新工艺的建设工程和特殊结构的建设工程，设计单位应当在设计中提出保障施工作业人员安全和预防生产安全事故的措施建议。

6）设计单位和注册建筑师等注册执业人员应当对其设计负责。

3. 工程监理单位的安全责任

1）工程监理单位应当审查施工组织设计中的安全技术措施或者专项施工方案是否符合工程建设强制性标准。

2）工程监理单位在实施监理过程中，发现存在安全事故隐患的，应当要求施工单位整改；情况严重的，应当要求施工单位暂时停止施工，并及时报告建设单位。施工单位拒不整改或者不停止施工的，工程监理单位应当及时向有关主管部门报告。

3）工程监理单位和监理工程师应当按照法律、法规和工程建设强制性标准实施监理，并对建设工程安全生产承担监理责任。

4. 施工单位的安全责任

1）施工单位从事建设工程的新建、扩建、改建和拆除等活动，应当具备国家规定的注册资本、专业技术人员、技术装备和安全生产等条件，依法取得相应等级的资质证书，并在其资质等级许可的范围内承揽工程。

2）施工单位主要负责人依法对本单位的安全生产工作全面负责。施工单位应当建立健全安全生产责任制度和安全生产教育培训制度，制定安全生产规章制度和操作规程，保证本单位安全生产条件所需资金的投入，对所承担的建设工程进行定期和专项安全检查，并做好安全检查记录。

3）施工单位的项目负责人应当由取得相应执业资格的人员担任，对建设工程项目的安全施工负责，落实安全生产责任制度、安全生产规章制度和操作规程，确保安全生产费用的有效使用，并根据工程的特点组织制定安全施工措施，消除安全事故隐患，及时、如实报告生产安全事故。

4）施工单位对列入建设工程概算的安全作业环境及安全施工措施所需费用，应当用于施工安全防护用具及设施的采购和更新、安全施工措施的落实、安全生产条件的改善，不得挪作他用。

5）施工单位应当设立安全生产管理机构，配备专职安全生产管理人员；专职安全生产管理人员负责对安全生产进行现场监督检查，发现安全事故隐患，应当及时向项目负责人和安全生产管理机构报告；对违章指挥、违章操作的，应当立即制止。

6）建设工程实行施工总承包的，由总承包单位对施工现场的安全生产负总责。

7）总承包单位依法将建设工程分包给其他单位的，分包合同中应当明确各自的安全生产方面的权利、义务。总承包单位和分包单位对分包工程的安全生产承担连带责任。

8）分包单位应当服从总承包单位的安全生产管理，分包单位不服从管理导致生产安全事故的，由分包单位承担主要责任。

9）垂直运输机械作业人员、安装拆卸工、爆破作业人员、起重信号工、登高架设作业人员等特种作业人员，必须按照国家有关规定经过专门的安全作业培训，并取得特种作业操作资格证书后，方可上岗作业。

10）施工单位应当在施工组织设计中编制安全技术措施和施工现场临时用电方案，对下列达到一定规模的危险性较大的分部分项工程编制专项施工方案，并附具安全验算结果，经施工单位技术负责人、总监理工程师签字后实施，由专职安全生产管理人员进行现场监督：

① 基坑支护与降水工程。

② 土方开挖工程。

③ 模板工程。

④ 起重吊装工程。

⑤ 脚手架工程。

⑥ 拆除、爆破工程。

⑦ 国务院建设行政主管部门或者其他有关部门规定的其他危险性较大的工程。

对前述所列工程中涉及深基坑、地下暗挖工程、高大模板工程的专项施工方案，施工单位还应当组织专家进行论证、审查。

11）建设工程施工前，施工单位负责项目管理的技术人员应当对有关安全施工的技术要求向施工作业班组、作业人员做出详细说明，并由双方签字确认。

12）施工单位应当在施工现场入口处、施工起重机械、临时用电设施、脚手架、出入通道口、楼梯口、电梯井口、孔洞口、桥梁口、隧道口、基坑边沿、爆破物及有害危险气体和液体存放处等危险部位，设置明显的安全警示标志。安全警示标志必须符合国家标准。

13）施工单位应当根据不同施工阶段和周围环境及季节、气候的变化，在施工现场采取相应的安全施工措施。施工现场暂时停止施工的，施工单位应当做好现场防护，所需费用由责任方承担，或者按照合同约定执行。

14）施工单位应当将施工现场的办公、生活区与作业区分开设置，并保持安全距离；办公、生活区的选址应当符合安全性要求。职工的膳食、饮水、休息场所等应当符合卫生标准。施工单位不得在尚未竣工的建筑物内设置员工集体宿舍。

15）施工现场临时搭建的建筑物应当符合安全使用要求。施工现场使用的装配式活动房屋应当具有产品合格证。

16）施工单位对因建设工程施工可能造成损害的毗邻建筑物、构筑物和地下管线等，应当采取专项防护措施。

17）施工单位应当遵守有关环境保护法律、法规的规定，在施工现场采取措施，防止或者减少粉尘、废气、废水、固体废物、噪声、振动和施工照明对人和环境的危害和污染。在城市市区内的建设工程，施工单位应当对施工现场实行封闭围挡。

18）施工单位应当在施工现场建立消防安全责任制度，确定消防安全责任人，制定用火、用电、使用易燃易爆材料等各项消防安全管理制度和操作规程，设置消防通道、消防水源，配备消防设施和灭火器材，并在施工现场入口处设置明显标志。

19）施工单位应当向作业人员提供安全防护用具和安全防护服装，并书面告知危险岗位的操作规程和违章操作的危害。

20）作业人员有权对施工现场的作业条件、作业程序和作业方式中存在的安全问题提出批评、检举和控告，有权拒绝违章指挥和强令冒险作业。在施工中发生危及人身安全的紧急情况时，作业人员有权立即停止作业或者在采取必要的应急措施后撤离危险区域。

21）作业人员应当遵守安全施工的强制性标准、规章制度和操作规程，正确使用安全防护用具、机械设备等。

22）施工单位采购、租赁的安全防护用具、机械设备、施工机具及配件，应当具有生产（制造）许可证、产品合格证，并在进入施工现场前进行查验。

23）施工现场的安全防护用具、机械设备、施工机具及配件必须由专人管理，定期进行检查、维修和保养，建立相应的资料档案，并按照国家有关规定及时报废。

24）施工单位在使用施工起重机械和整体提升脚手架、模板等自升式架设设施前，应当组织有关单位进行验收，也可以委托具有相应资质的检验检测机构进行验收；使用承租的机械设备和施工机具及配件的，由施工总承包单位、分包单位、出租单位和安装单位共同进行验收。验收合格的方可使用。《特种设备安全监察条例》规定的施工起重机械，在验收前应当经有相应资质的检验检测机构监督检验合格。

25）施工单位的主要负责人、项目负责人、专职安全生产管理人员应当经建设行政主管部门或者其他有关部门考核合格后方可任职。

26）施工单位应当对管理人员和作业人员每年至少进行一次安全生产教育培训，其教育培训情况记入个人工作档案。安全生产教育培训考核不合格的人员，不得上岗。

27）作业人员进入新的岗位或者新的施工现场前，应当接受安全生产教育培训。未经教育培训或者教育培训考核不合格的人员，不得上岗作业。

28）施工单位在采用新技术、新工艺、新设备、新材料时，应当对作业人员进行相应的安全生产教育培训。

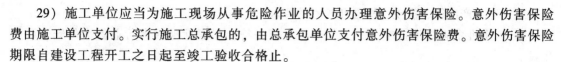

29）施工单位应当为施工现场从事危险作业的人员办理意外伤害保险。意外伤害保险费由施工单位支付。实行施工总承包的，由总承包单位支付意外伤害保险费。意外伤害保险期限自建设工程开工之日起至竣工验收合格止。

5. 其他相关单位的安全责任

1）为建设工程提供机械设备和配件的单位，应当按照安全施工的要求配备齐全有效的保险、限位等安全设施和装置。

2）出租的机械设备和施工机具及配件，应当具有生产（制造）许可证、产品合格证。出租单位应当对出租的机械设备和施工机具及配件的安全性能进行检测，在签订租赁协议时，应当出具检测合格证明。禁止出租检测不合格的机械设备和施工机具及配件。

3）在施工现场安装、拆卸施工起重机械和整体提升脚手架、模板等自升式架设设施，必须由具有相应资质的单位承担。

4）安装、拆卸施工起重机械和整体提升脚手架、模板等自升式架设设施，应当编制拆装方案、制定安全施工措施，并由专业技术人员现场监督。

5）安装、拆卸施工起重机械和整体提升脚手架、模板等自升式架设设施，安装完毕后，安装单位应当自检，出具自检合格证明，并向施工单位进行安全使用说明，办理验收手续并签字。

6）施工起重机械和整体提升脚手架、模板等自升式架设设施的使用达到国家规定的检验检测期限的，必须经具有专业资质的检验检测机构检测，经检测不合格的，不得继续使用。

7）检验检测机构对检测合格的施工起重机械和整体提升脚手架、模板等自升式架设设施，应当出具安全合格证明文件，并对检测结果负责。

1.4　建筑工程安全管理的基本制度

要贯彻"安全第一、预防为主，综合治理"的方针，实现建筑施工的安全生产，其基本点在于建立健全并落实安全生产的管理制度。安全生产管理制度可分为政府部门的监督管理制度和建筑施工企业的责任制度两个方面。

1. 政府部门的监督管理制度

（1）安全生产许可证制度　国家对建筑施工企业实行安全生产许可证制度。建筑施工企业未取得安全生产许可证的，不得从事建筑施工活动。

建筑施工企业取得安全生产许可证，应当具备下列安全生产条件：

1）建立、健全安全生产责任制，制定完备的安全生产规章制度和操作规程。

2）保证本单位安全生产条件所需要资金的投入。

3）设置安全生产管理机构，配备专职安全生产管理人员。

4）主要负责人、项目负责人、专职安全生产管理人员经考核合格。

5）特种作业人员经有关业务主管部门考核合格，取得特种作业操作资格证书。

6）管理人员和作业人员每年至少进行一次安全生产教育培训并考核合格。

7）依法参加工伤保险，为从业人员缴纳保险费。

8）施工现场的办公、生活区作业场所和安全防护用具、机械设备、施工机具及配件符合有关安全生产法律、法规、标准和规程的要求。

9）有职业危害防治措施，并为从业人员配备符合国家标准或者行业标准的安全防护用具。

10）依法进行安全评价。

11）有对危险性较大的分部分项工程及施工现场易发生重大事故的部位、环节的预防、监控措施和应急预案。

12）有生产安全事故应急救援预案、应急救援组织或者应急救援人员，配备必要的应急救援器材、设备。

（2）特种作业人员持证上岗制度　特种作业是指容易发生人员伤亡事故，对操作者本人、他人及周围设施的安全可能造成重大危害的作业。直接从事特种作业的人员称为特种作业人员。垂直运输机械作业人员、起重机械安装拆卸工、爆破作业人员、起重信号工、登高架设等特种作业人员，必须按照国家有关规定经过专门的安全作业业务培训，并取得特种作业操作资格证书后，方可上岗作业。

（3）三类人员考核任职制度　根据《安全生产法》的规定，建筑施工企业的主要负责人、项目负责人和安全生产管理人员，应当由有关主管部门对其安全生产知识和管理能力考核合格后方可任职。《建筑施工企业主要负责人、项目负责人、专职安全生产管理人员安全生产考核管理暂行规定》（建质［2004］59号）进一步明确，三类人员必须经建设行政主管部门对其安全知识和管理能力考核合格后方可任职，并接受定期进行的继续教育。

（4）意外伤害保险制度　《建筑法》规定建筑施工企业必须为从事危险作业的职工办理意外伤害保险，支付保险费。由施工单位作为投保人与保险公司订立保险合同，支付保险费，以本单位从事危险作业的人员作为被保险人，当被保险人在施工作业发生意外伤害事故时，由保险公司按照合同约定向被保险人或者受益人支付保险金。该项保险是法定的强制性保险，以维护施工现场从事危险作业人员的利益。

建设部《关于加强建筑意外伤害保险工作的指导意见》（建质［2003］107号）对意外伤害保险的投保范围、保险期限等做了详细规定，并明确指出：保险费应当列入建筑安装工程成本。保险费由施工企业支付，施工企业不得向职工摊派。

（5）安全事故报告制度　《安全生产法》《建设工程安全生产管理条例》《企业职工伤亡事故报告和处理规定》（国务院75号令）、《工程建设重大事故报告和调查程序规定》对安全事故报告制度都有明确要求。发生安全事故的施工单位应按规定，及时、如实地向负责安全生产的监督管理部门、建设行政主管部门或者其他有关部门报告；特种设备发生事故的，还应当同时向特种设备安全监督管理部门报告。实行施工总承包的建设工程，由总承包单位负责上报事故。

2. 建筑施工企业的责任制度

（1）安全生产责任制度　安全生产责任制度就是对各级负责人、职能部门以及各类施工人员在管理和施工过程中，应当承担的责任做出明确的规定。具体来说，就是将安全生产责任分解到施工单位的主要负责人、项目负责人、班组长以及每个岗位的作业人员身上。安全生产责任制度是施工企业最基本的安全管理制度，是施工企业安全生产管理的核心和中心环节，基本要求如下：

1）公司和项目部必须建立健全安全生产责任制，制定各级人员和部门的安全生产职

责，并要打印成文。

2）各级管理部门及各类人员均要认真执行安全生产责任制。公司及项目部应制定与安全生产责任制相应的检查和考核办法，执行情况的考核结果应有记录。

3）经济承包合同中必须要有具体的安全生产指标和要求。在企业与业主、企业与项目部、总承包单位与分包单位、项目部与劳务队的承包合同中都应确定安全生产指标、要求和安全生产责任。

4）项目部应为项目的主要工种印制相应的安全技术操作规程，并应将安全技术操作规程列为日常安全活动和安全教育的主要内容，悬挂在操作岗位前。

5）施工现场应按规定配备专职安全员。一般情况下，建筑面积 1 万 m^2 及以下的工程至少 1 人；1 万~5 万 m^2 的工程不少于 2 人；5 万 m^2 以上的工程至少 3 人。

6）管理人员责任制考核要合格。企业或项目部要根据责任制的考核办法定期进行考核，督促和要求各级管理人员的责任制考核都要达到合格。各级管理人员也必须清楚了解自己的安全生产工作职责。

（2）安全技术措施制度　安全技术措施是指为防止安全事故和职业病的危害，从技术上采取的措施，是建设工程项目管理中施工规划或施工组织设计的重要组成部分。

安全技术措施包括防坍塌、防高处坠落、防物体打击、防机械伤害、防火、防毒、防爆、防洪、防尘、防雷击、防触电、防交通事故、防寒、防暑、防疫、防环境污染等方面的技术措施。

（3）专项施工方案及专家论证审查制度　为了加强建设工程的安全技术管理，防止安全事故的发生，建设部于 2004 年颁布实施了《危险性较大工程安全专项施工方案编制及专家论证审查办法》。对于危险性较大的建筑工程，如基坑支护工程、模板工程、起重吊装工程等，必须编制专项施工方案，并附安全验算结果，经施工单位技术负责人、总监理工程师审查签字后，方可实施。特殊工程还必须由施工单位组织专家论证审查，经审查合格后，方可实施。

（4）安全技术交底制度　安全技术交底制度是指在施工前，施工项目技术负责人应将工程概况、施工方法、作业特点、危险源、安全技术措施，以及发生事故后应及时采取的避险和急救措施等情况向施工工长、作业班组、作业人员进行详细的讲解和说明。安全技术交底必须由交底人、被交底人、专职安全员三方签字确认，并存档保存。

（5）安全生产教育培训制度　安全生产教育培训制度是指对从业人员进行安全生产教育和安全生产技能的培训，并将这种教育和培训制度化、规范化，以提高全体人员的安全意识和安全生产的技术与管理水平，减少、防止生产安全事故的发生。建筑施工企业应当落实安全生产教育培训制度。

（6）安全事故应急救援制度　施工单位应当制定本单位生产安全事故应急救援预案，建立应急救援组织或者配备应急救援人员，配备必要的应急救援器材、设备，并定期组织演练。

实行施工总承包的，由总承包单位统一组织编制建设工程生产安全事故应急救援预案，工程总承包单位和分包单位按照应急救援预案，各自建立应急救援组织或者配备应急救援人员，配备救援器材、设备，并定期组织演练。

（7）起重机械和设备设施验收登记制度　施工单位在使用施工起重机械和整体提升脚

手架、模板等自升式架设设施前，应当组织出租单位、安装单位、分包单位等有关单位进行验收，也可以委托具有相应资质的检验检测机构进行验收，验收合格后方可使用。施工单位应自验收合格之日起 30 日之内，向建设行政主管部门或者其他有关部门登记备案。

（8）防护用品及设备管理制度　防护用品及设备管理制度是指建筑施工企业采购、租赁的安全防护用具、机械设备、施工机具及配件，应当具有生产（制造）许可证、产品合格证，并在进入现场前由相关人员进行查验。同时，做好防护用品和设备的使用、维修、保养、报废和资料档案等管理工作。

（9）安全生产值班制度　安全生产值班制度是为加强安全生产工作的领导，确保施工项目安全生产工作的延续性，保证安全信息的沟通而建立的一项规章制度。它要求施工企业和项目部的主要管理人员应按要求轮流值班，时刻了解建筑施工现场的安全生产状况，并及时处理和解决施工中出现的各类安全问题。

（10）消防安全责任制度　消防安全责任制度是指工程项目部应确定消防安全责任人，制定用火、用电、使用易燃易爆材料等各项消防安全管理制度和操作规程，施工现场设置消防通道、消防水源，配备消防设施和灭火器材，并在施工现场入口处设置明显的消防警示标志。

除上述责任制度以外，建筑施工企业还可根据本企业的具体情况和要求，制定一些其他的安全责任制度，如宿舍和食堂安全责任制度、场容和场貌管理责任制度等。

1.5　建筑企业安全教育

1. 安全教育的内容

（1）安全生产法规教育　通过对建筑企业员工进行安全生产、劳动保护等方面的法律、法规的宣传教育，使每个人都能够依据法规的要求做好安全生产。因为安全生产管理的前提条件就是依法管理，所以安全教育的首要内容就是法规的教育，不安全生产就是违法犯罪。

（2）安全生产思想教育　通过对员工进行深入细致的思想工作，提高他们对安全生产重要性的认识。各级管理人员，特别是企业管理人员要加强对员工安全思想的教育，要从关心人、爱护人、保护人的生命与健康出发，重视安全生产，做到不违章指挥；操作工人也要增强安全生产意识，从思想上深刻认识到安全生产不仅涉及自己的生命和健康，同时也与企业的利益和形象、甚至国家的利益紧密地联系在一起。

（3）安全生产知识教育　安全生产知识教育是让企业员工掌握施工生产中的安全基础知识、安全常识和劳动保护要求，这是经常性、最基本和最普通的安全教育。

安全生产知识教育的主要内容有本企业生产经营的基本情况；施工操作工艺；施工中的主要危险源的识别及其安全防护的基本知识；施工设施、设备、机械的有关安全操作要求；电气设备安全使用常识；车辆运输的安全常识；高处作业的安全要求；防火安全的一般要求以及常用消防器材的正确使用方法；工伤事故的简易施救方法和事故报告程序及保护事故现场等规定；个人劳动防护用品的正确使用和佩戴常识等。

（4）安全生产技能教育　安全生产技能教育是在安全生产知识教育基础上，进一步开展的专项安全教育。其侧重点是在安全操作技术方面，通过结合本工种特点、要求，以培养安全操作能力而进行的一种专业性的安全技术教育。主要内容包括安全技术要求、安全操作

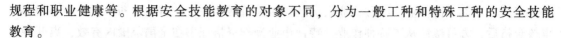

规程和职业健康等。根据安全技能教育的对象不同，分为一般工种和特殊工种的安全技能教育。

（5）安全事故案例教育 安全事故案例教育是指通过一些典型的安全事故实例的介绍，进行事故的分析和研究，从中找出引起事故的原因以及正确的预防措施，用血的事实来教育职工引以为戒，提高广大员工的安全意识。这是一种通过反面教育并行之有效的教育形式。但需要注意的是，在选择案例时一定要具有典型性和教育性，使员工明确安全事故的偶然性与必然性的关系，切勿过分渲染事故的血腥和恐怖。

以上安全教育的内容可以根据施工现场的具体情况单项进行，也可同时或几项同时进行。

2. 安全教育的时间

根据《建筑业企业职工安全培训教育暂行规定》，建筑业企业职工每年必须接受一次专门的安全培训，具体要求如下：

1）企业法定代表人、项目经理每年接受安全培训的时间，不得少于30学时。

2）企业专职安全管理人员除按照《建设企事业单位关键岗位持证上岗管理规定》的要求，取得岗位合格证书并持证上岗外，每年还必须接受安全专业技术业务培训，时间不得少于40学时。

3）企业其他管理人员和技术人员每年接受安全培训的时间，不得少于20学时。

4）企业特殊工种（包括电工、焊工、架子工、司炉工、爆破工、机械操作工、起重工、塔式起重机驾驶员及指挥人员、人货两用电梯驾驶员等）在通过专业技术培训并取得岗位操作证后，每年仍须接受有针对性的安全培训，时间不得少于20学时。

5）企业其他职工每年接受安全培训的时间，不得少于15学时。

6）企业待岗、转岗、换岗的职工，在重新上岗前，必须接受一次安全培训，时间不得少于20学时。

7）建筑业企业新进场的工人，必须接受公司、项目部、班组的三级安全培训教育，培训分别不得少于15学时、15学时和20学时，并经考核合格后，方能上岗。

3. 安全教育的内容

（1）三类人员的安全教育内容

1）国家有关安全生产的方针政策、法律法规、部门规章、标准及有关规范性文件，本地区安全生产的法规、规章、标准及规范性文件。

2）建筑施工企业安全生产管理的基本知识和相关专业知识。

3）重大、特大事故防范、应急救援措施，报告制度及调查处理方法。

4）企业安全生产责任制和安全生产规章制度的内容、制定方法。

5）施工现场安全生产监督检查的内容和方法（该内容重点针对企业项目负责人和专职安全员）。

6）典型事故案例分析。

（2）特种作业人员 特种作业人员必须按照国家有关规定，经过专门的安全作业培训，并取得特种作业资格证书后，方可上岗作业。专门的安全作业培训是指由有关主管部门组织的专门对特种作业人员的培训，也就是特种作业人员在独立上岗作业前，必须进行与本工种相应的、专门的安全技术理论学习和实际操作训练。经培训考核合格，取得特种作业操作合格证书后，才能上岗作业。特种作业人员还要接受每两年一次的再教育和审核，经再教育和审核合格后，方可继续从事特种作业，特种作业操作资格证书在全国范围内有效，离开特种作业岗位一定时间后，应当按照规定重新进行实际操作考核，经确认合格后方可上岗作业，特种作业资格证的有效期为六年。

（3）入场新工人　入场新工人必须接受首次三级安全生产方面的基本教育。三级安全教育一般是由施工企业的安全、教育、劳动、技术等部门配合进行的。受教育者必须经过考试，合格后才准予进入施工现场作业；考试不合格者不得上岗工作，必须重新补课，并进行补考，合格后方可工作。三级安全培训教育的内容如下：

1）公司安全培训教育的主要内容：

① 国家和地方有关安全生产、劳动保护的方针、政策、法律、法规、规范、标准及规章。

② 企业及其上级部门（主管局、集团、总公司、办事处等）印发的安全管理规章制度。

③ 安全生产与劳动保护工作的目的和意义等。

2）项目部安全培训教育的主要内容：

① 建设工程施工生产的特点，施工现场的一般安全管理规定、制度和要求。

② 施工现场主要安全事故的类别，常见多发性事故的特点、规律及预防措施，事故的教训。

③ 本工程项目施工的基本情况（工程类型、施工阶段、作业特点等），施工中应当注意的安全事项。

3）作业班组安全培训教育的主要内容：

① 本工种的安全操作技术要求。

② 本班组施工生产概况，包括工作性质、职责和范围等。

③ 本人及本班组在施工过程中，所使用和遇到的各种生产设备、设施、机械、工具的性能、作用、操作和安全防护要求等。

④ 个人使用和保管的各类劳动防护用品的正确穿戴、使用方法及劳动防护用品的基本原理与主要功能。

⑤ 发生伤亡事故或其他事故，如火灾、爆炸、机械伤害及管理事故等，应采取的措施（救助抢险、保护现场、事故报告等）要求。

为加深新工人对三级安全教育的感性认识和理性认识，一般规定，在新工人上岗工作六个月后，还要进行安全知识再教育。再教育的内容可以从原先的三级安全教育的内容中有针对性地选择，再教育后要进行考核，合格后方可继续上岗。考核成绩要登记到本人劳动保护教育卡上。

（4）变换工种的工人　建筑施工现场由于其产品、工序、材料及自然因素等特点的影响，作业工人经常会发生岗位的变更，这也是施工现场一种普遍的现象。此时，如果教育不到位，安全管理跟不上，就可能给转岗工人带来伤害。因此，按照有关规定，企业待岗、转岗、换岗的职工，在从事新工作前，必须接受一次安全培训和教育，时间不得少于 20 学时，其安全培训教育的内容是：

1）本工种作业的安全技术操作规程。

2）本班组施工生产的概况介绍。

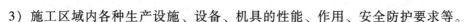

3）施工区域内各种生产设施、设备、机具的性能、作用、安全防护要求等。

施工企业必须给每一名职工建立职工劳动保护（安全）教育卡，教育卡应记录包括三级安全教育、变换工种安全教育等的教育及考核情况，并由教育者与受教育者双方签字后入册，作为企业及施工现场安全管理资料备查。

4．安全教育的类型与方式

（1）安全教育的类型　安全教育的类型较多，一般有经常性教育、季节性教育和节假日加班教育等几种。

1）经常性安全教育。经常性安全教育是施工现场进行安全教育的主要形式，目的是时刻提醒和告诫职工遵规守章，加强安全意识，杜绝麻痹思想。

经常性安全教育可以采用多种形式，既可以利用作业前例会进行教育，也可以采取大小会议进行教育，还可以采用其他形式，如黑板报、广播、音像、展览、演讲、知识竞赛等形式。

经常性安全教育的主要内容有：

① 安全生产法规、标准、规范。

② 企业和上级部门下达的安全管理新规定。

③ 各级安全生产责任制及相关管理制度。

④ 安全生产先进经验介绍、最新的典型安全事故。

⑤ 新技术、新工艺、新材料、新设备的使用及相关安全技术要求。

⑥ 本单位近期安全工作回顾、总结等。

2）季节性教育。季节性施工主要是指夏期和冬期施工前的安全教育。

夏期施工安全教育的重点：

① 用电安全教育，侧重于防触电事故教育。

② 防雷击安全教育。

③ 大型施工机械、设施常见事故案例教育。

④ 劳动保护的宣传教育。合理安排好作息时间，注意劳逸结合。

冬期施工安全教育的重点：

① 针对冬期施工的特点，注重防滑、防坠落安全意识的教育。

② 防火安全教育。

③ 现场安全用电教育，侧重于防电器火灾教育。

3）节假日加班教育。节假日由于多种原因，会使加班员工思想不集中、注意力分散，给安全生产带来隐患。节假日加班应从以下几个方面进行安全教育：

① 重点做好员工的安全思想教育，稳定操作人员的工作情绪，增强安全意识。

② 注意观察员工的工作状态和情绪，严禁酒后进入施工操作现场的教育。

③ 班组长和相关人员应做好班前安全教育，强调安全操作规程，提高防范意识。

④ 对较危险的部位，进行针对性的安全教育。

（2）安全教育的方式　一般安全教育的方式有以下几种：

1）召开会议：如安全培训、安全讲座、报告会、先进经验交流、安全现场会、展览会、知识竞赛等。

2）报刊宣传：订阅或编制安全生产方面的书报或刊物，也可编制一些安全宣传的小册子等。

    3）音像制品：如电影、电视、VCD 片、音像等。

    4）文艺演出：如小品、相声、短剧、快板、评书等。

    5）图片展览：如安全专题展览、板报等。

    6）悬挂标牌或标语：如悬挂安全警示标牌、标语、宣传横幅等。

    7）现场观摩：如现场观摩安全操作方法、应急演练等。

    安全教育的方式应当结合建筑生产的特点和员工的文化水平而定，尽可能采取丰富多彩、行之有效的教育方式，使安全教育深入每个员工的内心。

1.6　应急救援预案与事故急救

    随着施工企业生产规模的日趋扩大，施工生产过程中巨大能量潜在着危险源导致事故的危害也随之扩大。通过安全设计、操作、维护、检查等措施可以预防事故，降低风险，但达不到绝对的安全。因此，需要制定万一发生事故后，所采取的紧急措施和应急方法，即事故应急救援预案。应急救援预案又称事故应急计划，是事故控制系统的重要组成部分，应急预案的总目标是控制紧急事件的发展并尽可能消除事故，将事故对人、财产和环境的损失减少到最低限度。据有关数据统计表明：有效的应急系统可将事故损失降低到无应急系统的 6%。

    《安全生产法》规定，建筑施工单位应当建立应急救援组织；生产经营规模较小，可以不建立应急救援组织的，应当指定兼职的应急救援人员。

    建立重大事故应急救援预案和应急救援体系是一项复杂的安全系统工程。应急预案对于如何在事故现场组织开展应急救援工作具有重要的指导意义，它帮助实现应急行动的快速、有序、高效，以充分体现应急救援的"应急精神"，因此，研究如何制定有效完善的应急救援预案具有重要现实意义。

1.6.1　施工安全事故的应急与救援预案的编制步骤

    编制施工安全事故的应急与救援预案一般分三个阶段进行，即准备阶段、编制阶段、演练评估阶段。

    1. 准备阶段

    明确任务和组建编制组（人员）→调查研究、收集资料→危险源识别与风险评价→应急救援力量的评估→提出应急救援的需求→协调各级应急救援机构。

    2. 编制阶段

    制定目标管理→划分应急预案的类别、区域和层次→组织编写→分析汇总→修改完善。

    3. 演练评估阶段

    应急救援演练→全面评估→修改完善→审查批准→定期评审。

1.6.2　编制施工安全事故应急救援预案的基本内容要求

    1. 基本原则

    建筑施工安全事故应急救援预案要本着"安全第一，安全责任重如泰山"和"预防为

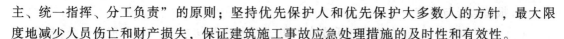

主、统一指挥、分工负责"的原则；坚持优先保护人和优先保护大多数人的方针，最大限度地减少人员伤亡和财产损失，保证建筑施工事故应急处理措施的及时性和有效性。

2. 编制依据

1）《安全生产法》。

2）《建设工程安全生产管理条例》。

3）《国务院关于特大安全事故行政责任追究的规定》。

4）《国务院关于进一步加强安全生产工作的决定》。

5）原建设部《建设工程重大质量安全事故应急预案》。

6）《生产经营单位安全生产事故应急预案编制导则》。

3. 工程项目的基本情况

（1）工程概况　介绍项目的工程建设概况、工程建筑结构设计概况；项目施工特点；项目所在的地理位置，地形特点；现场周边环境、交通和安全注意事项；现场气候特点等。

（2）施工现场及其周边医疗设施及人员情况　说明施工现场及附近医疗机构的情况，如医院名称、位置、距离、联系电话等；说明施工现场医务人员名单、联系电话，有哪些常用医药和抢救设施等。

（3）施工现场及其周边消防、救助设施及人员情况　介绍工地消防组成机构和成员，成立的义务消防队，消防、救助设施及其分布，消防通道等情况；应附施工消防平面布置图，标出消火栓、灭火器的设置位置，易燃易爆品的存放位置，消防紧急通道，疏散路线等。

4. 风险识别与评价

风险识别与评价即是分析可能发生的事故与影响。

1）根据施工特点和任务，分析可能发生的事故类型、地点或紧急情况的发生位置。

2）确定事故影响范围（应急区域范围划定）及可能影响的人数。

3）按所需应急反应的级别，划分事故严重度。

列出工程中常见的事故，如建筑质量安全事故、施工毗邻建筑坍塌事故、土方坍塌事故、气体中毒事故、架体倒塌事故、高处坠落事故、掉物伤人事故、触电事故等；对于土方坍塌、气体中毒等事故，应分析和预测其可能对周围的不利影响和严重程度。

5. 应急机构及职责

（1）组织机构及其职责　企业或工程项目部应成立重大事故应急救援"指挥领导小组"，由企业经理或项目经理、生产、安全、设备、保卫等负责人组成，下设应急救援办公室或小组，日常工作由治安部兼管。发生重大事故时，领导小组成员应迅速到达指定岗位，以指挥领导小组为基础，成立重大事故应急救援指挥部，由经理为总指挥，有关副经理为副总指挥，负责事故应急救援工作的组织和指挥。

（2）应急专业组、成员及其职责　应急专业组包括义务消防小组、医疗救护应急小组、专业应急救援小组、治安小组、后勤及运输小组等，要列出各专业组的组织机构及人员名单。需要注意的是，应急专业组所有成员应由各专业部门的技术骨干、义务消防人员、急救人员和各专业的技术工人等组成。救援队伍必须由经培训合格的人员组成，要明确各机构的职责。

6. 报警信号与通信

（1）有关部门、人员的联系电话或联系方式及各种救援电话　写出消防、公安、医疗急救等报警电话，市县建设局、安监局电话，市县应急机构电话，工地应急机构办公室电话，各成员联系电话，可提供救援的临近单位电话，附近医疗机构电话。

（2）施工现场报警联系地址及注意事项　报警者有时由于紧张而无法把地址和事故状况说明清楚，因此，最好把施工现场的联系办法事先写明，如××区××路××街××号；如果工地确实不易找到，报警后还应派人到主要路口接应。以上的报警电话与联系方式应贴在办公室外边，方便紧急报警与联系。

7. 事故的应急与救援

（1）事故应急响应程序　重大事故的应急响应程序为：

发现者紧急大声呼救，同时用手机或对讲机报告工地当班负责人→条件许可时，紧急施救→报告、联络有关人员（紧急时立刻报警或打求助电话）→成立指挥部（组）→必要时向社会发出请求→实施应急救援、上报有关部门、保护事故现场等→善后处理。

一般伤害事故或潜在危害的应急响应程序为：

发现者紧急大声呼救→条件许可时，紧急施救→报告、联络有关人员→实施应急救援、保护事故现场等→事故调查处理。

应急救援的解除程序要求：要明确决定终止应急、恢复正常秩序的负责人；确保不会发生未授权而进入事故现场的措施；应急取消、恢复正常状态的条件。

（2）事故的应急与救援措施

1）有关人员接到报警救援命令后，应迅速到达事故现场，尤其是现场急救人员要在第一时间到达事故地点，以便能使伤者得到及时、正确的救治。

2）当医生未到达事故现场之前，急救人员要按照有关救护知识，立即救护伤员。

3）当事故发生后或发现事故预兆时，应立即分析事故的情况及影响范围，积极采取措施，迅速组织疏散无关人员撤离事故现场；组织治安队人员建立警戒，不让无关人员进入事故现场，保证事故现场的救援道路畅通，以便救援的实施。

4）安全事故的应急和救援应根据事故发生的环境、条件、原因、发展状态和严重程度等采取相应合理的措施，应急和救援过程中应防止二次事故的发生。

8. 有关规定和要求

要明确事故应急与救援的有关纪律，组织救援训练，学习和掌握应急设备的保管与维护，及时更新和修订关于应急预案等各种制度和要求。

9. 有关常见事故的自救和急救常识

建筑施工安全事故的发生具有不确定性和多样性，因此，全体施工人员掌握或了解常见的自救和急救常识是非常必要的。应急救援预案应根据本工程的具体情况附有关常见事故的自救和急救常识，方便大家学习和掌握。

1.7　建筑施工现场安全检查

工程项目安全检查是在工程项目建设过程中消除隐患、防止事故、改善劳动条件及提高员工安全生产意识的重要手段，是安全控制工作的一项重要内容。通过安全检查，可以发现

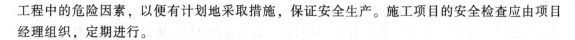

工程中的危险因素,以便有计划地采取措施,保证安全生产。施工项目的安全检查应由项目经理组织,定期进行。

1.7.1 安全检查的意义与形式

1. 安全检查的意义

1)通过检查,可以发现施工(生产)中的不安全(人的不安全行为和物的不安全状态)、不卫生问题,从而采取对策,消除不安全因素,保障安全生产。

2)利用安全生产检查,进一步宣传、贯彻、落实党和国家安全生产方针、政策和各项安全生产规章制度。

3)安全检查实质也是一次群众性的安全教育。通过检查,增强领导和群众安全意识,防止违章指挥、违章作业,提高搞好安全生产的自觉性和责任感。

4)通过安全检查可以互相学习,总结经验,取长补短,有利于进一步促进安全生产工作。

5)通过安全生产检查,了解安全生产状态,为分析安全生产形势、研究加强安全管理提供信息和依据。

2. 安全检查的形式

安全检查可分为经常性检查、专业性检查、季节性检查、节假日前后检查和不定期检查。

(1)经常性检查 在施工(生产)过程中进行经常性的预防检查,能及时发现隐患、消除隐患,保证施工(生产)的正常进行。企业一般每年进行1~4次;工程项目组、车间、科室每月至少进行1次;班组每周、每班次都应进行检查。专职安全技术人员的日常检查应有计划,针对重点部位周期性地进行。

(2)专业性检查 专业性检查应由企业有关部门组织有关人员对某项专业的安全问题或在施工(生产)中存在的普遍性安全问题进行单项检查,如电焊、气焊、起重机、脚手架等。

(3)季节性检查 季节性检查是针对气候特点可能给施工(生产)带来危害而组织的安全检查,如春季风大,要着重防火、防爆;夏季高温、多雨、多雷电,要着重防暑、降温、防汛、防雷击、防触电;冬季着重防寒、防冻等。

(4)节假日前后检查 节假日前后检查是节假日(特别是元旦、劳动节、国庆节等重大节日)前、后防止职工纪律松懈、思想麻痹等进行的检查。检查应由单位领导组织有关部门人员进行。节日加班,更要重视对加班人员的安全教育,同时认真检查安全防范措施的落实情况。

(5)不定期检查 不定期检查是指在工程或设备开工和停工前、检修中,工程或设备竣工及试运转时进行的安全检查。

1.7.2 安全检查评分方法

1. 检查评分方法

对建筑施工中易发生伤亡事故的主要环节、部位和工艺等的完成情况做安全检查评价时,应采用检查评分表的形式。

（1）检查评分表　检查评分表分为安全管理、文明工地、脚手架、基坑支护与模板工程、"三宝""四口"防护、施工用电、物料提升机与外用电梯、塔式起重机、起重吊装和施工机具共十项分项检查评分表和一张检查评分汇总表。其中"三宝"是指安全帽、安全带和安全网；"四口"是指通道口、预留洞口、楼梯口、电梯井口。

在安全管理、文明施工、脚手架、基坑支护与模板工程、施工用电、物料提升机与外用电梯、塔式起重机和起重吊装八项检查评分表中，设立了保证项目和一般项目，保证项目应是安全检查的重点和关键。

（2）各评分表的评分规定

1）汇总表满分为 100 分。各分项检查表在汇总表中所占的满分分值应分别为：安全管理 10 分、文明施工 20 分、脚手架 10 分、基坑支护与模板工程 10 分、"三宝""四口"防护 10 分、施工用电 10 分、物料提升机与外用电梯 10 分、塔式起重机 10 分、起重吊装 5 分和施工机具 5 分。

2）评分应采用扣减分值的方法，扣减分值总和不得超过该检查项目的应得分值。

3）当按分项检查评分表评分时，保证项目中有一项未得分或保证项目小计得分不足 40 分，此分项检查评分表不应得分。

4）检查评分汇总表中各分项项目实得分值应按下式计算：

$$A_1 = \frac{BC}{100}$$

式中　A_1——汇总表各分项项目实得分值；

$\quad\quad B$——汇总表中该项应得满分值；

$\quad\quad C$——该项检查评分表实得分值。

5）当评分遇有缺项时，分项检查评分表或检查评分汇总表的总得分值应按下式计算：

$$A_2 = \frac{D}{E} \times 100$$

式中　A_2——遇有缺项时总得分值；

$\quad\quad D$——实查项目在该表的实得分值之和；

$\quad\quad E$——实查项目在该表的应得满分值之和。

6）脚手架、物料提升机与施工升降机、塔式起重机与起重吊装项目的实得分值，应为所对应专业的分项检查评分表实得分值的算术平均值。

2. 检查评定等级

建筑施工安全检查评分，应按汇总表的总得分和分项检查评分表的得分检查评定划分为优良、合格与不合格三个等级。

（1）优良　分项检查评分表无零分，汇总表得分值应在 80 分及以上。

（2）合格　分项检查评分表无零分，汇总表得分值应在 80 分以下，70 分及以上。

（3）不合格

1）当汇总表得分值不足 70 分时。

2）当有一分项检查评分表得零分时。

当建筑施工安全检查评定的等级为不合格时，必须限期整改达到合格。

1.8　安全事故管理

1.8.1　安全事故的定义及分类

在建筑施工的过程中，经常发生由于客观和主观的因素影响，使工作停顿下来。例如，作为砌砖用的脚手架倒塌了，砌筑工作不得不暂时停止；起重机吊装构件时，构件碰伤了人等，这些都认为是事故。

所谓事故是指人们在进行有目的的活动过程中，发生了违背人们意愿的不幸事件，使其有目的的行动暂时或永久地停止。事故可能造成人员的死亡、伤害、职业病、财产损失或其他损失。

《生产安全事故报告和调查处理条例》规定，根据生产安全事故造成的人员伤亡或者直接经济损失，事故一般分为以下等级：

（1）特别重大事故　是指造成30人以上死亡，或者100人以上重伤（包括急性工业中毒，下同），或者1亿元以上直接经济损失的事故。

（2）重大事故　是指造成10人以上30人以下死亡，或者50人以上100人以下重伤，或者5000万元以上1亿元以下直接经济损失的事故。

（3）较大事故　是指造成3人以上10人以下死亡，或者10人以上50人以下重伤，或者1000万元以上5000万元以下直接经济损失的事故。

（4）一般事故　是指造成3人以下死亡，或者10人以下重伤，或者1000万元以下直接经济损失的事故。

有些事故虽然物质没有受到损失，是未受直接物质损失，但间接损失是有的，如由于操作者或机械设备停止了工作，则生产不得不停顿下来，意味着不进行物质的生产，在停顿期间内，自然会受到经济损失。

1.8.2　建筑工程安全事故管理原则

《建设工程安全生产管理条例》规定，建筑工程安全生产应遵循"安全第一、预防为主"的方针。

"安全第一"是原则和目标，是把人身安全放在首位，安全为了生产，生产必须保证人身安全，充分体现了"以人为本"的理念。就是要求所有参与工程建设的人员，包括管理者和操作人员，以及对工程建设活动进行监督管理的人员都必须树立安全的观念，不能为了经济的发展牺牲安全，当安全与生产发生矛盾时，必须先解决安全问题，在保证安全的前提下从事生产活动，也只有这样才能使生产正常进行，促进经济的发展，保持社会的稳定。

"预防为主"是实现安全第一的最重要的手段，在工程建设活动中，根据工程建设的特点，对不同的生产要素采取相应的管理措施，从而减少甚至消除事故隐患，尽量把事故消灭在萌芽状态，这是安全生产管理的最重要的思想。

1. "管生产必须管安全"的原则

"管生产必须管安全"的原则是指建设工程项目各级领导和全体员工在生产过程中必须坚持在抓生产的同时抓好安全工作。它体现了安全与生产的统一，生产与安全是一个有机的整体，两者不能分割更不能对立起来，应将安全寓于生产之中。

2. "安全具有否决权"的原则

"安全具有否决权"的原则是指安全生产工作是衡量建设工程项目管理的一项基本内容，它要求在对项目各项指标考核、评优创先时，首先必须考虑安全指标的完成情况。安全指标没有实现，其他指标顺利完成，仍无法实现项目的最优化，安全具有一票否决的作用。

3. "三同时"的原则

"三同时"原则是指一切生产性的基本建设和技术改造建设工程项目，必须符合国家的职业安全卫生方面的法规和标准。职业安全卫生技术措施及设施应与主体同时设计、同时施工、同时投产使用，以确保项目投产后符合职业安全卫生要求。

4. 事故处理"四不放过"的原则

在处理事故时必须坚持和实施"四不放过"的原则，即事故原因分析不清不放过，事故责任者和群众没受到教育不放过，没有整改措施和预防措施不放过，事故责任者和责任领导不处理不放过。

1.8.3　建筑工程安全事故处理

1. 安全事故处理程序

1）接到事故报告后，立即组成事故现场处理小组（2人以上），及时赶到事故现场并要求事故单位通知市建规委、市安监局、市总工会等部门。

2）事故现场处理：

① 开展事故现场勘察工作：现场物证、人证材料或其他事实材料等的收集；对现场进行拍照、摄影取证；进行事故临时问话笔录。

② 事故现场处理事项：向事故单位发出停工整改通知单，责令施工现场停工整改或局部停工整改。责成事故单位必须在24h内向市建规委、市安监局、市总工会、市建管处等单位提交事故快报表。责成事故单位立即组成事故调查小组，按要求开展事故现场勘察工作；同时成立事故善后处理小组，做好家属接待、安抚和稳定工作；及时完成理赔工作，并办理相应的签字手续。对所有相关资料，特别是安全资料进行封存检查。责成事故单位组织相关当事人（如业主、监理、项目经理、安全管理员、施工员、事故现场见证人等）配合有关部门进行调查问话。责成事故单位对项目所有劳务人员重新进行全面的安全教育。

③ 由市建规委、安全监督站及时完成对相关当事人的调查问话，做好问话笔录。

3）责成事故单位于15日内提交事故初步调查报告。

4）配合市建规委、市安监局、市总工会等部门在一个月内完成事故的调查处理工作。

2. 伤亡事故报告

事故发生后，事故现场有关人员应当立即向本单位负责人报告；单位负责人接到报告后，应当于1h内向事故发生地县级以上人民政府安全生产监督管理部门和负有安全生产监督管理职责的有关部门报告。

情况紧急时，事故现场有关人员可以直接向事故发生地县级以上人民政府安全生产监督管理部门和负有安全生产监督管理职责的有关部门报告。

安全生产监督管理部门和负有安全生产监督管理职责的有关部门接到事故报告后，应当依照下列规定上报事故情况，并通知公安机关、劳动保障行政部门、工会和人民检察院：

1）特别重大事故、重大事故逐级上报至国务院安全生产监督管理部门和负有安全生产监督管理职责的有关部门。

2）较大事故逐级上报至省、自治区、直辖市人民政府安全生产监督管理部门和负有安全生产监督管理职责的有关部门。

3）一般事故上报至设区的市级人民政府安全生产监督管理部门和负有安全生产监督管理职责的有关部门。

安全生产监督管理部门和负有安全生产监督管理职责的有关部门依照以上规定上报事故情况，应当同时报告本级人民政府。国务院安全生产监督管理部门和负有安全生产监督管理职责的有关部门及省级人民政府接到发生特别重大事故、重大事故的报告后，应当立即报告国务院。

必要时，安全生产监督管理部门和负有安全生产监督管理职责的有关部门可以越级上报事故情况。安全生产监督管理部门和负有安全生产监督管理职责的有关部门逐级上报事故情况，每级上报的时间不得超过 2h。

报告事故内容应当包括事故发生单位概况；事故发生的时间、地点及事故现场情况；事故的简要经过；事故已经造成或者可能造成的伤亡人数（包括下落不明的人数）和初步估计的直接经济损失；已经采取的措施；其他应当报告的情况。

1.9 建筑施工安全资料管理

1.9.1 安全资料档案的定义及其意义

1. 建筑施工现场安全技术资料

建筑施工现场安全技术资料是指建筑施工企业按施工规范的规定要求，在施工管理过程中所建立与形成的应当归档保存的安全文明生产的资料。

2. 建筑施工现场安全技术资料管理的意义

1）安全技术资料是安全生产过程的产物和结晶，资料管理工作的科学化、标准化、规范化，可不断地推动现场施工安全管理向更高的层次和水平发展，使施工现场整体管理更加科学化、标准化、规范化。

2）安全技术资料有序的管理，是建筑施工实行安全报告监督制度、贯彻安全监督、分段验收、综合评价全过程管理的重要内容之一。

3）真实可靠的安全技术资料对指导今后的工作以及对领导工作的决策提供了依据。有序的安全生产可以减少不必要的时间浪费和费用损失，可进一步规范安全生产技术，提高劳动生产效率，减少伤亡事故发生频率。

4）资料的真实性为施工过程中发生的伤亡事故处理，提供可靠的证据，为今后的事故预测、预防提供可依据的参考资料。

1.9.2 建筑施工现场安全技术资料管理制度

1. 建筑施工现场安全技术资料管理体系

建筑施工企业应加强对安全技术资料的管理，实行项目经理负责制，施工现场应设工地安全资料员，专门负责安全技术资料管理工作。安全资料员须经行业主管部门培训，考试合格后持证上岗。

2. 安全技术资料管理制度

（1）管理制度

1）建筑施工现场安全技术资料应由相关部门及安全技术操作责任人具体填写，并对记录的真实性负责。

2）填写时应随工程进度及时整理，不得提前和推后填写。

3）资料填写应做到项目齐全，内容准确真实，字迹工整，手续完备，不得漏项。

4）各种资料要经工地安全资料员审查，审查合格后由工地安全资料员签章归档。工地安全资料员对资料的真实性实行监督管理，并对资料的有效性、真实性负监督管理责任。

（2）安全资料员岗位责任制

1）应熟知部、省、市等管理部门对施工现场安全检查、检测验收的标准、规范、规定和要求。

2）严格按安全技术资料管理制度要求进行管理。

3）按施工进度及时督促有关人员整理上报安全技术资料，内容应准确真实、项目齐全、手续完备、字迹工整清晰，并应认真及时归纳、分类。不弄虚作假，并对资料的完整性负责。

4）负责本工地安全资料签章入档，不合格资料严禁入档。

5）加强档案管理，对已形成归档的各种资料除了上级检查外，不经领导同意，不得借阅他人，以免遗失或损坏。

1.9.3 安全资料的主要内容

建筑施工现场安全技术资料管理的内容主要包括下列十五大类：

1）在建工程安全监督及相关证件。

2）安全生产责任制。

3）目标管理。

4）施工组织设计。

5）分部（分项）工程安全技术交底。

6）安全检查。

7）安全教育。

8）班前安全活动。

9）特种作业持证上岗。

10）工伤事故处理。

11）安全标志。

12）安全防护用具及机械设备相关证件管理。

13）各类设施、设备验收检测记录（施工临时用电除外）。

14）施工临时用电及验收检测记录。

15）文明施工。

思考题与习题

1. 什么是安全？什么是安全生产？

2. 我国安全生产的方针是什么？

3. 查阅有关资料，涉及施工安全管理及安全技术的建筑法律、法规、规章除了教材所列之外，还有哪些？其主要内容是什么？

4. 新工人三级安全教育是指哪些？

5. 生产安全事故如何分类？

6. 安全事故发生后，应如何进行处理？

7. 应急救援预案的基本内容有哪些？

8. 建筑工程安全资料的主要内容有哪些？

职业活动训练

活动一 分组讨论书中所述安全管理制度的目的与意义

1. 分组要求：全班分 6~8 个组，每组 5~7 人。

2. 讨论内容：书中所述安全管理制度的目的与意义。

3. 成果：以小组为单位写出讨论报告。

活动二 安全检查与安全评价

1. 分组要求：全班分 6~8 个组，每组 5~7 人。

2. 资料要求：选择一个工程项目的 6~8 个不同阶段的安全检查评分表，每组一套。

3. 学习要求：学生在教师指导下阅读有关安全检查标准及安全检查评分表，每组根据检查评分结果做出安全评价。

4. 成果：以小组为单位填写安全检查评分汇总表。

第 2 章

土方工程施工安全技术

知识目标

1. 掌握土方工程施工中危险性较大工程的范围。
2. 掌握土方开挖、深基坑支护和降水工程中常用的安全技术措施。

能力目标

1. 能具体分析土方工程施工中的危险源。
2. 能够编制深基坑支护与降水工程施工专项施工方案并组织施工。
3. 能组织土方工程施工安全验收，根据《建筑施工安全检查标准》组织土方工程施工过程中的安全检查和评分。

重点与难点

1. 深基坑支护及降水工程中危险源的确定。
2. 深基坑支护及降水工程安全技术措施的应用。

　　深基坑工程已成为我国常见的工程施工形式，同时也是施工的难点和问题点。据有关统计资料表明，深基坑挡土支护体系失效或部分失效导致的安全问题和环境问题占工程总量的 10%~15%，高地下水位软土地区可达 20%，还发生了多起深基坑支护结构倒塌破损事故，有的工程事故直接损失高达数千万元，而且造成人员伤亡、延误工期、追加造价以及影响周围居民的正常生活等不良效应。同时深基坑支护及降水事故的发生具有不确定性、突发性、危害大等特点，因此深基坑支护及降水工程是建筑施工中安全事故多发的部位，也是施工安全控制的重点。

2.1　土方工程施工涉及的危险性较大工程范围

2.1.1　危险性较大工程范围的界定

1. 危险源和危险性较大工程定义及评价

　　现行国家标准《职业健康安全管理体系要求及使用指南》GB/T 45001 中对危险源的定义为：危险源可包括可能导致伤害或危险状态的来源，或可能因暴露而导致伤害和健康损害的环境。

建筑业危险源可定义为：在建筑施工活动中，可能导致施工现场及周围社区内人员伤害或疾病、财产损失、工作环境破坏等意外的潜在不安全因素。建筑业重大危险源定义为具有潜在的重大事故隐患，可能造成人员群死群伤、火灾、爆炸、重大机械设备损坏以及造成重大不良社会影响的分部分项工程的施工活动及设备、设施、场所、危险品等。

根据危险源在事故发生、发展过程中的作用，安全科学理论把危险源划分为第一类危险源和第二类危险源两大类。《建设工程安全生产管理条例》第二十六条规定的基坑支护与降水工程、土方开挖工程、模板工程等七个方面的危险性较大的分部分项工程属于第一类重大危险源。导致能量或有害物质约束或限制措施破坏或失效的各种不安全因素称为第二类危险源。第二类危险源主要包括人的因素、物的因素和环境因素。

危险性较大的工程是指建筑工程在施工过程中存在的、可能导致作业人员群死群伤或造成重大不良社会影响的分部分项工程。一般的经验分析评价法原则如下：

1）施工作业区域施工人员数是否在 3 人以上，可能会发生群死群伤事故。

2）可能发生经济损失 1000 万元以上事故。

3）如发生事故，可能对周边社区环境产生重大影响，如周边既有建（构）筑物产生严重开裂或倾斜，煤气管道破裂泄漏煤气，周边人员发生群死群伤等事故。

4）本行业该分部分项工程出现较大事故的频次较多。

5）有可能造成重大不良社会影响。

6）本企业或本地区是否已发生过类似的重大事故。

2. 危险性较大的分部分项工程

（1）基坑支护、降水工程　开挖深度超过 3m（含 3m）或虽未超过 3m 但地质条件和周边环境复杂的基坑（槽）支护、降水工程。由于开挖深度较深，或地质条件和周边环境复杂，支护和降水工程的设计和施工难度大、安全可靠性差，易发生土方坍塌、地面下沉、开裂，而引起周边既有建（构）筑物开裂、倾斜、地下管道破坏等事故，对周边环境产生重大影响，符合上述评价原则第 1）条或第 5）条规定的，可评价为危险性较大的分部分项工程。

（2）土方开挖工程　开挖深度超过 3m（含 3m）的基坑（槽）的土方开挖工程。由于开挖深度超过 3m 时，易产生土方坍塌；土方开挖施工人员较多，至少在 10 人以上，易产生群死群伤事故，符合上述经验分析评价法原则第 1）条或第 5）条规定的，可判定为危险性较大的分部分项工程。

2.1.2　土方工程施工中危险性较大工程分类及危险源分析

《危险性较大的分部分项工程安全管理规定》中将危险性较大工程分为危险性较大的分部分项工程和超过一定规模危险性较大的分部分项工程两级进行控制，对前者要求施工单位编制安全专项施工方案，并落实到位；对后者要求施工单位编制安全专项施工方案，并组织专家对安全专项施工方案进行论证，施工时由专职安全员现场监督。

1. 危险性较大的分部分项工程范围

（1）基坑工程

1）开挖深度超过 3m（含 3m）的基坑（槽）的土方开挖、支护、降水工程。

2）开挖深度虽未超过 3m，但地质条件、周围环境和地下管线复杂，或影响毗邻建、构筑物安全的基坑（槽）的土方开挖、支护、降水工程。

（2）暗挖工程　采用矿山法、盾构法、顶管法施工的隧道、洞室工程。

（3）其他

1）人工挖孔桩工程。

2）水下作业工程。

3）采用新技术、新工艺、新材料、新设备可能影响工程施工安全，尚无国家、行业及地方技术标准的分部分项工程。

2. 超过一定规模的危险性较大的分部分项工程范围

（1）深基坑工程　开挖深度超过5m（含5m）的基坑（槽）的土方开挖、支护、降水工程。

（2）暗挖工程　采用矿山法、盾构法、顶管法施工的隧道、洞室工程。

（3）其他

1）开挖深度16m及以上的人工挖孔桩工程。

2）水下作业工程。

3）采用新技术、新工艺、新材料、新设备可能影响工程施工安全，尚无国家、行业及地方技术标准的分部分项工程。

3. 土方施工过程中危险源分析

安全专项方案中要制定出有针对性的安全措施，首先是分析工程的危险源，危险源分析是危险性较大的专项方案编制的重点、难点，这要求编制人员应在充分分析工程特点、周边环境的基础上分析工程主要危险源，并采取相应的技术措施。土方施工中在编制危险性较大工程的安全专项方案时的危险源以及在分析主要内容时常犯的错误如下：

（1）边坡稳定是深基坑的支护施工的首要危险源　安全专项方案编制者在实际编制设计时往往出于经济、工期等原因予以忽视，或不按规范设计，比如自然放坡的坡度最大不得超过45°或根据边坡稳定计算确定，但实际方案编制经常能见到60°以上的自然放坡设计方案。更有甚者，当基坑深达5m以上时，基坑下部采用土钉、排桩等支护方案，上部采用60°自然放坡方案进行卸载的复合支护方案。该种类型支护方案上部的大角度边坡虽然卸去部分荷载，但却是一个新的危险源，如遇天气变化等因素影响随时可能发生上部边坡失稳，危及基坑内安全。

（2）深基坑施工时的周边建筑物、地下水影响是常见的危险源　安全专项方案编制者在编制深井井点降水方案时，只在基坑四周布置深井井点进行降水而对基坑四周未采用止水帷幕进行封闭，从而易引起基坑内产生流沙、管涌等危险。

（3）深基坑及降水工程在施工过程中产生的危险源是易忽略的危险源　安全专项方案编制者在施工方案设计时，不能充分考虑在支护结构施工过程中各工况不同，危险源则不同，如土钉的设计与施工，每一层土钉的设计与施工均必须进行验算，符合规范要求。再如多道支撑的排桩，在多道支撑的施工及拆除过程中各工况的内力均不相同，均要按各工况进行仔细分析、验算，采取相应的技术措施；在支护结构施工开始直到基坑主体施工结束回填土后，整个危险源方才结束。但安全专项方案编制人员往往只重视基坑支护施工过程的控制而忽视后续施工过程的控制。

4. 危险性较大工程安全专项施工方案的编制内容

安全专项方案要保证在危险源分析和安全技术措施方面能满足相关要求，具体来说，危

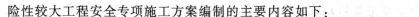

险性较大工程安全专项施工方案编制的主要内容如下：

（1）工程概况 工程地址、建筑面积、建筑总高度、结构形式、混凝土设计强度、基础形式、深度。

（2）安全专项方案中的主要技术参数

1）工程地质报告、水文地质资料情况。

2）周边环境，包括邻近建筑物的主体结构、基础形式与基坑的相对位置。

3）基坑内及周边的煤气、电缆、自来水、下水道等各种管线布置情况。

4）基坑护壁的各类基本参数、截面大小、埋置深度、间距等。

2.2 土方开挖施工安全技术要求

高层建筑的基坑，由于有地下室，一般深度较大，开挖时，除用推土机进行场地平整和开挖表层外，多利用反铲挖土机进行开挖，根据开挖深度，可分一层、两层或多层进行开挖，要与支护结构计算的工况相吻合。常见的开挖方式有放坡开挖、中心岛式开挖、盆式开挖等。

深基坑工程有着与其他工程不同的特点，它是一项系统工程，而基坑土方开挖施工是这一系统中的一个重要环节，中心岛式开挖与盆式开挖是深基坑常见的两种开挖方法。中心岛式挖土以中心为支点，向四周开挖土方，且利用中心岛为支点架设支护结构的挖土方式。此时可以利用中间的土墩作为支点搭设栈桥。挖掘机可利用栈桥下到基坑挖土，运土的汽车也可以利用栈桥进入基坑运土，可以加快挖土和运土的速度，但是由于首先挖去基坑四周的土，支护结构受荷时间长，在软黏土中时间效应显著，有可能增大支护结构的变形量，对于支护结构受力不利。盆式挖土是先开挖基坑中间部分的土方，周围四边预留反压土土坡，做法参照土方放坡工法，待中间位置土方开挖完成垫层封底完成后或者底板完成后具备周边土方开挖条件时，进行周边土坡开挖。周边的土坡预留对支护结构（如围护墙，钢板桩，管桩支护等）有内支撑反压作用，有利于支护结构的安全性，减少变形。但是大量土方不能直接外运，需集中提升后装车外运。两种方式在开挖过程中应对平面控制桩、水准点、基坑平面位置、水平标高、边坡坡度等经常进行检查。

如果环境保护和施工场地满足要求，放坡开挖是基坑开挖最经济的一种形式，它适用于硬质、可塑性黏土和良好砂类土。均质砂类土基坑开挖时，其坡角应小于内摩擦角，黏性土基坑开挖时，其斜坡稳定性主要取决于滑动计算。放坡开挖时，地下水位需降低到基坑底面以下。

2.2.1 土方开挖阶段危险源

对开挖深度超过5m（含5m）或开挖深度虽未超过5m，但地质条件、周围环境和地下管线复杂，或影响毗邻建（构）筑物安全的基坑（槽）的施工，需通过安全设计，并采取对基坑（槽）的土方开挖、支护、降水及监测措施。基坑开挖之前为了做好基坑设计计算、制定好降水方案，防止基坑开挖、维护、使用等相关环节上安全危险源的发生，必须对基坑的周边建筑物、构筑物、道路、江河湖泊、工程地质及水文条件、地下管线等做好调研。一般从以下几个角度防止危险源的发生。

1. 防止深基坑开挖后土体回弹变形过大

深基坑土体开挖后，地基卸载，土体中压力减少，土的弹性效应将使基坑底面产生一定的回弹变形（隆起）。回弹变形量的大小与土的种类、是否浸水、基坑深度、基坑面积、暴露时间及挖土顺序等因素有关。如基坑积水，黏性土因吸水使土的体积增加，不但抗剪强度降低，回弹变形也会增大。所以对于软土地基更应注意土体的回弹变形。回弹变形过大将加大建筑物的后期沉降。由于影响回弹变形的因素比较复杂，回弹变形计算尚难准确。如基坑不积水，暴露时间不太长，可认为土的体积在不变的条件下产生回弹变形，即相当于瞬时弹性变形。可把挖去的土重作为减负荷载按分层总和法计算回弹变形。

施工中减少基坑回弹变形的有效措施，是设法减少土体中有效应力的变化，减少暴露时间，并防止地基土浸水。因此，在基坑开挖过程中和开挖后，均应保证井点降水正常进行并在挖至设计标高后，尽快浇筑垫层和底板。必要时，可对基础结构下部土层进行加固。

2. 防止边坡失稳

深基础的土方开挖，要根据地质条件（特别是打桩之后）、基础埋深、基坑暴露时间、挖掘及运土机械、堆土等情况，拟定合理的施工方案。

目前挖掘机械多用反铲挖掘机，其实际有效挖土半径 5~6m，而挖土深度为 4~6m，习惯上往往一次挖到深度。这样挖土形成的坡度约 1：1。由于快挖卸荷、挖掘与运输机械的振动，如果再在开挖基坑的边缘 2~3m 范围内堆土，则易造成边坡失稳。

挖土速度快即卸载快，迅速改变了原来土体的平衡状态，降低了土体的抗剪强度，呈流塑状态的软土对水平位移极敏感，易造成滑坡。

边坡堆载（堆土、停机械等）给边坡增加附加荷载，如事先未经详细计算，易形成边坡失稳。上海某工程在边坡边缘堆放 3m 高的土，已挖至 -4m 标高的基坑，一夜间又上升到 -3.8m，后经突击卸载，组织堆土外运，才避免大滑坡事故。

3. 防止桩位移和倾斜

打桩完毕后基坑开挖，应制定合理的施工顺序和技术措施，防止桩的位移和倾斜。对先打桩后挖土的工程，由于打桩的挤土和动力波的作用，使原处于静平衡状态的地基土遭到破坏。对砂土甚至会形成砂土液化，地下水大量上升到地表面，原来的地基强度遭到破坏。对黏性土由于形成很大的挤压应力，孔隙水压力升高，形成超静孔隙水压力，土的抗剪强度明显降低。如果打桩后紧接着开挖基坑，由于开挖时的应力释放，再加上挖土高差形成一侧卸荷的侧向推力，土体易产生一定的水平位移，使先打设的桩易产生水平位移。软土地区施工，这种事故已屡有发生，值得重视。为此，在群桩基础的连续打设后，宜停留一定时间，并用降水设备预抽地下水。待土中由于打桩积聚的应力有所释放，孔隙水压力有所降低，被扰动的土体重新固结后，再开挖基坑土方。而且土方的开挖宜均匀、分层，尽量减少开挖时的土压力差，以保证桩位正确和边坡稳定。

4. 配合深基坑支护结构施工

深基坑的支护结构随着挖土加深侧压力加大，变形增大，周围地面沉降也加大。及时加设支撑（土锚），尤其是施加预紧力的支撑，对减少变形和沉降有很大的作用。为此，在制定基坑挖土方案时，一定要配合支撑（土锚）加设的需要，分层进行挖土，避免片面只考虑挖土方便而妨碍支撑的及时加设而造成的有害影响。

近年来，在深基坑支护结构中混凝土支撑应用渐多，如采用混凝土支撑，则挖土要与支撑浇筑配合，支撑浇筑后要养护至一定强度才可继续向下开挖。挖土时，挖掘机械应避免直接压在支撑上，否则要采取有效措施。

如支护结构设计采用盆式挖土时，则先挖去基坑中心部位的土，周边留有足够厚度的土，以平衡支护结构外面产生的侧压力，待中间部位挖土结束、浇筑好底板并加设斜撑后，再挖除周边支护结构内面的土。采用盆式挖土时，底板要允许分块浇筑，地下室结构浇筑后有时尚需换撑以拆除斜撑，换撑时支撑要支撑在地下室结构外墙上，支撑部位要慎重选择并经过验算。

挖土方式影响支护结构的荷载，要尽可能使支护结构均匀受力，减少变形。为此，要坚持采用分层、分块、均衡、对称的方式进行挖土。

2.2.2　土方开挖阶段安全技术要求

土方开挖顺序、方法必须与设计工况一致，并遵循"开槽支撑，先撑后挖，分层开挖，严禁超挖"的原则。尤其在地铁深基坑土方开挖时严格遵循"时空效应"理论，按照"分层、分段、对称、平衡"和"先撑后挖"的原则进行，每层土方开挖按开挖顺序进行，保证两侧土体压力卸载对称均衡，开挖完成及时放坡，保证该层土体纵坡稳定。土方开挖阶段具体安全技术要求如下：

1）做好施工管理工作，在施工前制定好施工组织计划，并在施工期间根据工程进展及时做必要调整。

2）对基坑开挖的环境效应做出事先评估，开挖前对周围环境做深入的了解，并与相关单位协调好关系，确定施工期间的重点保护对象，制定周密的监测计划，实行信息化施工。

3）基坑开挖时，两人操作间距应大于3.0m，不得对头挖土；挖土面积较大时，每人工作面不应小于6m。挖土应由上而下，分层分段按顺序进行，严禁先挖坡脚或逆坡挖土，或采用底部掏空塌土方法挖土。

4）挖土方不得在危岩、孤石的下边或贴近未加固的危险建筑物的下面进行。

5）基坑开挖应严格按要求放坡，操作时应随时注意土壁的变动情况，如发现有裂纹或部分坍塌现象，应及时进行支撑或放坡，并注意支撑的稳固和土壁的变化。当采取不放坡开挖时，应设置临时支护，各种支护应根据土质及基坑深度经计算确定。

6）机械多台阶同时开挖，应验算边坡的稳定，挖掘机离边坡应有一定的安全距离，以防塌方，造成翻机事故。

7）在有支撑的基坑槽中使用机械挖土时，应防止破坏支撑。在坑槽边使用机械挖土时，应计算支撑强度，必要时应加强支撑。

8）当采用机械开挖时，严禁野蛮施工和超挖，挖掘机的挖斗严禁碰撞支撑，注意组织好挖掘机械及运输车辆的工作场地和行走路线，尽量减少它们对支护结构的影响。

9）基坑槽和管沟回填土时，下方不得有人，对所使用的打夯机等要检查电气线路，以防止漏电、触电，停机时要关闭电闸。

10）拆除护壁支撑时，应按照回填顺序，自下而上逐步拆除，更换支撑时，必须先安装新的，再拆除旧的。

11）挖掘机作业范围利用活动围挡进行隔离，防止人员进入其作业半径内被碰伤；现场设置临时存土区，距基坑距离不小于1.5m，堆土高度不超过3m，以减少堆载对基坑的影响，存土区管理由施工员负责，在现场设置限高杆及公示牌，限高杆使挖掘机操作人员有参照物控制堆土高度,告示牌明确了堆土的范围及要求。

12) 重视坑内及地面的排水措施,以确保开挖后土体不受雨水冲刷,并减少雨水渗入;在开挖期间若发现基坑外围土体出现裂缝,应及时用水泥砂浆灌堵,以防雨水渗入,导致土体强度降低。

13) 基坑开挖前应了解工程的薄弱环节,严格按施工组织规定的挖土程序、挖土速度进行挖土,并备好应急措施,做到防患于未然。

14) 注意各部门的密切协作,尤其是要注意保护好监测单位设置的测点,为监测单位提供方便。

2.3   深基坑支护及降水工程安全技术要求

基坑工程是集挡土、支护、防水、降水、挖土等环节的系统工程,具有临时性、复杂性、随机性和地域性等特点,任何环节的失误都可能带来事故。而一般的深基坑工程施工周期长、施工场地小、周边存在堆载、施工机械振动等因素,增加了深基坑工程事故发生的可能性。

从深基坑工程施工现状可知,深基坑已成为工程上的热点,也是工程上的难点和问题点。据相关统计资料表明,深基坑挡土支护体系失效或部分失效导致的安全问题和环境问题占工程总量的 10%~15%,高地下水位软土地区可达 20%,个别地区失效率更高。深基坑开挖事故的发生影响因素多,具有不确定性、突发性、危害大等特点,为了防止深基坑施工中出现事故,在对深基坑工程深入细致研究基础上,总结出以下几个导致深基坑发生事故的原因,具体如下:

1) 深基坑工程在施工过程中仅片面强调深基坑工程临时性,而忽略其重要性、复杂性、随机性、困难性、风险性及危险源的常见性与多发性。

2) 深基坑工程与勘察、设计、施工、监测和监理联系紧密同时又分工配合,某一方面发生问题都可能造成施工事故。

3) 深基坑工程本身是集挡土、支护、防水、降水和挖土五个紧密联系的环节所构成的一个系统工程,其中某一环节失控,均会造成施工事故。

4) 深基坑工程无论从理论上还是实践经验上都还存在许多不完善之处,而施工实际又十分丰富,在这两者之间存在着不确定性,也是造成施工事故的原因。

5) 深基坑工程设计与施工需要力学、结构、工程与水文地质、施工机械等多学科知识,同时又要具有丰富的经验,能够结合拟建场地土层地质条件和周围环境情况,制定出合理的深基坑工程方案。如果上述某一方面知识缺乏或不够,进行深基坑工程设计及施工时,必将造成施工事故。

6) 深基坑工程具有明显的地域性,当外地的设计与施工队伍初进某一城市,往往由于对该地区的深基坑工程特点不熟悉,带有一定的盲目性,也是造成施工事故的原因之一。

7) 管理和其他方面原因。例如业主无理压价,深基坑工程多次转包,设计单位或施工单位资质条件不够等原因也是造成施工事故的原因。

2.3.1   深基坑支护原理、设计方法

1. 深基坑支护原理及破坏形式

从基坑支护机理来讲,基坑支护方法的发展最早有放坡开挖,然后有悬臂支护、支撑支

护、组合型支护等。最早用木桩，现在常用钢筋混凝土桩、地下连续墙等以及通过地基处理方法采用水泥挡墙、土钉墙等。简单来说基坑支护结构可以分为桩、墙式支护结构和实体重力式支护结构。桩、墙式支护结构常采用钢板桩、钢筋混凝土板桩、柱列式灌注桩、地下连续墙等。支护桩、墙插入坑底土中一定深度（一般均插入至较坚硬土层），上部呈悬臂或设置锚撑体系。此类支护结构应用广泛，适用性强，易于控制支护结构的变形，尤其适用于开挖深度较大的深基坑，并能适应各种复杂的地质条件。实体重力式支护结构常采用水泥土搅拌桩挡墙、高压旋喷桩挡墙、土钉墙等。此类支护结构截面尺寸较大，依靠实体墙身的重力起挡土作用，按重力式挡土墙的设计原则计算。墙身也可设计成格构式或阶梯形等多种形式，无锚拉或内支撑系统，土方开挖施工方便，适用于小型基坑工程。土质条件较差时，基坑开挖深度不宜过大。土质条件较好时，水泥搅拌工艺使用受限制。土钉墙结构适应性较大。

深基坑支护结构可分为非重力式支护结构（柔性支护结构）和重力式支护结构（刚性支护结构）。非重力式支护结构包括钢板桩、钢筋混凝土板桩和钻孔灌注桩、地下连续墙等；重力式支护结构包括深层搅拌水泥土挡墙和旋喷帷幕墙等。

（1）非重力式支护结构的破坏 非重力式支护结构的破坏包括强度破坏和稳定性破坏。强度破坏如图 2-1 所示。

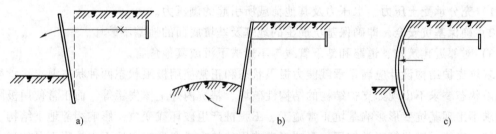

图 2-1 非重力式支护结构强度破坏形式
a）倾覆破坏 b）底部向外移动 c）受弯破坏

1）支护结构倾覆破坏。破坏的原因是存在过大的地面荷载，或土压力过大引起拉杆断裂，或锚固部分失效，腰梁破坏等。

2）支护结构底部向外移动。当支护结构入土深度不够，或挖土超深，水的冲刷等都可能产生这种破坏。

3）支护结构受弯破坏。当选用的支护结构截面不恰当或对土压力估计不足时，容易出现这种破坏。

支护结构的稳定性破坏如图 2-2 所示。

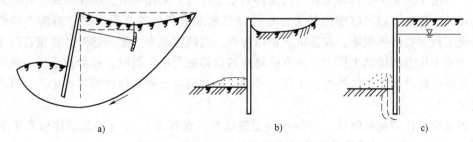

图 2-2 非重力式支护结构的稳定性破坏
a）墙后土体整体滑动 b）坑底隆起 c）流沙或管涌

1) 墙后土体整体滑动失稳。破坏原因包括：①开挖深度很大，地基土又十分软弱；②地面大量堆载；③锚杆长度不足。

2) 坑底隆起。当地基土软弱、挖土深度过大或地面存在超载时容易出现这种破坏。

3) 管涌或流沙。当坑底土层为无黏性的细颗粒土，如粉土或粉细砂，且坑内外存在较大水位偏差时，易出现这种破坏。

（2）重力式支护结构的破坏形式　重力式支护结构的破坏也包括强度破坏和稳定性破坏两个方面。强度破坏只有水泥土抗剪强度不足，产生剪切破坏，为此需验算最大剪应力处的墙身应力。稳定性破坏包括以下内容：

1) 倾覆破坏。若水泥土挡墙截面、质量不够大，支护结构在土压力作用下产生整体倾覆失稳。

2) 滑移破坏。当水泥土挡墙与土之间的抗滑力不足以抵抗墙后的推力时，会产生整体滑动破坏。

其他破坏形式如土体整体滑动失稳、坑底隆起和管涌或流沙与非重力式支护结构相似。

2. 支护结构的设计原则及方法介绍

深基坑挡土支护结构设计和降水过程必须满足以下三个要求：

1) 充分承受土压力、水压力及其他荷载所引起的侧压力。

2) 确保基坑安全，即确保基坑周围的地基及基坑底面的地基不破坏。

3) 对邻近建筑物、道路和地下管线等不造成下沉或其他危害。

基坑支护结构设计应满足承载能力极限状态和正常使用极限状态两种状态要求。承载能力极限状态要求不出现如支护结构的结构性破坏、基坑内外土体失稳等。而正常使用极限状态要求不出现基坑变形影响基坑正常施工、工程桩产生破坏或变位；影响相邻地下结构、相邻建筑、管线、道路等正常使用；影响正常使用的外观或变形或因地下水抽降而导致过大的地面沉降。基坑工程根据结构破坏可能产生的后果，采用不同的安全等级，见表2-1。

表 2-1　安全等级

安全等级	破坏后果	安全等级	破坏后果
一级	很严重	三级	不严重
二级	严重		

设计时支护结构的荷载应包括土压力、水压力（静水压力、渗流压力、承压水压力）、基坑周围的建筑物及施工荷载引起的侧向压力、温度应力等项目。确定作用在支护结构上的荷载时，要按土与支护结构相互作用的条件确定土压力，采用符合土的排水条件和应力状态的强度指标，按基坑影响范围内的土性条件确定由水土产生的作用在支护结构上的侧向荷载。大量工程实践结果表明，在基坑支护结构中，当结构发生一定位移时，可按古典土压理论计算主动土压力和被动土压力；当支护结构的位移有严格限制时，按静止土压力取值；当按变形控制原则设计支护结构时，土压力可按支护结构与土相互作用原理确定，也可按地区经验确定。

支护结构设计的荷载组合，应按照《建筑结构荷载规范》与《建筑结构可靠度设计统一标准》，并结合支护结构受力特点进行。

1) 按地基承载力确定挡土结构基础底面积及其埋深时，荷载效应组合应采用正常使用

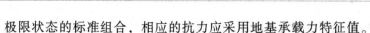

极限状态的标准组合，相应的抗力应采用地基承载力特征值。

2）支护结构的稳定性和锚杆锚固体与地层的锚固长度计算时，荷载效应组合应采用承载能力极限状态的基本组合，但其荷载分项系数均取 1.0，组合系数按现行国家标准的规定采用。

3）确定支护结构截面尺寸、内力及配筋时，荷载效应组合应采用承载能力极限状态的基本组合，并采用现行国家标准规定的荷载分项系数和组合值系数；支护结构的重要性系数按有关规范的规定采用，安全等级为一级的取 1.1，二、三级的取 1.0。支护结构的安全等级，参照《建筑边坡工程技术规程》（GB 50330—2013）关于边坡的安全等级划分。

4）计算锚杆变形和支护结构水平位移与垂直位移时，荷载效应组合应采用正常使用极限状态的准永久组合。

5）在支护结构抗裂计算时，荷载效应组合应采用正常使用极限状态的标准组合，并考虑长期作用影响。

桩墙式支护结构设计，应按基坑开挖过程的不同深度、基础底板施工完成后逐步拆除支撑的工况设计。桩墙式支护结构的设计计算包括支护桩插入深度、支护结构体系的内力分析和结构强度、基坑内外土体的稳定性、基坑降水设计和渗流稳定等内容。基坑支护体系的设计是一项综合性很强的设计，应做到设计要求明确，施工工况合理，决不能出现漏项的情况。桩墙式支护结构可能出现倾覆、滑移、踢脚等破坏现象，也会产生很大的内力和变位，其内力与变形计算常用的方法有：极限平衡法和弹性抗力法两种。

（1）极限平衡法 极限平衡法假设基坑外侧土体处于主动极限平衡状态，基坑内侧土体处于被动极限平衡状态，桩在水、土压力等侧向荷载作用下满足平衡条件。常用的有：静力平衡法和等值梁法。静力平衡法和等值梁法分别适用于特定条件；另外，静力平衡法和等值梁法计算支护结构内力时假设：①施工自上而下；②上部锚杆内力在开挖下部土时不变；③立柱在锚杆处为不动点。

（2）弹性抗力法 弹性抗力法也称为土抗力法或侧向弹性地基反力法，将支护桩作为竖直放置的弹性地基梁，支撑简化为与支撑刚度有关的二力杆弹簧；土对支护桩的抗力（地基反力）用弹簧来模拟（文克尔假定），地基反力的大小与支护桩的变形成正比。弹性抗力法计算支护桩的内力通常采用杆系有限元法；有限元法用于支护桩分析主要有两类：求解弹性地基梁的杆系有限元法、连续介质有限元法，后者为较新方法。

基坑工程的稳定性主要表现为整体稳定性，倾覆及滑移稳定性，基坑底隆起稳定性，渗流稳定性四种方式。整体稳定破坏大体是以圆弧滑动破坏面的形式出现，条分法是整体稳定分析最常使用的方法。倾覆及滑移稳定性验算专门针对重力式支护结构。对饱和软黏土，抗隆起稳定性的验算是基坑设计的一个主要内容。基坑底土隆起，将会导致支护桩后地面下沉，影响环境安全和正常使用。隆起稳定性验算的方法很多，可按地基规范推荐的方法进行验算。当渗流力（或动水压力）大于土的浮重度时，土粒则处于流动状态，即流土（或流沙）。当坑底土上部为不透水层，坑底下部某深度处有承压水层时，应进行承压水对坑底土产生突涌稳定性验算。

内支撑结构常用钢或钢筋混凝土结构，有的地区采用定型钢支撑，连接可靠，装拆方便，工效高，可重复使用，降低了工程造价。通常应优先采用钢结构支撑，对于形状比较复杂或环境保护要求较高的基坑，宜采用现浇混凝土结构支撑。内支撑结构的常用形式有平面支撑体系和竖向斜撑体系。一般情况下应优先采用平面支撑体系，对于开挖深度不大、基坑平面尺度较大或形状比较复杂的基坑也可以采用竖向斜撑体系。一般情况下，平面支撑体系应由腰梁、水平支撑和立柱三部分构件组成。竖向斜撑体系通常由斜撑、腰梁和斜撑基础等构件组成。

2.3.2　深基坑支护危险源分析

1. 挡土结构涉及的危险源

1）挡土结构施工不良。挡土墙（桩）深度不到位，地下连续墙或灌注桩出现严重"蜂窝""狗洞"，灌注桩缩颈断裂，钢筋笼插入深度不够，钢板桩咬合不良以及搅拌桩入土深度不够等均属于这类危险源。

2）挡土墙（桩）水密性不良而漏水，致使背侧土流失。

3）挡土墙（桩）异常变形。挡土墙（桩）断面或强度不足，侧压力值计算偏小，被动土压力值计算偏大，各阶段挖土超挖以及基底隆起、涌沙等均是引起挡土墙（桩）异常变形的原因。

2. 施工阶段伴随挡土支护涉及的危险源

1）由于设计中未考虑的荷载不适当地加在挡土结构顶部，引起侧压力增大。

①挖掘机在坑顶进行挖土作业（图 2-3a）。

②坑顶堆放残余土或计算中未考虑的材料，例如砂、石、钢材等（图 2-3b）。

③计算中未考虑设置在浅基础上的邻近建筑物的影响而进行挖土（图 2-3c）。

2）各阶段挖土超挖引起土压力增大。

①内支撑情况，在设置第一道或其他各道支撑时，基底超挖。图 2-3d 为设置第一道支撑前基底超挖。

②挖土时未留计划坡肩（图 2-3e）。

③集水坑或集水沟开挖过深（图 2-3f）。

3）支护结构解体时支撑力不足。

①地下室建成后，在挡土结构与地下室之间的空隙因填土不实，又未设临时支撑，致使支撑力不足（图 2-3g）。

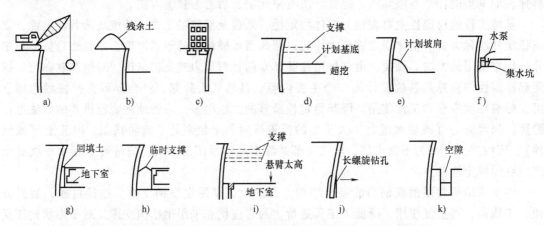

图 2-3　施工阶段伴随挡土支护自立时变形的事故示意图

② 临时支撑断面或强度不够，发生临时支撑压曲现象（图 2-3h）。

③ 如图 2-3i 所示，两道支撑同时撤去，造成挡土结构悬臂高度增大。

4）挡土墙（桩）施工不良使被动土压力减小。

① 钢板桩或 H 型钢桩，采用先钻孔后植桩法施工，在回填土不实的情况下开挖基底，以致雨水进入孔内（图 2-3j）。

② 在挡土结构附近进行灌注桩施工时，桩顶上部留有空隙，该处未回填土或填土不实（图 2-3k）。

造成施工阶段挡土支护结构变形的主要原因如下：

1）调查阶段：周围环境调查不足；邻近建筑物的基础构造情况调查不足；地下管线及地下构筑物情况调查不足；地质勘探及地质资料不足。

2）设计阶段：土质参数评价失误；主动土压力取值过低；被动土压力取值过高；选用的设计方法失误；挡土结构刚度或插入深度不足。

3）施工阶段：施工组织设计考虑不周；挡土桩或灌注桩施工时钻孔回填不良；开挖周边不适当地增加外荷载；开挖时基底超挖过多；回填土不实；临时替换支撑断面不足；异常降雨后水压力增加。

3. 锚杆支护涉及的危险源

土层锚杆是指由锚头、锚筋和锚固体组成，其外端通过台座（腰梁及围檩等）和锚头与挡土结构连接，另一端锚固在稳定土体中，形成以维护基坑边坡稳定的受拉构件。土层锚杆的传力过程如下：首先挡土结构将作用其上的、由土压力等侧压力所形成的推力传递给台座（腰梁等），经台座将此推力传递给锚头。再经锚头的锚夹具将此推力传递给锚杆自由段中的锚筋，使锚筋受拉，然后锚筋拉力借助于锚筋与锚固体（水泥结石体）之间的握裹力传递给锚固体。最后，经锚固体的摩阻力及支压力（当锚固体有扩大头时）将锚拉力传递给锚固土层。其中某一过程在设计上在施工上发生问题，可能会形成危险源。

（1）勘察设计上失误或不当造成危险源

1）勘察报告中提供的地下水位状况和土层土质资料、数据等，与实际情况相差较大，致使锚杆抗拔力不够。

2）对周围环境（邻近建筑物及地下管线等）调查不足，造成挡土支护结构变形过大。

3）未进行台座的附属部件（腰梁、围檩、牛腿等）的强度和刚度核算，基坑开挖后上述部件变形过大而破坏，影响基坑边坡稳定。

4）挡土桩（墙）入土深度不足，锚杆不起作用，造成整个挡土支护结构过大变位而倒塌。

5）仅按 1m 水平间距范围内的土压力来计算锚杆拉力，未考虑上述土压力值应乘以锚杆水平间距，结果锚杆抗拔力不够。南京市某大楼深基坑支护结构失效事故的原因之一，就是锚杆水平间距为 1.5m，但仅按 1m 范围内的土压力计算锚杆受力，锚杆所受拉力差 50%。

6）盲目减少安全系数，锚固体长度不足。某基坑锚杆安全系数过小，一场暴雨致使原废弃的排水沟水满为患，侧压力增大，结果锚固体拔出，基坑失稳倒塌。

7）锚固体未设在良好土层中，使锚杆抗拔力大大低于设计拉力值，基坑开挖后锚固体被拔出而倒塌。

8）挡土桩与锚杆设计未匹配。挡土桩（墙）与锚杆支护结构是一个整体，两者设计时必须匹配。例如土压力不大，挡土桩的抗弯钢筋也不多，此时若锚杆的张拉锁定力大于土压力作用所需的拉力值，则尚需有一定的被动反力来平衡超过所需的锁定力，因而产生超载的弯矩值，致使桩安全度减少或破坏。各地塌方危险源中，确有此类不匹配的案例。

9）锚杆竖向间距过大，造成挡土桩抗弯能力不足。

10）锚筋及其他孔内插入材料过多，致使水泥浆填充孔内及加压不充分，结果降低锚杆抗拔力。

11）水泥浆配合比及水灰比不适合，影响水泥浆体的强度。

12）设计上未考虑对锚杆张拉锁定。某大厦的锚杆挡土支护排桩结构，由于对锚杆未采用预应力，锚杆群受力很不均匀，大雨后，个别锚杆因受力过大而首先拔出，其余锚杆随即产生多米诺骨牌效应，"各个击破"，基坑失稳倒塌。

13）锚杆向下倾角过大（大于45°），这样，一方面锚杆水平分力过小，增大挡土结构的变形；另一方面锚杆竖向分力过大，增加挡土结构的下沉量。两者综合作用，增加基坑倒塌的可能性。

（2）施工不良造成危险源

1）干作业成孔后，附于孔壁上的土屑、松散泥土未清除干净；水作业成孔后，未用清水将孔壁泥土冲洗干净，致使锚杆抗拔力降低。

2）成孔时，孔壁土受到钻具过分的搅动，致使锚杆抗拔力降低。

3）水作业成孔时，由于未采取二重管成孔方式，或未使用止水装置，或未采取降水措施等而过分洗孔，造成地下水从孔口喷出的同时挟带挡土墙（桩）背后的粉粒状土（粉土、砂土、砂砾等）从孔口流失，致使墙（桩）背面地基沉降、邻近建筑物倾斜。

4）成孔后孔壁塌落致使锚筋插入困难。

5）水灰比未按要求调制，或调制时未称量。一般说来，纯水泥浆的水灰比为0.40~0.45，水泥砂浆水灰比为0.38~0.45。水灰比太小，可注性差，易堵管，影响注浆作业的正常进行；水灰比太大，浆液易离析，注浆体密实度不易保证，硬化过程中易收缩，将影响锚固效果，也会推迟张拉锁定时间，延误工期。

6）注浆时，对浆液加压不充分，使锚杆抗拔力降低。

7）注浆时浆液异常地逸出，降低锚杆抗拔力。

8）锚固体中水泥结石体质量差，既影响握裹力又影响摩阻力。当基坑开挖后，前者可能造成锚筋脱离水泥结石体而拔出，后者则造成整体锚固体松动而拔出。

9）焊接火花溅落在锚筋上，造成焊接缺陷，使其在受力后被拉断。

10）锚具中的锚片硬度不够。某大厦深基坑工程，坑深23.5m，采用3层锚杆，锚筋均采用钢绞索。南侧第一层锚杆，由于锚片硬度不够发生滑脱，加上腰梁与支座连接不良，以及南坡地面上就地排放大量洗刷混凝土搅拌机的水，使地基土大量浸水带来土压力增大等因素，一度出现失稳趋势。后经采取增加1道地面锚拉杆，并将腰梁加固，逐根地更换滑脱锚片等措施，转危为安，否则将造成基坑失稳破坏。

11）钢腰梁断面过小，造成基坑塌坏。某基坑采用单层锚杆加挡土桩的形式，安装H型钢腰梁时，最后一段基坑因原准备的H型钢已用完，施工人员未经弯矩和剪力验算擅自用两个小工字钢取代原定的H型钢，两者的断面惯性矩相差数倍。开挖后，该段小钢腰梁由于强度不够而破坏，致使锚头破坏及锚杆失效，结果该段基坑倒塌。

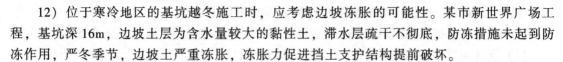

12）位于寒冷地区的基坑越冬施工时，应考虑边坡冻胀的可能性。某市新世界广场工程，基坑深16m，边坡土层为含水量较大的黏性土，滞水层疏干不彻底，防冻措施未起到防冻作用，严冬季节，边坡土严重冻胀，冻胀力促进挡土支护结构提前破坏。

4. 内支撑系统涉及的危险源

内支撑系统是指支持挡土墙（桩）所承受的土压力等侧压力而设置的围檩（又称横挡或圈梁）、支撑、角撑、支柱及其他附属部件的总称。围檩是将挡土墙（桩）所承受的侧压力传递到支撑及角撑的受弯构件，支撑及角撑均属受压构件；支柱支持支撑材料的重量，同时具有防止支撑弯曲的作用。支撑系统中某一构件或某一部件，在设计上失误或在施工上失控，也会形成危险源。

（1）设计失误或不当造成危险源

1）钢支撑系统较多危险源发生的原因是在过高的应力下，引起钢材局部受压失稳及整体受压失稳。案例表明，从深基坑平面形状看，挖土宽度狭窄、支撑短的场合，围檩危险源多，而挖土宽度宽、支撑长的场合，则围檩、支撑、角撑及支柱等全部支撑系统均有危险源发生的例子。

2）采用H型钢做围檩，在其与支撑连接处未采取加肋板或用混凝土块填实等措施，因翼缘局部失稳发生弯曲、扭转等变形。

3）H型钢围檩在高应力状态下，腹板发生局部稳定破坏。

4）H型钢围檩弯曲变形，使连接板的螺栓拉断。

5）头道支撑位置过低，使支护结构顶部位移过大。

（2）施工不良造成危险源

1）围檩背后填筑不实，是常见的危险源。支撑系统施工最主要的措施是围檩须与挡土墙（桩）完全密接，若后者施工精度不良时，须小心地在围檩背后填实或加竖柱，否则会加大挡土支护结构的变形。

2）在支撑端部与围檩连接处未用混凝土、树脂砂浆等填实，或在连接处的H型钢围檩未按设计要求焊接肋板，致使围檩压坏、扭曲或翼缘局部失稳。

3）支撑结构的安装未遵守先撑后挖的原则，先行开挖，然后加支撑，加大挡土结构的变形，造成局部塌方或整体稳定破坏。

4）井字形支撑，当长度较长时，且其交叉点的连接强度不够，造成支撑平面内失稳或扭转。

5）中间支柱较少，而且支撑长度较长，施工时连接又不牢固，造成支撑平面外失稳或扭转。

6）支撑架设精确度不良，导致支撑弯曲，结果受力后，相当于增加了附加弯矩（轴力与偏心矩的乘积），造成失稳。

7）钢管支撑及节点不符合设计要求。例如，某工程使用多年的钢管或再生钢管，壁厚不符合设计要求，加上斜撑节点构造不合理，结果部分钢管变形大，节点破坏，造成断一点而破坏整体的后果。

8）钢管支撑与角撑，以及支撑系统的其他细部焊接质量不好，发生焊缝拉裂。

9）钢筋混凝土支撑或斜撑，混凝土质量不好或强度不足而压坏。

10）没有严格遵守施工规程。如果在支撑上增加设计未考虑的施工荷载（例如，挖掘机在支撑上作业，挖掘机的抓斗等碰伤支撑），造成断面缺损等。

11）钢支撑未按要求施加预应力，或预应力值不够，造成挡土墙（桩）变形加大。

12）支柱设置时，轴线偏差过大，造成偏心受压。

13）支柱上的泥、锈未清除干净而焊接牛腿等部件，焊接质量低劣。

14）支撑设施拆除前未采取换撑（例如，设挡木、临时撑或补强小梁等）措施，支撑拆除后引起挡土墙（桩）较大变形，甚至失稳破坏。

2.3.3 深基坑降水施工安全技术要求

开挖深基坑时，土的含水层常被切断，地下水就会不断地渗流入基坑内，如不及时排除，会使施工条件恶化、造成边坡塌方，也会降低地基的承载力。为了保证施工正常进行，防止边坡塌方和地基承载力下降，深基坑开挖与支护过程中需采取降水、止水、排水等技术措施。深基坑支护过程中一般通过人工降低地下水位法进行降水。

1. 轻型井点（真空井点）

轻型井点降低地下水位，是沿基坑周围以一定的间距埋入井管（下端为滤管），在地面上用水平铺设的集水总管将各井管连接起来，再于一定位置设置真空泵和离心泵，开动真空泵和离心泵后，地下水在真空吸力作用下，经滤管进入井管，然后经集水总管排出，这样就降低了地下水位。

轻型井点降水施工安全技术要求如下：

1）土方挖掘运输车道不设置井点，这并不影响整体降水效果。

2）在正式开工前，由电工及时办理用电手续，保证在抽水期间不停电。因为抽水应连续进行，特别是开始抽水阶段，时停时抽，井点管的滤网易于阻塞，出水混浊。同时由于中途长时间停止抽水，造成地下水位上升，会引起土方边坡塌方等事故。

3）轻型井点降水应经常进行检查，其出水规律应"先大后小，先混后清"。若出现异常情况，应及时进行检查。

4）在抽水过程中，应经常检查和调节离心泵的出水阀门以控制流水量，当地下水位降到所要求的水位后，减少出水阀门的出水量，尽量使抽吸与排水保持均匀，达到细水长流。

5）真空度是轻型井点降水能否顺利进行降水的主要技术指标，现场设专人经常观测，若抽水过程中发现真空度不足，应立即检查整个抽水系统有无漏气环节，并应及时排除。

6）在抽水过程中，特别是开始抽水时，应检查有无井点管淤塞的"死井"，可通过管内水流声、管子表面是否潮湿等方法进行检查。如"死井"数量超过10%，则严重影响降水效果，应及时采取措施，采用高压水反复冲洗处理。

7）在打井点之前应勘测现场，采用洛阳铲凿孔，若发现场内表层有旧基础、隐性墓地应及早处理。

8）如黏土层较厚，沉管速度会较慢，如超过常规沉管时间时，可采取增大水泵压力，在1.0~1.4MPa，但不要超过1.5MPa。

9）主干管应按技术交底做好流水坡度，流向水泵方向。

10）如在冬期施工，应做好主干管保温，防止受冻。

11）基坑周围上部应挖好水沟，防止雨水流入基坑。

12）井点位置应距坑边2~2.5m，以防止井点设置影响边坑土坡的稳定性。水泵抽出的

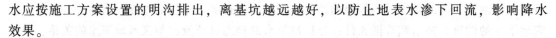
水应按施工方案设置的明沟排出，离基坑越远越好，以防止地表水渗下回流，影响降水效果。

13）如场地黏土层较厚，这将影响降水效果，因为黏土的透水性能差，上层水不易渗透下去，采取套管和水枪在井点轴线范围之外打孔，用埋设井点管相同成孔作业方法，井内填满粗砂，形成二至三排砂桩，使地层中上下水贯通。在抽水过程中，由于下部抽水，上层水由于重力作用和抽水产生的负压，上层水系很容易漏下去，将水抽走。

2. 深井井点

深井井点降水是在深基坑的周围埋置深于基底的井管，通过设置在井管内的潜水泵将地下水抽出，使地下水位低于坑底。该法具有排水量大，降水深（>15m）；井距大，对平面布置的干扰小；不受土层限制；井点制作、降水设备及操作工艺、维护均较简单，施工速度快；井点管可以整根拔出重复使用等优点。但一次性投资大，成孔质量要求严格。适用于渗透系数较大（10~250m/d），土质为砂类土，地下水丰富，降水深，面积大，时间长的情况，降水深可达50m以内。

深井井点施工安全技术要求如下：

1）加强水位观测，使靠近建筑物的深井水位与附近水位之差保持不大于1.0m，防止建筑物出现不均匀沉降。

2）施工现场应采用两路供电线路或配备发电设备，正式抽水后干线不得停电停泵。

3）定期检查电缆密封的可靠性，以防磨损后水沿电缆芯渗入电动机内，影响正常运转。

4）遵守安全用电规定，严禁带电作业。

5）降水期间，必须24h有专职电工值班，持证操作。

6）潜水泵电缆不得有接头、破损，以防漏电。

3. 无砂大孔混凝土管井降水

无砂大孔混凝土管井降水是沿高层建筑基础或在地下水位以下的构筑物基坑的四周采用泥浆护壁冲击式钻机成孔，然后每隔一定距离埋设一个无砂大孔混凝土管井，形成环状布置，以单孔管井用潜水泵抽水至连续总管内，然后排至沉淀池内，再排送至下水道。

无砂大孔混凝土管井井点施工安全技术要求如下：

1）大口井管降水施工的井深、井距必须根据设计要求定位、施工。

2）降水深度要达到设计要求，其水位线位于基坑底部下0.05~1m，边坡要求稳定。基坑干燥。

3）大口井管抽水目前采用QY-25扬程潜水泵抽水。泵位于井管内，距井盘底座约0.5m，用钢丝绳固定于井面，通过橡胶管将水从井中提至地面排掉，其中电气设备必须安装自制自控装置，根据水量大小，调整自控装置线、使之抽水和停抽时间相配达到施工需要。

4）进入施工现场必须戴安全帽。

5）井打成后，要及时加盖，以防落入人员和物品。

6）沿基础周围安装一条主排水管，一般为101.6~152.4mm钢管，每个潜水泵与主管之间要用一单向截止阀连接，以防主管的水倒流回井里溢出，将基坑破坏。

2.3.4　深基坑降水工程危险源分析

深基坑工程中经常会遇到地下水，为确保深基坑工程施工的正常进行，必须对地下水进行有效的治理，为此必须了解场地的地层岩性结构，查明含水层的厚度、渗透性和水量；研究地下水的性质、补给和排泄条件；分析地下水的动态特征及其与区域地下水的关系；寻找人工降水的有利条件，从而制定出切实可行的最佳降水方案。

对地下水治理不当，将会使深基坑工程发生严重危险源。从实际统计资料看，多数深基坑危险源与地下水治理不当有关，尤其是暴雨入渗、管道漏水等突发事件的危害更大，可以说地下水是深基坑工程的"天敌"，是导致深基坑工程危险源的最直接的重大影响因素之一。深基坑工程的止水、降水和排水是一项事关大局的工作。

深基坑降水工程与地下水治理不当有关的危险源具有突发性，并伴随着挡土支护结构及地基的变形，危害性较大。一般与地下水治理不当有关的危险源，通常发生在以下三个部位：挡土结构、基坑底面和基坑周边。

1. 挡土结构上涉及的危险源

1）挡土结构未做止水帷幕或虽设置止水帷幕，但挡土结构或止水帷幕存在缺损（空洞、"蜂窝"、开叉等），在地下水作用下，水携带淤泥质土、松砂、粉土等细粒土从基坑以上的挡土结构的背部流入基坑内，如果情况严重，则造成坑壁坍塌，如图 2-4 所示。

2）基坑以下的挡土结构或止水帷幕存在缺损（空洞、"蜂窝"、开叉等）而漏水造成水及细粒土流出（潜蚀及管涌），如图 2-5 所示。

3）挡土结构在背面侧向水压力作用下产生较大变形。在挡土支护结构设计时，期望通过基坑底部的排水工法来降低挡土结构的背面侧向水压力，实际施工中，由于不透水的夹层或竖向透水性小的土层存在，使实际水压比设计水压高得多，造成挡土结构产生较大的挠曲变形，如图 2-6 所示。

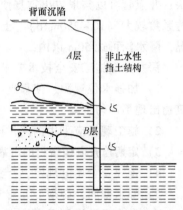

图 2-4　止水帷幕未设或挡土结构与止水帷幕有缺损造成细粒土流出

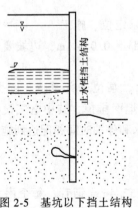

图 2-5　基坑以下挡土结构或止水帷幕漏水

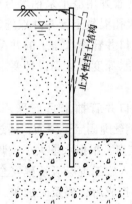

图 2-6　在侧向水压力作用下挡土结构产生变形

2. 基坑底面内涉及的危险源

1）在无黏性土中，基坑开挖后，当地下水的向上渗流力（动水压水）大于土的浮重度时，在挡土结构近端的基坑底面处，就会出现管涌，而其结果将会使坑底出现"流沙"状态。造成此类危险源的原因：①由于挡土结构插入深度不够造成地下水流路长不足；②采用排水工法时地下水位降得不够。

2）当基坑内外侧的地下水位差较大，并且基坑下部有承压水层时，应评价基坑开挖引起承压水头压力冲毁基坑底板造成突涌的可能性。如果地下水位差超过地下水流的水力坡度时，就会产生突涌，如图 2-7 所示。

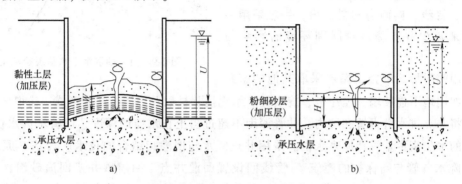

图 2-7　由承压水引起的突涌（上升力 U 大于土承压力 W）
a) 加压层为黏性土层　b) 加压层为粉细砂层

3）在承压水头压力作用下，从未填埋的废旧井口或地质钻探孔口出现管涌。

4）如果集水坑设置在透水性和地下水位高的基坑底下面，则会发生水抽不尽从而导致管涌、流沙等现象。

5）进入基坑底面以下高水头承压水层的暂设桩及基础桩，如果桩与土层之间有空隙的话，则会发生地下水和砂粒的喷出现象（桩周管涌）。

3. 基坑周边发生的危险源

1）抽降软弱土层上下透水层的潜水或下部的承压水引起软弱土层固结下沉（图 2-8）。

深基坑降水时常会带出很多土粒，同时使软弱土层产生固结下沉，加上基坑挖土，将引起基坑周围一定范围和不同程度的工程环境变化。若处理不当，严重者将对基坑附近建筑物产生位移、沉降和破坏，其中最普遍的是地面建筑物和地下建筑物（地下室、地下储水池和地下停车场等）的沉降变形、水平位移和倾斜；道路及各种地下管沟的开裂和错位，以及边坡失稳等。

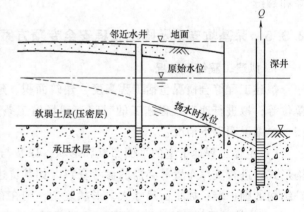

图 2-8　地下水抽取所引起软弱土层固结下沉

2）井水干涸。如果基坑现场周边没有利用承压水的深水井，那么抽取承压水后，就会使原来的井中水位大大降低，出水困难，甚至达到干涸状态。

3）盐水化。在近海处存在淡水与盐水（海水）的平衡状态，如果对该处的承压水进行抽取，那么平衡状态遭到破坏，海水浸入淡水域，使该处的井无法使用（图 2-9）。

4. 井点降水对周围区域安全影响及防范措施

井点降水导致建筑物周围区域地下水位下降，土层中含水量减少并产生固结、压缩，致使地面产生不均匀沉降。这种不均匀沉降会使邻近建筑物、路面等产生下沉或开裂。为了保证高层建筑深基础的正常施工，减少对周围邻近建筑、管线、路面的不利影响，一般采用一些措施来减少井点降水对周围环境的影响与危害。

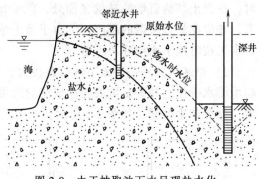

图 2-9 由于抽取池下水呈现盐水化

采用密封形式的挡土墙或采取其他的密封措施。如用地下连续墙、灌注桩、旋喷桩、水泥搅拌桩以及用压密注浆形成一定厚度的防水墙等，将井点排水管设置在坑内，井管深度不超过挡土止水墙的深度，仅将坑内水位降低，而坑外的水位则尽量维持原来水位。采用井点降水与回灌相结合的技术。其基本原理与方法是在降水井管与需保护的建筑、管线间设置回灌井点、回灌砂井或回灌砂沟，持续不断地用水回灌，形成一道水带，以减少降水曲面向外扩张，保持邻近建筑物、管线等基础下地基土中的原地下水位，防止土层因失水而沉降。降水与回灌水位曲线应视场地环境条件而定，降水曲线是漏斗形，而回灌曲线是倒漏斗形，降水—回灌水位曲线应有重叠，为了防止降水和回灌两井相通，还应保持一定的距离，一般不宜小于 6m，否则基坑内水位无法下降，失去降水的作用。回灌井点的深度一般应控制在长期降水曲线下 1m 为宜，并应设置在渗透性较好的土层中，如果用回灌砂沟，则沟底应设置在渗透性较好的土层内。采用注浆固土技术防止水土流失。在井点降水前，安排需要控制沉降的建筑物基础的周边，布置注浆孔（每隔 2~3m 设一个），控制注浆压力，通过控制土的空隙率，达到降低土的渗透性能，不产生流失，以保证基坑邻近建筑物、管线的安全，不产生沉降和裂缝。

2.3.5 深基坑支护及降水工程安全专项方案的编制依据

1. 拟建工程综合概况

拟建工程综合概况包括工程高度、建筑面积、建筑地上及地下层数、占地面积、各参建单位等，拟进行地下工程施工的时间、现场施工条件等内容。要求绘制拟建建筑平面布置图，详细说明以下情况：

1）主体工程地下室的平面布置和形状，以及与建筑红线的相对位置。这是选择支护结构形式、进行支护布置等必需的参考资料。如基坑边线贴近建筑红线，需选择厚度较小的支护结构的围护墙；如平面尺寸大、形状复杂，则在布置支撑时需加以特殊处理。

2）主体工程基础的桩位布置图。在进行围护墙布置和确定立柱位置时，必须了解桩位布置。尽量利用工程桩作为维护桩，以降低支护结构费用，实在无法利用工程桩时才另设维护桩。

3）主体结构地下室的层数、各层楼板和底板的布置与标高，以及地面标高。根据天然地面标高和地下室底板底标高，便可确定基坑开挖深度，这是选择支护结构形式、确定降水和挖土方案的重要依据。

2. 岩土勘察

基坑工程的岩土勘察一般不单独进行，应与主体建筑的地基勘察同时进行。在制定地基勘察方案时，除满足主体建筑设计要求外，也应同时满足基坑工程设计和施工要求，因此，宜统一布置勘察要求。如果已经有了勘察资料，但其不能满足基坑工程设计和施工要求时，宜再进行补充勘察。

（1）基坑地质条件调查　基坑工程的岩土勘察一般应提供下列资料：

1）场地土层的成因类型、结构特点、土层性质及夹砂情况。

2）基坑及周围护墙边界附近场地填土、暗洪、古河道及地下障碍物等不良地质现象的分布范围与深度，并表明其对基坑的影响。

3）场地浅层潜水和坑底深部承压水的埋藏情况、土层的渗流特性及产生管涌、流沙的可能性。

4）支护结构设计和施工所需的土、水等参数。

（2）基坑周围水文条件调查　基坑范围及附近的地下水位情况，对基坑工程设计和施工有直接影响，尤其在软土地区和附近有水体时。为此，在进行岩土勘察时，应提供下列数据和情况：

1）地下各含水层的视觉水位和静止水位。

2）地下各土层中水的补给情况和动态变化情况，与附近水体的连通情况。

3）基坑坑底以下承压水的水头高度和含水层的界面。

4）当地下水对支护结构有腐蚀性影响时，应查明污染源及地下水流向。

（3）地下障碍物的勘察　地下障碍物的勘察对基坑工程的顺利进行十分重要，在基坑开挖之前，要弄清楚基坑范围内和围护墙附近地下障碍的性质、规模、埋深等，以便采用适当措施加以处理。勘察重点内容如下：

1）是否存在旧建（构）筑物的基础和桩。

2）是否存在废弃的地下室、水池、设备基础、人防工程、废井和驳岸等。

3）是否存在厚度较大的工业垃圾和建筑垃圾。

4）城市周边防洪水利工程等。

3. 周围环境勘察

基坑开挖带来的水平位移和地层沉降会影响周围邻近建（构）筑物、道路和地下管线，该影响如果超过一定范围，则会影响正常使用或带来较严重的后果。所以，基坑工程设计和施工，一定要采用措施保护周围环境，使该影响限制在允许范围内。

为限制对基坑施工的影响，在施工前要对周围环境进行应有的调查，做到心中有数，以便采取针对性的有效措施。

（1）基坑周围邻近建（构）筑物状况调查　在大中城市建筑物稠密地区进行基坑工程施工，宜对下述内容进行调查：

1）周围建（构）筑物的分布及其与基坑边线的距离。

2）周围建（构）筑物的上部结构形式、基础结构及埋深、有无桩基和对沉降差异的敏感程度，需要时要收集和参阅有关的设计图样。

3）周围建筑物是否属于历史文物或近代优秀建筑，或对使用有特殊严格的要求。

4）如周围建（构）筑物在基坑开挖之前已经存在倾斜、裂缝、使用不正常等情况，需通过拍片、绘图等手段收集有关资料。必要时要请有资质的单位事先进行分析鉴定。

（2）基坑周围地下管线状况调查　在大中城市进行基坑工程施工，基坑周围的主要管线有煤气、上水、下水和电缆等。

（3）基坑周围邻近的地下构筑物及设施的调查　如基坑周围邻近有地铁隧道、地铁车站、地下车库、地下商场、地下通道、人防、管线共同沟等，应调查其与基坑的相对位置、埋设深度、基础形式与结构形式、对变形与沉降的敏感程度等。这些地下构筑物及设施往往有较高的要求，进行邻近深基坑施工时要采取有效措施。

（4）周围道路状况调查　在城市繁华地区进行基坑工程，邻近常有道路。这些道路的重要性不相同，有些是次要道路，而有些则属于城市干道，一旦因为变形过大而破坏，会产生严重后果。道路状况与施工运输有关。为此，在进行深基坑施工之前应调查下列内容。

1）周围道路性质、类型。

2）道路与基坑相对位置。

3）交通通行规则、交通状况与重要程度。

4）道路路基与路面。

（5）周围的施工条件调查　基坑现场周围的施工条件，对基坑工程设计和施工有直接影响，事先必须加以调查了解。

1）施工现场周围的交通运输、商业规模等特殊情况，了解在基坑工程施工期间对土方和材料、混凝土等运输有无限制，必要时是否允许阶段性封闭施工等，这对选择施工方案有影响。

2）了解施工现场附近对施工产生的噪声和振动的限制。如对施工噪声和振动有严格的限制，则影响桩型选择和支护结构的爆破拆除。

3）了解施工场地条件，是否有足够场地供运输车辆运行、堆放材料、停放施工机械、加工钢筋等，以便确定是全面施工、分区施工还是用逆作法施工。

2.3.6　几种常见深基坑支护类型介绍

1. 混凝土排桩支护

（1）围护桩（机械成孔灌注桩）的施工

1）材料及主要机具

① 水泥：宜采用 32.5~42.5 级普通硅酸盐水泥或矿渣硅酸盐水泥。

② 砂：中砂或粗砂，含泥量不大于 5%。

③ 石子：粒径为 0.5~3.2cm 的卵石或碎石，含泥量不大于 2%。

④ 水：应用自来水或不含有害物质的洁净水。

⑤ 黏土：可就地选择塑性指数大于 17 的黏土。

⑥ 外加早强剂：应通过试验确定。

⑦ 钢筋：钢筋的级别、直径必须符合设计要求，有出厂证明书及复试报告。

⑧ 主要机具：回旋钻孔机、翻斗车或手推车、混凝土导管、套管、水泵、水箱、泥浆池、混凝土搅拌机、平尖头铁锹、橡胶管等。

2）作业条件

① 地上、地下障碍物处理完毕，达到"三通一平"。施工用的临时设施准备就绪。

② 场地标高一般应为承台梁的上皮标高，并经过夯实或碾压。

③ 制作好钢筋笼。

④ 根据图样放出轴线及桩位点，按上水平标高钉木橛，并经过预检签字。

⑤ 选择和确定钻孔机的进出路线和钻孔顺序，制定施工方案，做好技术交底。

⑥ 正式施工前应做成孔试验，数量不少于两根。

3）工艺流程。钻孔机就位→钻孔→注泥浆→下套管→继续钻孔→排渣→清孔→吊放钢筋笼→射水清底→插入混凝土导管→浇筑混凝土→拔出导管→插桩顶钢筋。

① 钻孔机就位：钻孔机就位时，必须保持平稳，不发生倾斜、位移，为准确控制钻孔深度，应在机架上或机管上做好控制的标尺，以便在施工中进行观测、记录。

② 钻孔及注泥浆：调直机架挺杆，对好桩位（用对位圈），开动机器钻进、出土，达到一定深度（视土质和地下水情况）停钻，孔内注入事先调制好的泥浆，然后继续进钻。

③ 下套管（护筒）：钻孔深度到5m左右时，提钻下套管。

A. 套管内径应大于钻头100mm。

B. 套管位置应埋设正确和稳定，套管与孔壁之间应用黏土填实，套管中心与桩孔中心线偏差不大于50mm。

C. 套管埋设深度：在黏性土中不宜小于1m，在砂土中不宜小于1.5m，并应保持孔内泥浆面高出地下水位1m以上。

④ 继续钻孔：防止表层土受振动坍塌，钻孔时不要让泥浆水位下降，当钻至持力层后，设计无特殊要求时，可继续钻深1m左右，作为插入深度。施工中应经常测定泥浆相对密度。

⑤ 孔底清理及排渣。

A. 在黏土和粉质黏土中成孔时，可注入清水，以原土造浆护壁。排渣泥浆的相对密度应控制在1.1~1.2。

B. 在砂土和较厚的夹砂层中成孔时，泥浆相对密度应控制在1.1~1.3，在穿过砂夹卵石层或容易坍孔的土层中成孔时，泥浆的相对密度应控制在1.3~1.5。

⑥ 吊放钢筋笼：钢筋笼吊放前应绑好砂浆垫块；吊放时要对准孔位，吊直扶稳，缓慢下沉，钢筋笼放到设计位置时，应立即固定，防止上浮。

⑦ 射水清底：在钢筋笼内插入混凝土导管（管内有射水装置），通过软管与高压泵连接，开动泵水即射出。射水后孔底的沉渣即悬浮于泥浆之中。

⑧ 浇筑混凝土：停止射水后，应立即浇筑混凝土，随着混凝土不断增高，孔内沉渣将浮在混凝土上面，并同泥浆一同排回储浆槽内。

A. 水下浇筑混凝土应连接施工，导管底端应始终埋入混凝土中0.8~1.3m，导管的第一节底管长度应≥4m。

B. 混凝土的配制：

a. 配合比应根据试验确定，在选择施工配合比时，混凝土的试配强度应比设计强度提高10%~15%。

b. 水灰比不宜大于0.6。

c. 有良好的和易性，在规定的浇筑时间内，坍落度应为150~220mm，在浇筑初期，为使导管下端形成混凝土堆，坍落度宜为130~150mm。

d. 水泥用量一般为 $350 \sim 400 \mathrm{kg/m^3}$。

e. 砂率一般为 $45\% \sim 50\%$。

⑨ 拔出导管：混凝土浇筑到桩顶时，应及时拔出导管。但混凝土的上顶标高一定要符合设计要求。

⑩ 插桩顶钢筋：桩顶上的插筋一定要保持垂直插入，有足够锚固长度和保护层，防止插偏和插斜。

⑪ 试块制作：同一配合比的试块，每班不得少于 1 组。每根灌注桩不得少于 1 组。

4）保证项目

① 灌注桩的原材料和混凝土强度必须符合设计要求和施工规范的规定。

② 实际浇筑混凝土量，严禁小于计算的体积。

③ 浇筑混凝土后的桩顶标高及浮浆的处理，必须符合设计要求和施工规范的规定。

④ 沉渣厚度必须符合设计要求。以摩擦为主的桩，沉渣厚度严禁大于 300mm；以端承为主的桩，沉渣厚度严禁大于 100mm。

5）钢筋笼施工

① 钢筋笼在制作、运输和安装过程中，应采取措施防止变形。吊入桩孔内，应牢固确定其位置，防止上浮。

② 灌注桩施工完毕进行基础开挖时，应制定合理的施工顺序和技术措施，防止桩的位移和倾斜，并应检查每根桩的纵横水平偏差。

③ 在钻孔机安装，钢筋笼运输及混凝土浇筑时，均应注意保护好现场的轴线桩、高程桩，并应经常校核。

④ 桩头外留的主筋插铁要妥善保护，不得任意弯折或压断。

⑤ 桩头的混凝土强度没有达到 5MPa 时，不得碾压，以防桩头损坏。

6）泥浆护壁施工

① 泥浆护壁成孔时，发生斜孔、弯孔、缩孔和塌孔或沿套管周围冒浆以及地面沉陷等情况，应停止钻进。经采取措施后，方可继续施工。

② 钻进速度应根据土层情况、孔径、孔深、供水或供浆量的大小、钻机负荷以及成孔质量等具体情况确定。

③ 水下混凝土面平均上升速度不应小于 $0.25 \mathrm{m/h}$。浇筑前，导管中应设置球塞等隔水，浇筑时，导管插入混凝土的深度不宜小于 1m。

④ 施工中应经常测定泥浆密度，并定期测定黏度、含砂率和胶体率。泥浆黏度 18 ~ 22s，含砂率不大于 $4\% \sim 8\%$，胶体率不小于 90%。

⑤ 清孔过程中，必须及时补给足够的泥浆，并保持浆面稳定。

⑥ 钢筋笼在堆放、运输、起吊、入孔等过程中，必须加强对操作工人的技术交底，严格执行加固的技术措施。

⑦ 混凝土浇筑接近桩顶时，应随时测量顶部标高，以免过多截桩或补桩。

（2）围护桩中桩基础工程施工安全技术

① 施工前，应认真查清邻近建筑物的情况，采取有效的防振措施。

② 灌注桩成孔机械操作时应保持垂直平稳，防止成孔时突然倾倒或冲（桩）锤突然下落，造成人员伤亡或设备损坏。

③ 冲击锤（落锤）操作时，距锤 6m 范围内不得有人员行走或进行其他作业，非工作人员不得进入施工区域内。

④ 灌注桩尚未灌注混凝土前，应用盖板封严或设置护栏，以防掉土或人员坠入孔内，造成重大人身安全事故。

⑤ 进行高处作业时，应系好安全带，浇筑混凝土时，装、拆导管人员必须戴安全帽。

（3）围护桩深基坑专项支护方案工程分析 排桩作为深基坑支护构件，其结构相对安全可靠，适用于各类地质条件，各种深度范围的深基坑也被广泛应用。排桩结构按受力形式有悬臂式支护结构、单层支点和多级锚杆支点，必要时加入内支撑的体系，如图 2-10 所示。

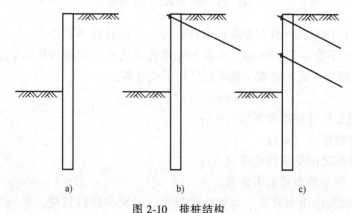

图 2-10 排桩结构

a）排桩悬臂式支护 b）排桩与单层锚杆支护 c）排桩与单多级锚杆支护

悬臂排桩在保持一定的嵌固深度基础上，利用钢筋混凝土排桩自身的结构强度承受边坡土体的主动土压力荷载，达到稳定边坡的目的；单支点和多级锚杆是在悬臂排桩结构的基础上，利用锚杆或内支撑梁形成的护壁结构以承受边坡土体的主动土压力荷载，达到保护基坑边坡稳定的目的。因此根据排桩的受力特点，排桩在深基坑设计、施工时包括以下内容：

1）排桩嵌固深度的验算。

2）排桩边坡整体滑动稳定验算。

3）排桩的间距、直径、配筋强度的验算。

4）排桩水平支点锚杆（内支撑梁）的直径、间距、长度、强度验算。

5）排桩、锚杆施工质量控制。

2. 重力式挡土支护（水泥土墙）

水泥土墙是采用水泥作为固化剂，用深层搅拌机就地将土和输入的水泥浆强制搅拌，利用水泥和软土之间所产生的一系列物理-化学反应，使软土硬化成整体性，结构上形成连续搭接的水泥土柱状加固体，具有一定强度的挡土、防渗效果，因此这种重力式围护墙有挡土和防渗两个功能。水泥土墙宜用于坑深不大于 6m；基坑侧壁安全等级为二级、三级；地基土承载力不宜大于 150kPa 的情况。

（1）水泥土墙的设计及构造 水泥土墙的组成通常采用桩体搭接、格栅布置，尽可能避免内向的折角，而采用向外拱的折线形，以减小支护结构位移，避免由两个方向位移而使水泥土墙内折角处产生裂缝。常用的水泥土墙支护结构的布置形式如图 2-11 所示。

水泥土桩与桩之间的搭接长度应根据挡土及止水要求设定，考虑抗渗作用时，桩的有效

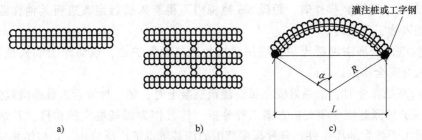

图 2-11 水泥土墙支护结构的常用布置形式

a）壁式 b）格栅式 c）拱式

搭接长度不宜小于 150mm；当不考虑止水作用时，搭接宽度不宜小于 100mm。在土质较差时，桩的搭接长度不宜小于 200mm。水泥土搅拌桩搭接组合成的围护墙宽度 b 根据桩径 d_0 及搭接长度 L_d，形成一定的模数，其宽度可按下式计算：

$$b = d_0 + (n-1)(d_0 - L_d) \tag{2-1}$$

式中　b——水泥土搅拌桩组合宽度（m）；

　　　d_0——搅拌桩桩径（m）；

　　　L_d——搅拌桩之间的搭接长度（m）；

　　　n——搅拌桩搭接布置的单排数。

水泥土墙宜优先选用大直径、双钻头搅拌桩，以减少搭接接缝，加强支护结构的整体性。根据基坑开挖深度、土压力的分布、基坑周围的环境平面布置可设计成变宽度的形式。水泥土墙的剖面主要是确定挡土墙的宽度 b、桩长 h 及插入深度 h_d，根据基坑开挖深度，可按下式初步确定挡土墙宽度及插入深度：

$$b = (0.5 \sim 0.8)h \tag{2-2}$$

$$h_d = (0.8 \sim 1.2)h \tag{2-3}$$

式中　b——水泥土墙的宽度（m）；

　　　h_d——水泥土墙插入基坑底以下的深度（m）；

　　　h——基坑开挖深度（m）。

当土质较好、基坑较浅时，b、h_d 取小值；反之，应取大值。根据初定的 b、h_d 进行支护结构计算，如不满足，则重新假设 b、h_d 后再行验算，直至满足为止。按式（2-1）估算的支护结构宽度，还应考虑布桩形式，b 的取值应与按式（2-2）计算的结果吻合。如计算所得的支护结构搅拌桩桩底标高以下有透水性较大的土层，而支护结构又兼作止水帷幕时，桩长的设计还应满足防止管涌及工程所要求的止水深度，通常可采用加长部分桩长的方法使搅拌桩插入透水性较小的土层或加长后满足止水要求，如图 2-12 所示，此外加长部分在沿支护结构纵向必须是连续的。

另外，水泥土墙采用格栅布置时，截面置换率对于淤泥不宜小于 0.8，淤泥质土不宜小于 0.7，一般黏性土、黏土、

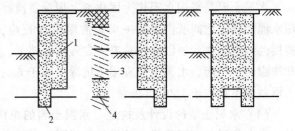

图 2-12 采用局部加长形式保证支护结构的止水效果

1—水泥土墙　2—加长段（用于止水）　3—透水性较大的土层　4—透水性较小的土层

砂土不宜小于 0.6。格栅长度比不宜大于 2。墙体宽度和插入深度，根据坑深、土层分布及物理力学性能、周围环境、地面荷载等计算确定，墙体宽度以 500mm 进级，取 2.7m、3.2m、3.7m、4.2m 等。水泥土的强度取决于水泥掺入量，水泥土围护墙常用的水泥掺入量为 12%~14%，其龄期 1 个月的无侧限抗压强度不低于 0.8MPa。水泥土围护墙沿地下结构底板外围布置，支护结构与地下结构底板应保持一定净距，以便于底板、墙板侧模的支撑与拆除，并保证地下结构外墙板防水层施工作业空间。

（2）水泥土墙施工　水泥土墙的稳定及抗渗性能取决于水泥土的强度及搅拌的均匀性，因此，选择合适的水泥土配合比及搅拌工艺对确保工程质量至关重要。在水泥土墙设计前，一般应针对现场土层性质，通过试验提供各种配合比下的水泥土强度等性能参数，以便设计选择合理的配合比。一般工程中水泥土墙以强度等级 32.5 级的普硅酸盐水泥为宜。由于水泥土是在自然土层中形成的，地下水的侵蚀性对水泥土强度影响很大，应选用抗硫酸盐水泥。水泥掺入比 a_w（掺入水泥重量与被加固土的重量/湿重之比）通常选用 12%~14%，湿法搅拌时，加水泥浆的水灰比可采用 0.45~0.50。为改善水泥土的性能或提高早期强度，宜加入外掺剂，常用的外掺剂有粉煤灰、木质素磺酸钙、碳酸钠、氯化钙、三乙醇胺等。在水泥加固土中，由于水泥掺量很小，其强度增长过程比混凝土缓慢得多，早期（7~14d）强度增长并不明显，而在 28d 以后仍有明显增加，并可持续增长至 120d，以后增长趋势才成缓慢趋势。但在基坑支护结构中，往往由于工期的关系，水泥土养护不可能达到 90d，故仍以 28d 强度作为设计依据，故在设计中予以考虑。

水泥土墙施工工艺可采用下述三种方法：喷浆式深层搅拌（湿法）；喷粉式深层搅拌（干法）；高压喷射注浆法（也称高压旋喷法）。水泥土墙中采用湿法工艺施工时注浆量较易控制，成桩质量较为稳定，桩体均匀性好，一般应优先考虑湿法施工工艺。而干法施工工艺虽然水泥土强度较高，但其喷粉量不易控制，搅拌难以均匀，桩身强度离散较大，出现事故的概率较高，目前已很少应用。水泥土桩也可采用高压喷射注浆成桩工艺，它采用高压水、气切削土体并将水泥与土搅拌形成水泥土桩。该工艺施工简便，喷射注浆施工时，只需在土层中钻一个 50~300mm 的小孔，便可在土中喷射成直径 0.4~2m 的加固水泥土桩。因而能在狭窄施工区域或贴近已有基础施工，但该工艺水泥用量大，造价高，一般当场地受到限制，湿法机械无法施工时，或一些特殊场合下可选用高压喷射注浆成桩工艺。

1）深层搅拌水泥土墙（湿法）。深层搅拌水泥土墙搅拌桩成桩工艺可采用"一次喷浆、二次搅拌"或"二次喷浆、三次搅拌"工艺，主要依据水泥掺入比及土质情况而定。一般的施工工艺流程如图 2-13 所示。

定位：深层搅拌机开行达到指定桩位、对中。预搅下沉：深层搅拌机运转正常后，起动搅拌机电动机。放松起重机钢丝绳，使搅拌机沿导向架切土搅拌下沉，下沉速度控制在 0.8m/min 左右，可由电动机的电流监测表控制。工作电流不应大于 10A。如遇硬黏土等下沉速度太慢，可以输浆系统适当补给清水以利钻进。制备水泥浆：深层搅拌机预搅下沉到一定深度后，开始拌制水泥浆，待压浆时倾入骨料斗中。提升喷浆搅拌：深层搅拌机下沉到达设计深度后，开启灰浆泵将水泥浆压入地基土中，此后边喷浆、边旋转、边提升深层搅拌机，直至设计桩顶标高。沉钻复搅：再次沉钻进行复搅，复搅下沉速度可控制在 0.5~0.8m/min。重复提升搅拌：边旋转、边提升，重复搅拌至桩顶标高，并将钻头提出地面，以便移机施工新的桩体。此至，完成一根桩的施工。移位：开行深层搅拌机至新的桩位，重

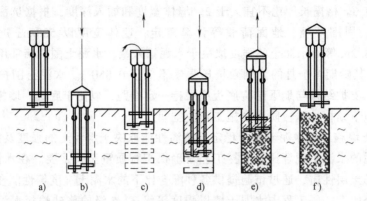

图 2-13 深层搅拌桩施工工艺流程

a) 定位 b) 预搅下沉 c) 提升喷浆搅拌 d) 重复下沉搅拌 e) 重复提升搅拌 f) 成桩结束

复上面六个步骤，进行下一根桩的施工。清洗：当一施工段成桩完成后，应及时进行清洗。清洗时向骨料斗中注入适量清水，开启灰浆泵，将全部管道中的残存水泥浆，冲洗干净并将附于搅拌头上的土清洗干净。

水泥土桩应在施工后一周内进行开挖检查或采用钻孔取芯等手段检查成桩质量，若不符合设计要求，应及时调整施工工艺。水泥土墙应在设计开挖龄期采用钻芯法检测墙身完整性，钻芯数量不宜少于总桩数的 2%，且不少于 5 根；并应根据设计要求取样进行单轴抗压强度试验。

2）高压喷射注浆桩。高压水泥浆（或其他硬化剂）的通常压力为 15MPa 以上，通过喷射头上一或两个直径约 2mm 的横向喷嘴向土中喷射，使水泥浆与土搅拌混合，形成桩体。喷射头借助喷射管喷射或振动贯入，或随普通或专用钻机下沉。使用特殊喷射管的二重管法（同时喷射高压浆液和压缩空气）、三重管法（同时喷射高压清水、压缩空气、低压浆液），影响范围更大，直径分别可达 1000mm、2000mm。施工工艺流程如图 2-14 所示。单管法、二重管法的喷射管如图 2-15 所示。

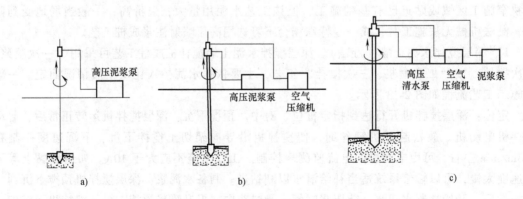

图 2-14 高压喷射注浆桩施工工艺流程

a) 单管法 b) 二重管法 c) 三重管法

高压喷射注浆应按试喷确定的技术参数施工，切割搭接宽度应符合下列规定：旋喷固结体不宜小于 150mm；摆喷固结体不宜小于 150mm；定喷固结体不宜小于 200mm。

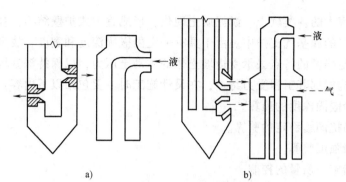

图 2-15　单管法、二重管法的喷射管

a) 单管法　b) 二重管法

3) 加筋水泥土桩法（SMW 工法）。加筋水泥土桩法是在水泥土桩中插入大型 H 型钢，如图 2-16 所示。由 H 型钢承受土侧压力，而水泥土则具有良好的抗渗性能，因此 SMW 墙具有挡土与止水双重作用。除了插入 H 型钢外，还可插入钢管、拉森板桩等。由于插入了型钢，故也可设置支撑。

加筋水泥土桩法施工用搅拌机与一般水泥土搅拌机无太大区别，主要是功率大，使成桩直径与长度更大，以适应大型型钢的压入。大型 H 型钢压入与拔出一般采用液压压桩（拔桩）机，由于水泥结硬后与 H 型钢粘结力大大增加，故 H 型钢的拔出阻力比压入力大好几倍。此外，H 型钢在基坑开挖后受侧土压力的作用往往有较大变形，使拔出受阻。水泥土与型钢的粘结力可通过在型钢表面涂刷减摩剂来解决，而型钢变形就难以解决，因此设计时应考虑型钢受力后的变形不能过大。SMW 工法施工流程如图 2-17 所示。

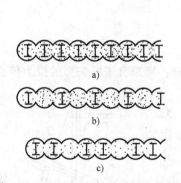

图 2-16　SMW 工法中 H 型钢设置方式

a) 全孔设置　b) 隔孔设置　c) 组合式

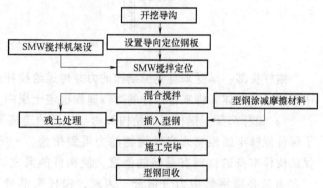

图 2-17　SMW 工法施工流程图

开挖导沟、设置围檩导向架：在沿 SMW 墙体位置需开挖导沟，并设置围檩导向架。导沟可使搅拌机施工时的涌土不致冒出地面，围檩导向则是确保搅拌桩及 H 型钢插入位置的准确。搅拌桩施工工艺与水泥土墙施工法相同，但应注意水泥浆液中宜适当增加木质素磺酸钙的掺量，也可掺入一定量的膨润土，利用其吸水性提高水泥土的变形能力，不致引起墙体开裂，对提高 SMW 墙的抗渗性能很有效果。型钢的压入采用压桩机并辅以起重设备。在施工前应做好型钢拔出试验，以确保型钢顺利回收，涂刷减摩擦材料是减少拔出阻力的有效方法。

（3）重力式水泥土墙深基坑专项支护方案工程分析　重力式水泥土墙结构利用水泥水

化特性，将含水率大的各类软土、淤泥质土硬化，形成重力式护壁结构，被广泛应用于各类软土、淤泥质土层的深基坑支护中。由于具有一定的嵌固深度和宽度，故可利用水泥土墙自身厚重和具备一定强度的特点去承受边坡土体的主动土压力，以保持深基坑的边坡稳定，重力式水泥土墙结构根据其工程受力特点，在设计施工时主要包括以下内容：

1）水泥土墙嵌固深度的验算。

2）水泥土墙抗倾覆稳定的验算。

3）水泥土墙强度验算。

4）水泥土墙施工质量的控制。

3. 土层锚杆

（1）土层锚杆的构造　从力的传递机理来看，土层锚杆一般由锚杆头部、拉杆及锚固体三个部分组成，如图 2-18 所示。

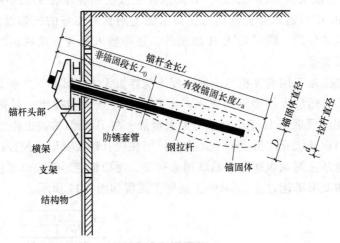

图 2-18　锚杆的组成

锚杆头部：承受来自支护结构的力并传递给拉杆；拉杆：将来自锚杆头部的拉力传递给锚固体；锚固体：将来自拉杆的力传递到稳定土层中。

1）锚杆头部。锚杆头部是构筑物与拉杆的连接部分，为了保证能够牢固地将来自结构物的力得到传递，一方面必须保证构件本身的材料有足够的强度，使构件能紧密固定，另一方面又必须将集中力分散开。为此，锚杆头部分为台座、承压垫板和紧固器三部分，如图 2-19 所示。

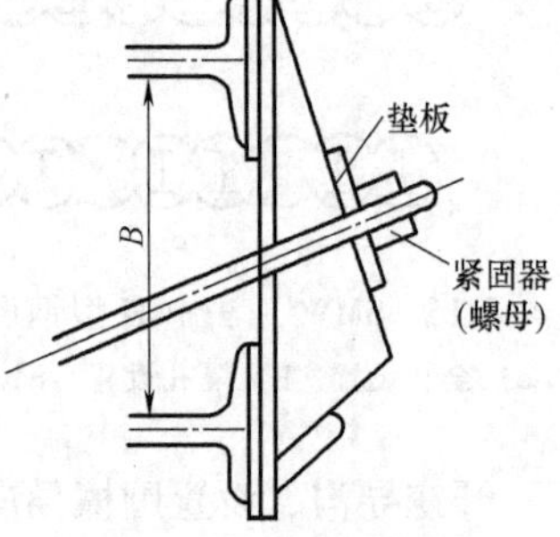

① 台座：支护结构与拉杆方向不垂直时，需要用台座作为拉杆受力调整的插座，并能固定拉杆位置，防止其横向滑动与有害的变位，台座用钢板或钢筋混凝土做成。

图 2-19　锚杆头部构造

② 承压垫板：为使拉杆的集中力分散传递，并使紧固器与台座的接触面保持平整，拉杆必须与承压垫板正交，一般采用 20~40mm 厚的钢板。

③ 紧固器：拉杆通过紧固器与垫板、台座、支护结构等牢固连接在一起。如拉杆采用粗钢筋，则用螺母或专用的连接器、焊螺栓端杆等。当拉杆采用钢丝或钢绞线时，锚杆端部可由锚盘及锚片组成，锚盘的锚孔根据设计钢绞线的多少而定，也可采用公锥及锚销等零

件，如图 2-20 所示。

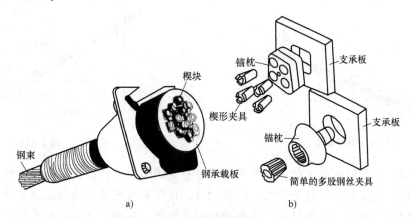

图 2-20　锚孔装置
a）多根钢束锚杆头装置　b）锚杆头处夹固多股钢束锚索的方法

2）拉杆。拉杆依靠抗拔力承受作用于支护结构上的侧向压力，是锚杆的中心受拉部分。拉杆的长度是指锚杆头部到锚固体尾端的全长。拉杆的全长根据主动滑动面分为有效锚固长度部分（锚固体长度）和非锚固长度部分（自由长度）。有效锚固长度主要根据每根锚杆需承受多大的抗拔力来决定；非锚固长度按照支护结构与稳定土层间的实际距离而定。拉杆的设计包括材料选择和截面设计两方面。拉杆材料的选择根据具体施工条件而定。拉杆截面设计需要确定每根拉杆所用的钢材规格和根数，并根据钢拉杆的断面形状和灌浆管的尺寸决定钻孔的直径。

3）锚固体。锚固体是锚杆尾端的锚固部分，通过锚固体与土之间的相互作用，将力传递给稳定地层。由锚固体提供的锚固力能否保证支护结构的稳定是锚杆技术成败的关键。从力的传递方式来看，锚固体分为三种类型：

① 摩擦型。摩擦型是指在钻孔内插入钢筋并灌注浆液，形成一段柱状的锚固体，这种锚杆通常称为灌浆锚杆。灌浆锚杆一般通过压力灌浆进行。压力灌浆锚杆在灌浆时对水泥砂浆施加一定的压力，水泥砂浆在压力作用下向孔壁土层扩散并在压力作用下固结，从而使锚杆具有较大的抗拔力。土层锚杆的承载能力主要取决于拉杆与锚固体之间的握裹力和锚固体与土壁之间的摩擦阻力，但主要取决于后者。一般情况下，锚固体周围土层内部的抗剪强度 τ_i 比锚固体表面与土层之间的摩擦阻力 f_i 小，所以锚固力的估算一般按 τ_i 来考虑。在实际工程中以摩擦型锚杆占多数。

② 承压型。这种类型的锚固体有局部扩大段，锚杆的抗拔力主要来自支承土体的被动土压力。扩大段可采用多种途径得到，如在天然地层中采用特制的内部扩孔钻头，扩大锚固段的钻孔直径；或用炸药爆扩法，扩大钻孔端头等。承压型锚杆主要用于松软地层中。

③ 复合型。复合型锚固体的抗拔力来自摩擦阻力和支承力两个方面，可以认为当摩擦阻力与支承力所占比例相差不大时属于这一类型。如在软弱地层中采用扩孔灌浆锚杆；在成层地层中采用串铃状锚杆或螺旋锚杆，如图 2-21 和图 2-22 所示。

（2）土层锚杆施工　锚杆的施工方法及施工质量直接影响到锚杆的承载能力。即使在相同的地基条件下，由于施工方法、施工机械、所使用用材料的不同，承载能力会产生较大的差别。因此在进行施工时，要根据以往的工程经验、现场的试验资料确定最适宜的施工方法

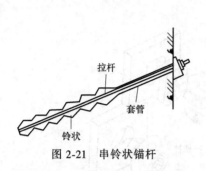

图 2-21 串铃状锚杆

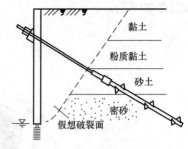

图 2-22 螺旋锚杆

和施工机械等。土层锚杆施工前，要了解与设计有关的地层条件、工程规模、地下水的状态及其水质条件、施工地区的地下管线、构筑物等的位置和情况等，同时编制土层锚杆施工组织设计，确定施工顺序，保证供水、排水和动力的需要。在施工之前应安排设计单位进行技术交底。土层锚杆的主要机械设备是钻孔机械，用于土层锚杆的钻孔机械，按工作原理可分为回转式、冲击式及万能式（即回转冲击式）三类，一般回转式钻机适用于一般土质条件。冲击式钻机适用于岩石、卵石等条件。而在黏土夹卵石或砂夹卵石地层中，用万能式钻机最合适。

锚杆施工包括以下主要工序：钻孔、安放拉杆、灌浆、养护、安装锚头、预应力张拉。施工顺序如图 2-23 所示。

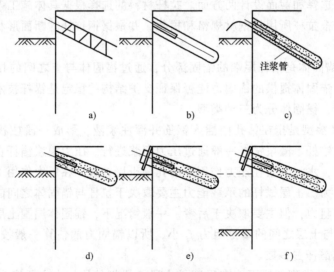

图 2-23 锚杆施工顺序示意图
a) 钻孔 b) 安放拉杆 c) 灌浆 d) 养护 e) 安装锚头 f) 预应力张拉

1）钻孔。在进行土层锚杆施工时，常用的钻孔方法有以下几种；

① 清水循环钻进成孔：这种方法在实际工程中应用较广，软硬土层都能适用，但需要有配套的排水循环系统。在钻进时，冲洗液从地表循环管路经由钻杆流向孔底，携带钻削下来的土屑从钻杆与孔壁的环隙返回地表。待钻到规定孔深（一般大于土层锚杆长度 0.5~1.0m）后，进行清孔，开动水泵将钻孔内残留的土屑冲出，直到水流不再浑浊为止。在软黏土成孔时，如果不用跟管钻进，应在钻孔孔口处放入 1~2m 的护壁套管，以保证孔口处不

坍陷。钻进时宜用 3~4m 长的岩芯管，以保证钻孔的直线性，钻进时如遇到易坍塌地层，如流沙层、砂卵石层，应采用跟管钻进。

② 潜钻成孔法：这种方法采用一种专门用来穿越地下电缆的风动工具，风动工具的成孔器（俗称地鼠）一般长 1m 左右，直径 φ80~φ140mm，由压缩空气驱动，内部装有配气阀、气缸、活塞等机构，利用活塞的往复运动做定向冲击，使成孔器挤压土层向前运动成孔。由于它始终潜入孔底工作，冲击功在传递过程中损失小，具有成孔效率高、噪声低等特点。潜钻成孔法主要用于孔隙率大、含水量低的土层中。成孔速度快，孔壁光滑而坚实，由于不出土，孔壁无坍落和堵塞现象。

③ 螺旋钻孔干作业法：该法适用于无地下水条件的黏土、粉质黏土、密实性和稳定性都较好的砂土等地层。

2）安放拉杆。土层锚杆用的拉杆，常用的有粗钢筋、钢丝束和钢绞线，也有采用无缝钢管（或钻杆）作为拉杆的。承载能力较小时，多用粗钢筋；承载能力较大时，多用钢绞线。钢筋拉杆由一根或数根粗钢筋组合而成，如果是数根钢筋则需用绑扎或电焊连成一体。为了使拉杆钢筋安置在钻孔的中心以便于插入，另外为了增加锚固段拉杆与锚固体的握裹力，应在拉杆表面设置定位器，每隔 1.5~2.0m 设置一个。钢筋拉杆的定位器用细钢筋制作，外径宜小于钻孔直径1cm。实际工程使用的粗钢筋拉杆用的定位器如图 2-24 所示。

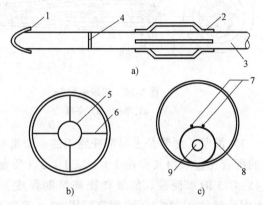

图 2-24　粗钢筋拉杆用的定位器

1—挡土板　2—支承滑条　3—拉杆　4—半圆环　5—φ38 钢管内穿 φ32 拉杆　6—35mm×3mm 钢带　7—2φ32 钢筋　8—φ65 钢管 l=60mm，间距 1~1.2m　9—灌浆胶管

① 粗钢筋拉杆。钻杆作为承力结构的一部分，长期处于潮湿土体中，它的防腐问题相当重要。对锚固区拉杆，可通过设置定位器保证拉杆有足够厚度的水泥砂浆或水泥浆保护层来防腐蚀。对非锚固区的拉杆，应根据不同的情况采取相应的防腐措施。在无腐蚀性土层中的临时性拉杆，使用期间在 6 个月以内时，可不做防腐处理；使用期限在 6 个月至 2 年之间的，则要经过简单的防腐处理，如除锈后刷二至三道富锌漆等耐湿、耐久的防锈漆即可；对使用 2 年以上的拉杆，必须进行认真的防腐处理，先除锈，涂上一层环氧防腐漆冷底子油，待其干燥后，再涂一层环氧玻璃铜（或玻璃聚氨酯预聚体等），待其固化后，再缠绕两层聚乙烯塑料薄膜。

② 钢丝束拉杆。钢丝束拉杆可制成通长一根，它的柔性较好，安放方便。钢丝束拉杆的自由段需理顺扎紧，并进行防腐处理。防腐方法可用玻璃纤维布缠绕两层，外面再用粘胶带缠绕；也可将钢丝束拉杆的自由段插入特制护管内，护管与孔壁间的空隙可与锚固段同时灌浆。

钢丝束拉杆的锚固段需用撑筋环，如图2-25 所示。钢丝束的钢丝分为内外两层，外

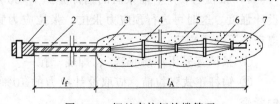

图 2-25　钢丝束拉杆的撑筋环

1—锚头　2—自由段及防腐层　3—锚固体砂浆　4—撑筋环　5—钢丝束结　6—锚固段的外层钢丝　7—小竹筒

层钢丝绑扎在撑筋环上，内层钢丝从撑筋环中间通过。设置撑筋环可增大钢丝束与砂浆接触面积，增强了粘结力。

③ 钢绞线拉杆。主要用于承载能力大的土层拉杆。钢绞线拉杆及其定位架如图 2-26 和图 2-27 所示。钢绞线自由段套以聚丙烯防护套进行防腐处理。

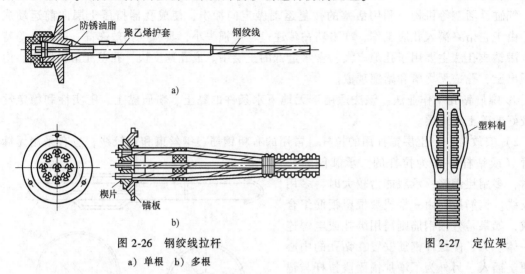

图 2-26　钢绞线拉杆　　　　　　图 2-27　定位架
a）单根　b）多根

3）灌浆。灌浆是土层锚杆施工的一个重要工序。灌浆的浆液为水泥砂浆或水泥浆。浆液的配合比宜采用灰砂比 1：1 或 1：2（质量比），水灰比 0.38~0.45 的砂浆，或水灰比 0.45~0.5 的水泥浆。如果要提高早期强度，可加食盐（水泥质量的 0.3%）和三乙醇胺（水泥质量的 0.03%）。水泥宜采用 42.5 级普通硅酸盐水泥。

灌浆方法分为一次灌浆法和二次灌浆法。一次灌浆法只用一根注浆管，一般采用 $\phi 30mm$ 左右的钢管（或橡胶管），注浆管一端与压浆泵相连，另一端与拉杆同时送入钻孔内，注浆管端距孔底 50cm 左右。在确定钻孔内的浆液是否灌满时，可根据从孔口流出来的浆液浓度与搅拌的浆液浓度是否相同来判断。对于压力灌浆锚杆，待浆液流出孔口时，将孔口用黏土等进行封堵，严密捣实，再用 2~4MPa 的压力进行补灌，稳压数分钟后才告结束。二次灌浆法适用于压力灌浆锚杆，要用两根注浆管。第一次灌浆用的注浆管，其管端距离锚杆末端 50cm 左右，管端出口用胶布、塑料等封住或塞住，以防插入时土进入注浆管。第二次灌浆用的注浆管，其管端距离锚杆末端 100cm 左右，管端出口用胶布、塑料等封住或塞住，且从管端 50cm 处开始在锚固段内每隔 2m 左右做出 1m 长的花管，花管的孔眼为 $\phi 8mm$。

4）张拉与锁定。灌浆后的锚杆养护 7~8d 后，砂浆的强度大于 15MPa 并能达到 75% 的设计强度。这时可进行预应力张拉，张拉应力宜为设计锚固力的 0.9~1.0 倍。在张拉时要遵守以下几项规定：

① 张拉宜采用"跳张法"，即隔二拉一。

② 锚杆正式张拉前，应取设计拉力的 10%~20%，对锚杆预张拉 1~2 次，使各部位接触紧密。

③ 正式张拉应分级加载，每级加载后维持 3min，并记录伸长值，直到设计锚固力的 0.9~1.0 倍。最后一级荷载应维持 5min，并记录伸长值。

④ 锚杆预应力没有明显损失时，可锁住锚杆。如果锁定后发现有明显应力损失，应进行张拉。

4. 土钉墙

（1）土钉墙的施工程序

1）开挖工作面、修整边坡，坡面排水，埋设喷射混凝土厚度控制标志。

2）喷射第一层混凝土。

3）设置土钉。

4）绑扎钢筋网。

5）喷射第二层混凝土。

下面具体描述：

1）开挖工作面、修整边坡。基坑开挖应按设计要求分段分层进行。分层开挖深度主要取决于暴露坡面的自立能力，一次开挖高度宜为 0.5~2.0m。考虑到土钉施工设备，开挖宽度至少要 6m，开挖长度取决于交叉施工期间能保护坡面稳定的坡面面积。

开挖基坑时，应最大限度地减少对支护土层的扰动。在机械开挖后，应辅以人工修整坡面，坡面平整度应达到设计要求。对松散的或干燥的无黏性土，尤其是受到外来振动时，应先进行灌浆处理。

2）排水。土钉支护结构必须考虑地下水的影响。在施工期间应做好排水工作，避免过大的静水压力作用于面板，保护面板（特别是喷射混凝土面层）免遭水的不利影响，避免加固土体处于饱和状态。

3）设置土钉。开挖出工作面后，就可在工作面上进行土钉施工。

① 成孔。应根据土层条件以及具体的设计要求选择合理的钻机与机具。土钉施工机具可采用地质钻机、螺旋钻机以及洛阳铲等。成孔质量标准：

A. 孔位偏差不大于 ±100mm。

B. 孔深误差不大于 ±50mm。

C. 孔径误差不大于 ±5mm。

D. 倾斜度偏差不大于 5%。

E. 土钉钢筋保护层厚度不宜小于 25mm。

② 清孔。采用 0.5~0.66MPa 压缩空气将孔内残渣清除干净，当孔内土层的湿度较低时，常采用润孔花管由孔底向孔口方向逐步湿润孔壁，润孔花管内喷出的水压不应超过 0.15MPa。

③ 置筋。清孔完毕后，应及时安放钢杆件，以防塌孔。钢杆件一般采用Ⅱ级螺纹钢筋或Ⅳ级精轧螺纹钢筋，钢筋尾部设置弯钩。为保证土钉钢筋的保护层厚度，应设定位器使钢筋位置居中。另外，土钉钢拉杆使用前要保证平直并进行除锈、除油。

④ 注浆。注浆是保证土钉与周围土体紧密结合的一个关键工序。注浆前，在钻孔孔口设置止浆塞（图 2-28）并旋紧，使其与孔壁贴紧。由注浆孔插入注浆管，使其距孔底 0.5~1.0m。注浆管与注浆泵连接后，开动注浆泵，边注浆边向孔口方向拔管，直到注满为止。放松止浆塞，

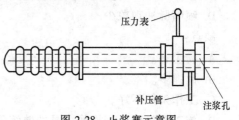

图 2-28 止浆塞示意图

将注浆管与止浆塞拔出，用黏性土或水泥砂浆充填孔口。注浆材料宜用 1:0.5 的水泥净浆或水泥砂浆。水泥砂浆配合比宜为 1:1~1:2（质量比），水灰比控制在 0.4~0.45 范围内。为防止水泥砂浆（细石混凝土）在硬化过程中产生干缩裂缝，提高其防腐性能，保证浆体与周围土壁的紧密结合，可掺入一定量的膨胀剂。具体掺入量由试验确定，以满足补偿收缩为准。

4）绑扎钢筋网。钢筋网宜采用 I 级钢筋，钢筋直径 6~10mm，钢筋网间距 150~300mm。钢筋网应与土钉和横向联系钢筋绑扎牢固，并且在喷射混凝土时不得晃动。钢筋网与坡面间要留有一定的间隙，宜为 30mm。如果采用双层钢筋网，第二层钢筋网应在第一层被埋没后铺设。

5）喷射混凝土。喷射混凝土面层厚度一般为 80~200mm，常用的厚度为 100mm。第一次喷射混凝土厚度一般为 40~70mm，第二次喷射到设计厚度。喷射混凝土强度等级不宜低于 C20。喷射混凝土施工机具包括混凝土喷射机、空气压缩机、搅拌机和供水设施等。

① 喷射混凝土的原材料与配合比。喷射混凝土多掺速凝剂，以缩短混凝土的初凝和终凝时间，因此要注意水泥与速凝剂的相容性问题。水泥选择不当，可能造成急凝、凝结速度慢、初凝与终凝间隔时间长等不利因素而增大回弹量，对喷射混凝土强度的增长产生影响。砂宜用细度模数大于 2.5 的坚硬的中、粗砂，或者用平均粒径为 0.35~0.50mm 的中砂，或平均粒径大于 0.50mm 的粗砂，其中粒径小于 0.075mm 的颗粒不应超过 20%，加入搅拌机的砂含水率宜控制为 6%~8%，呈微湿状态。含水量过低，会产生大量粉尘；含水率过高，会使喷射机粘料，易造成管路堵塞。石子一般多使用卵石和碎石，以卵石为佳。由于卵石表面光滑，便于输送，可减少堵管。石子的最大粒径宜不大于输料管道最小断面直径的 1/3~2/5。喷射混凝土宜用连续级配。若缺少中间粒径，则混凝土拌合物易于分离，黏滞性差，回弹增多。喷射混凝土用水与普通混凝土相同。常用的外加剂有速凝剂、减水剂和早强剂等。水泥与砂石的质量比宜为 1:4~1:4.5；含砂率宜为 45%~55%，水灰比宜为 0.4~0.45；混合料宜随拌随用。

② 喷射混凝土施工方式。根据混凝土的搅拌和运输工艺的不同，喷射分为干式和湿式两种。干式喷射是用混凝土喷射机压送干拌合料，在喷嘴处加水与干料混合后喷出，其设备布置如图 2-29 所示，工艺流程如图 2-30 所示。干式喷射的优点：

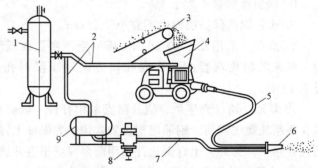

A. 设备简单，费用低。

B. 能进行远距离压送。

C. 易加入速凝剂。

D. 喷嘴脉冲现象少。

缺点：

A. 粉尘多。

B. 回弹多。

C. 工作条件不好。

D. 施工质量取决于操作人员的熟练程度。

图 2-29　干式喷射混凝土施工的设备
1—压缩空气罐　2—压缩空气管　3—加料机械　4—混凝土喷射机
5—输送管　6—喷嘴　7—水管　8—水压调节阀　9—水源

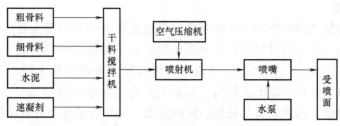

图 2-30 干式喷射工艺流程

湿式喷射是用泵式喷射机，将已加水拌和好的混凝土拌合物压送到喷嘴处，然后在喷嘴处加入速凝剂，在压缩空气助推下喷出，其工艺流程如图 2-31 所示。湿式喷射优点：粉尘少、回弹少、混凝土质量易保证。缺点：施工设备较复杂，不宜远距离压送，不易加入速凝剂和有脉冲现象。

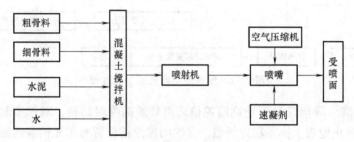

图 2-31 湿式混凝土喷射工艺流程

③ 喷射作业规定：

A. 喷射作业前，应对机械设备，风、水管路和电线进行全面的检查与试运转，清理受喷面，埋设控制混凝土厚度的标志。

B. 喷射作业开始时，应先送风，后开机，再给料，应待料喷完后，再关风。

C. 喷射作业应分段分片依次进行，同一分段内喷射顺序由上而下进行，以免新喷的混凝土层被水冲坏。

D. 喷射时，喷头应与受喷面垂直，并保持 0.6~1.0m 的距离。

E. 喷射混凝土的回弹率不应大于 15%。

F. 喷射混凝土终凝 2h 后，应喷水养护。养护时间，一般工程不少于 7d，重要工程不少于 14d。

（2）土钉墙深基坑专项施工方案工程分析 土钉墙由于布置灵活，施工操作简便，而且成本低，在工程中被广泛应用。土钉墙结构的作用原理主要是利用钢筋（钢管）穿透可能滑移的边坡土体进入锚固区，产生锚固拉力，达到保持基坑边坡稳定的目的，因此根据土钉墙的受力特点分析，土钉墙在设计施工时包括以下内容：

1）土钉墙各层（排）土钉的间距布置。

2）各层土钉钢筋的直径、强度、长度的设计布置。

3）验算在施工时不同深度时各种工况状态下的土钉强度、稳定性。

4）土钉与护坡钢筋网的连接，保持土钉护坡稳定的各种构造要求。

5）土钉施工质量控制。

地下连续墙施工

5. 地下连续墙

目前，我国建筑工程中应用最多的是现浇钢筋混凝土板式地下连续墙，用作主体结构一部分同时又兼作临时挡土墙的地下连续墙和纯为临时挡土墙。在水利工程中用作防渗墙的地下连续墙和作为临时挡土墙。对于现浇钢筋混凝土壁板式地下连续墙，其施工工艺过程通常如图 2-32 所示，其中修筑导墙、泥浆制备与处理、深槽挖掘、钢筋笼制备与吊装以及混凝土浇筑，是地下连续墙施工中主要的工序。

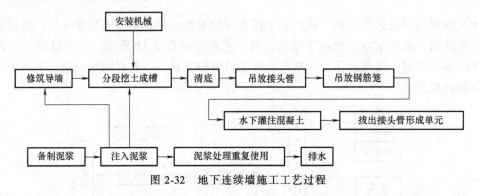

图 2-32　地下连续墙施工工艺过程

（1）修筑导墙　导墙是地下连续墙挖槽之前修筑的临时结构，对挖槽起重要作用。首先起挡土墙作用，防止地表土体不稳定坍塌，其次明确挖槽位置与单元槽段的划分，是测定挖槽精度、标高、水平及垂直的基准，还有用于支撑挖槽机、混凝土导管、钢筋笼等施工设备所产生的荷载，最后还可以防止泥浆漏失、保持泥浆稳定、防止雨水等地面水流入槽内、起到相邻结构物的补强等作用。导墙一般为现浇的钢筋混凝土结构，如图 2-33 为最简单的断面形状。

导墙的施工顺序如下：平整场地—测量定位—挖槽—绑钢筋—支模板（按设计图，外

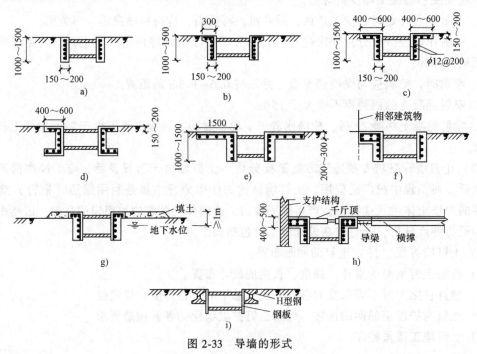

图 2-33　导墙的形式

侧可利用土模，内侧用模板）—浇混凝土—拆模并设置横撑—回填外侧空隙并碾压。

导墙的厚度一般为150~200mm，墙趾不宜小于0.20m，深度为1.0~2.0m。导墙的配筋多为φ12@200mm，水平钢筋必须连接起来，使导墙成为整体。导墙施工接头位置应与地下连续施工接头位置错开。导墙面应高于地面约100mm，防止地面水流入槽内污染泥浆；导墙的内墙面应平行于地下连续墙轴线导墙的基底与土面密贴，以防泥浆渗入导墙后面。

（2）泥浆制备与处理　泥浆的主导作用是护壁，泥浆的静止水压力相当于一种液体在槽壁上形成不透水的泥皮，从而使泥浆的静压力有效地作用在槽壁上，同时防止槽壁坍塌。泥浆具有一定的黏度，能将钻头式挖槽机挖下来的土渣悬浮起来，既便于土渣随同泥浆一同排出槽外，又可避免土渣泥积在工作面上影响挖槽机的挖槽效率。另外以泥浆作冲洗液，钻具在连续冲击或回转中温度剧烈升高，泥浆既可降低钻具的温度，又可起润滑作用而减轻钻具的磨损，有利于延长钻具的使用寿命和提高深槽挖掘的效率。

泥浆的成分包括膨润土（特殊黏土）、聚合物、分散剂（抑制泥水分离）、增黏剂（常用羟甲基纤维素，化学糊糊）、加重剂（常用重晶石）、防漏剂（堵住砂土槽壁大孔，如锯末、稻草沫等）。泥浆质量的控制指标有相对密度（比重计）、黏度（黏度计）、含砂量（泥浆含砂量测定仪）、失水量和泥皮厚度（泥浆渗透失水，同时在槽壁形成泥皮，薄而密实的泥皮有利于槽壁稳定，用过滤试验测定）、pH值（一般为8~9时泥浆不分层）、稳定性（静置前后相对密度差）、静切力（外力使静止泥浆开始流动后阻止其流动的阻力，静切力大时泥浆质量好）、胶体率（静置后泥浆部分体积与总体积之比）。泥浆通过沉淀池和振动筛与旋流器进行土渣的分离处理。

（3）深槽挖掘　挖槽是地下连续墙施工中的关键工序。挖槽占地下连续墙工期的1/2，故提高挖槽的效率是缩短工期的关键。同时槽壁形状基本上决定了墙体外形，所以挖槽的精度又是保证地下连续墙质量的关键之一。

1）单元槽段划分。地下连续墙施工时，预先沿墙体长度方向把地下墙划分为许多某种长度的施工单元，这种施工单元称为"单元槽段"。划分单元槽段就是将各种单元槽段的形状和长度表明在墙体平面图上，它是地下连续墙施工组织设计中的一个重要内容。单元槽段的长度不得小于一个挖槽段（挖掘机械的挖土工作装置的一次挖土长度）。从理论上讲单元槽段越长越好，可以减少槽段的接头数量，增加地下连续墙的整体性和提高防水性能及施工效率。此外，划分单元槽段时尚应考虑单元槽段之间的接头位置，一般情况下接头避免设在转角及地下连续墙与内部结构的连接处，以保证地下连续墙有较好的整体性。单元槽段划分与接头形式有关。

2）挖槽机械。目前，在地下连续墙施工中国内外常用的挖槽机械，按其工作机理分为挖斗式、冲击式和回转式三大类，而每一类中又分为多种，如图2-34、图2-35所示。

（4）清底　挖槽结束后，悬浮在泥浆中的颗粒将渐渐沉淀到槽底，此外，在挖槽过程中被排出而残留在槽内的土渣，以及吊放钢筋笼时从槽壁上刮落的泥皮都堆积在槽

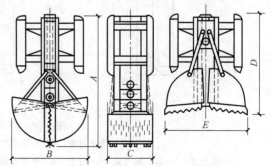

图2-34　蚌式抓斗
（A、B、C、D、E因墙厚而异）

底。在挖槽结束后清除以沉渣为代表的槽底沉淀物的工作称为清底。清底常用方法如图 2-36 所示。

（5）钢筋笼制备与吊装　钢筋笼根据地下连续墙墙体配筋图和单元槽段的划分来制作。钢筋笼最好按单元槽段做成一个整体。如果地下连续墙很深或受到起重设备能力的限制，需要分段制作，吊放时再连接，接头易用帮条焊，钢筋笼端部与接头管或混凝土接头面间应留有 15~20cm 的空隙。主筋净保护层厚度通常为 7~8cm，保护层垫块厚 5cm，在垫块和墙面之间留有 2~3cm 的间隙。由于用砂浆制作的垫块容易在吊放钢筋笼时破碎，且易擦伤槽壁面，近年多用塑料块或薄钢板制作，焊于钢筋上。

制作钢筋笼时要预先确定浇筑混凝土用导管的位置，由于这部分要上下贯通，因而周围需增设箍筋和连接筋进行加固。尤其在单元槽段接头附近插入导管，由于此处钢筋较密集，更需特别加以处理。横向钢筋有时会阻碍插入，所以纵向主筋应放在内侧，横向钢筋放在外侧，如图 2-37

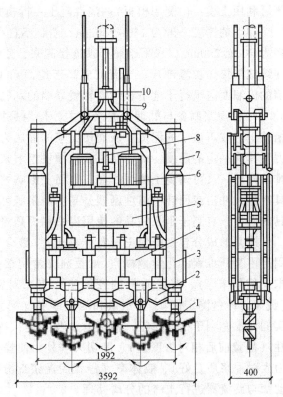

图 2-35　多头钻的钻头

1—钻头　2—侧刀　3—导板　4—齿轮箱　5—减速箱　6—潜水电动机　7—纠偏装置　8—高压进气管　9—泥浆管　10—电缆结头

所示。纵向钢筋的底端应距离槽底面 10~20cm，底端应稍向内弯折，以防吊放钢筋笼时擦伤槽壁，但向内弯折的程度也不应影响插入混凝土导管。

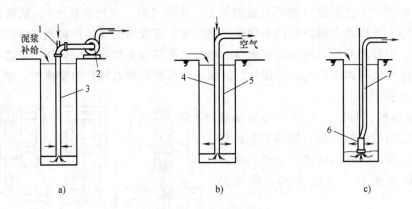

图 2-36　清底常用方法

a）砂石吸力泵排泥　b）压缩空气升液排泥　c）潜水泥浆泵排泥

1—接合器　2—砂石吸力泵　3—导管　4—导管或排泥管　5—压缩空气管　6—潜水泥浆泵　7—软管

钢筋笼的起吊、运输和吊放应制订周密的施工方案，不允许在此过程中产生不能恢复的

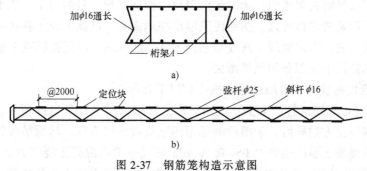

图 2-37 钢筋笼构造示意图

a) 横剖面图 b) 纵向桁架的纵剖面

变形。插入钢筋笼时,最重要的是使钢筋笼对准单元槽段的中心,垂直而又准确地插入槽内。钢筋笼插入槽内后,检查其顶端高度是否符合设计要求,然后将其搁置在导墙上。如钢筋笼是分段制作,吊放时需接长,下段钢筋笼要垂直悬挂在导墙上,然后将上段钢筋笼垂直吊起,上下两段钢筋笼成直线连接。

(6) 混凝土浇筑 混凝土浇筑前的准备工作如图 2-38 所示。

地下连续墙工程中所用混凝土的配合比除满足一般水下混凝土的要求外,尚应考虑泥浆中浇筑的混凝土的强度随施工条件变化较大,同时在整个墙面上的强度分散性也大,因此,混凝土应按照比结构设计规定的强度等级提高 5MPa 进行配合比设计。混凝土的原材料,为避免分层离析,要求采用粒度良好的河砂,粗骨料宜用粒径 5~25mm 的河卵石。如用 5~40mm 的碎石,应适当增加水泥用量和提高砂率,以保证所需的坍落度与和易性。水泥应采用 32.5~42.5 级的普通硅酸盐水泥和矿渣硅酸盐水泥,单位水泥

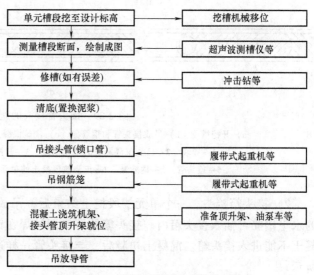

图 2-38 混凝土浇筑前的准备工作

用量,粗骨料如为卵石应在 370kg/m³ 以上,水灰比不大于 0.60。混凝土的坍落度宜为 18~20cm。

地下连续墙混凝土用导管法进行浇筑。由于导管内混凝土和槽内泥浆的压力不同,在导管口处存在压力差,因而混凝土可以从导管内流出。在混凝土浇筑过程中,导管下口总是埋在混凝土内 1.5m 以上,使从导管下口流出的混凝土将表层混凝土向上推动而避免与泥浆直接接触。导管最大插入深度也不宜超过 9m。当混凝土浇筑到地下连续墙顶附近时,导管内混凝土不易流出,一方面要降低浇筑速度,另一方面可将导管的最小埋入深度减为 1m 左右,如果混凝土还浇筑不下去,可将导管上下扭动,但上下扭动范围不得超过 30cm。在浇筑过程中导管不能做横向运动;不能使混凝土溢出料斗流入导沟;随时掌握混凝土的浇筑

量，防止导管下口暴露在泥浆内；随时量测混凝土面的高程，量测三个点取平均值；浇筑混凝土置换出来的泥浆要进行处理，勿使泥浆溢出在地面上。混凝土面上存在一层与泥浆接触的浮浆层，需要凿去，为此混凝土高度需超浇 500~1000mm，以便在混凝土硬化后查明强度情况，将设计标高以上的部分用风镐凿去。

（7）单元墙段的接头　常用的施工接头有以下几种。

1）接头管（也称锁口管）接头，应用最多。其施工程序如图 2-39 所示。

一个单元槽段土方挖好后，于槽段端部用起重机放入接头管，然后吊放钢筋笼并浇筑混凝土，待浇筑的混凝土强度达到 0.05~0.20MPa 时（一般在混凝土浇筑后 3~5h，视气温而定），开始用起重机或液压顶升架提拔接头管，上拔速度应与混凝土浇筑速度、混凝土强度增长速度相适应，一般为 2~4m/h，应在混凝土浇筑结束后 8h 以内将接头管全部拔出。接头管直径一般比墙厚小 50mm，可根据需要分段、接长。端部半圆形可以增强整体性和防水能力。

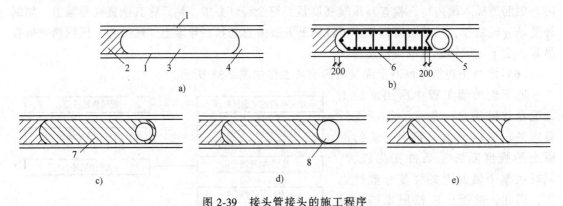

图 2-39　接头管接头的施工程序

a）开挖槽段　b）吊放接头管和钢筋笼　c）浇筑混凝土　d）拔出接头管　e）形成接头

1—导墙　2—已浇筑混凝土的单元槽段　3—开挖的槽段　4—未开挖的槽段

5—接头管　6—钢筋笼　7—正浇筑混凝土的单元槽段　8—接头管拔出后的孔

2）接头箱接头。一个单元槽段挖土结束后，吊放接头箱，再吊放钢筋笼。钢筋笼端部的水平钢筋可插入接头箱内。接头箱的开口面被焊在钢筋笼端部的钢板封住，因而浇筑的混凝土不能进入接头箱。混凝土初凝后，与接头管一样逐步吊出接头箱。其施工过程如图 2-40 所示。

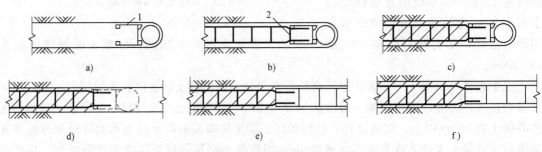

图 2-40　接头箱接头的施工过程

a）插入接头箱　b）吊放钢筋笼　c）浇筑混凝土　d）吊出接头箱　e）吊放后一个
槽段的钢筋笼　f）浇筑后一个槽段的混凝土形成整体接头

1—接头箱　2—焊在钢筋笼端部的钢板

图 2-41 所示用 U 形接头管与滑板式接头箱施工的钢板接头，是另一种整体式接头的做法。这种整体式钢板接头是在两相邻单元槽段的交界处，利用 U 形接头管放入开有方孔且焊有封头钢板的接头钢板，以增强接头的整体性。接头钢板上开有大量方孔，其目的是为增强接头钢板与混凝土之间的粘结。滑板式接头箱的端部设有充气的锦纶塑料管，用来密封止浆，防止新浇筑混凝土浸透。为了便于抽拔接头箱，在接头箱与封头钢板和 U 形接头管接触处皆设有聚四氟乙烯滑板。

3）隔板式接头。隔板式接头按隔板的形状分为平隔板、榫形隔板和 V 形隔板（如图 2-42 所示）。由于隔板与槽壁之间难免有缝隙，为防止新浇筑的混凝土渗入，要在钢筋笼的两边铺贴纤维尼龙等化纤布。化纤布可把单元槽段钢筋笼全部罩住，也可以只有 2~3m 宽。要注意吊入钢筋笼时不要损坏化纤布。带有接头钢筋的榫形隔板式接头，能使各单元墙段形成一个整体，是一种较好的接头方式。但插入钢筋笼较困难，且接头处混凝土的流动也受到阻碍，施工时要特别加以注意。

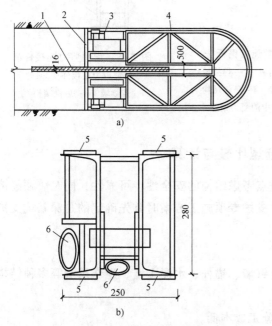

图 2-41　U 形接头管与滑板式接头箱

a）U 形接头管　b）滑板式接头箱

1—接头钢板　2—封头钢板　3—滑板式接头箱

4—U 形接头管　5—聚四氟乙烯滑板　6—锦纶塑料管

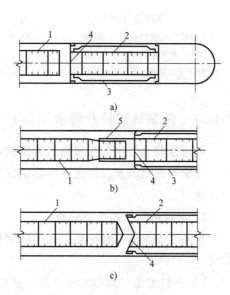

图 2-42　隔板式接头

a）平隔板　b）榫形隔板　c）V 形隔板

1—正在施工槽段的钢筋笼　2—已浇筑混凝土槽段的钢筋笼　3—化纤布　4—钢隔板　5—接头钢筋

（8）结构接头　地下连续墙与内部结构的楼板、柱、梁、底板等连接的结构接头，常用的有下列几种：

1）预埋连接钢筋法。此法应用最多，如图 2-43 所示。连接钢筋弯折后预埋在地下连续墙内，待内部土体开挖后露出墙体时，凿开预埋连接钢筋处的墙面，将露出的预埋连接钢筋弯成设计形状、连接。考虑到连接处往往是结构的薄弱处，设计时一般使连接筋有 20% 的富余。

2）预埋连接钢板法。这是一种钢筋间接连接的接头方式，如图 2-44 所示。预埋连接钢板放入并与钢筋笼固定。浇筑混凝土后凿开墙面使预埋连接钢板外露，用焊接方式将后浇结构中的受力钢筋与预埋连接钢板焊接。

3）预埋剪力连接件法。剪力连接件的形式有多种，如图 2-45 所示。剪力连接件先预埋在地下连续墙内，然后弯折出来与后浇结构连接。

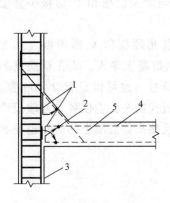

图 2-43　预埋连接钢筋法
1—预埋的连接钢筋　2—焊接
处　3—地下连续墙　4—后浇
结构中受力钢筋　5—后浇结构

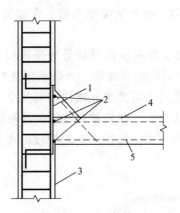

图 2-44　预埋连接钢板法
1—预埋连接钢板　2—焊接处
3—地下连续墙　4—后浇结构
5—后浇结构中的受力钢筋

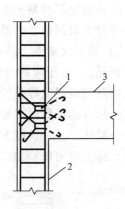

图 2-45　预埋剪力连接件法
1—预埋剪力连接件　2—地下
连续墙　3—后浇结构

2.3.7　深基坑支护及降水工程方案的选型比较与计算

危险性较大的安全专项施工方案的选型重点考虑结构的安全性、可靠性，同时兼顾经济性、效率等其他因素，因此在具体编制深基坑支护专项施工方案时首先确定的是深基坑支护方案选型。

1. 深基坑支护的选型分析

深基坑支护形式有排桩、地下连续墙、土钉墙、锚杆、水泥土墙、逆作拱墙等多种结构形式。

1）土钉墙施工简单方便，施工速度快，施工成本低。

2）水泥土墙适用于淤泥等软土层，施工成本相对排桩、地下连续墙的造价也不高。

3）排桩、地下连续墙虽造价相对较高，但结构安全可靠，适用各类土层。

在工程深基坑支护结构选型时，不仅仅只考虑经济性，由于深基坑施工事故发生概率较大，一旦发生事故，是危害很大的重大危险源。在方案选型时，摆在首位的应该是安全可靠度。故《建筑基坑支护技术规程》（JGJ 120—2012）对上述各种支护结构形式的适用条件、范围做出详细规定，具体见表 2-2。

在实际工程实例中，常常根据现场实际情况选用合适的基坑支护方案。如场地开阔、土质较好，有充分的放坡条件，就可以选择自然放坡方案。如基坑深，附近又有邻近建筑、管道，地下水位较高，则可以采取排桩锚杆复合型基坑支护方案。基坑四周边坡深度或场地条件不同，基坑四边条件不同，可根据基坑地质条件、深度条件、邻边条件分别选择土钉墙、水泥土墙、排桩等基坑护壁结构。

表2-2 支护结构选型

结构形式	适用条件
排桩或地下连续墙	适于基坑侧壁安全等级一、二、三级 悬臂式结构在软土场地中基坑深度不宜大于5m 当地下水位高于基坑底面时,宜采用降水、排桩加截水帷幕或地下连续墙
水泥土墙	基坑侧壁安全等级宜为二、三级 水泥土桩施工范围内地基土承载力不宜大于150kPa 基坑深度不宜大于6m
土钉墙	基坑侧壁安全等级宜为二、三级的非软土场地 基坑深度不宜大于12m 当地下水位高于基坑底面时,应采用降水或截水措施
逆作拱墙	基坑侧壁安全等级宜为二、三级 淤泥和淤泥质土场地不宜采用 拱墙轴线的矢跨比不宜小于1/8 基坑深度不宜大于12m 地下水位高于基坑底面时,应采取降水或截水措施
放坡	基坑侧壁安全等级宜为三级 施工场地应满足放坡条件 可独立或与上述其他结构结合使用 当地下水位高于坡脚时,应采取降水措施

2. 深基坑支护的选型案例

案例1 自然放坡—深基坑施工方案

一、工程特点分析

本工程基坑深达14m,地下水位较高,需降水14m,水量大。但工程周边场地较开阔,无其他建筑物及地下管线,提升泵房主体结构面积并不大。

二、主要危险源分析

根据基坑设计深度达14m,安全等级为一级,其主要危险源如下:

1) 基坑边坡的稳定是其主要危险源,根据实际情况选择合适的支护系统,并设计验算其稳定性、强度。

2) 根据地质报告,地下水位高,也是影响基坑边坡稳定性的主要因素。如处理不合理,可能发生流沙、管涌、边坡失稳等严重安全事故,故地下水的影响是深基坑施工的主要危险源之一。

三、针对主要危险源的相应处理措施

1. 支护结构的选择

1) 土钉墙、水泥土墙等支护结构体系不能满足14m深基坑支护要求。

2) 排桩加锚杆、结合深井降水等复合型支护结构,能满足14m深基坑支护要求,但其施工周期长,施工成本较高,也难以接受。

3) 原支护设计方案采取如图2-46所

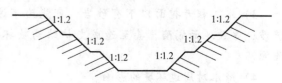

图2-46 土钉+放坡卸载+轻型井点降水方案

示土钉+放坡卸载+轻型井点降水方案。该方案自然放坡角度达1:1.2,又重复叠加使用土钉墙支护,经验算造成资源浪费,而轻型井点降水又不适宜本地区水量丰富、渗透率大的特点,有可能无法降下水位。

故根据施工现场周边场地开阔、无地下管线等特点综合考虑采取了图2-47所示1:1.2自然放坡+深井降水方案。该方案施工速度较快,安全度也相对稳定,与原方案相比,取消土钉支护,节约了开支,加快了进度。经分别对二级局部边坡及整体的稳定验算,均达到规范要求。

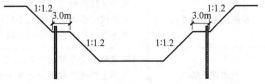

图2-47   自然放坡+深井降水方案

4)聘请第三方对基坑边坡水平位移及地下水位进行监测,并编制监测方案。

2. 基坑降水排水措施

基坑底坡面台阶处均设计排水沟、集水井及深井井点降水,实施有组织抽排水。尽量将地表水阻截在基坑外,并且专门安排人员收集当地每天的天气、水文资料,进行分析,准备足够的抽降水设备,以便应对强降水造成对基坑安全的危害。

案例2   排桩(圆形拱)+止水帷幕+深井降水深基坑施工方案

一、工程特点分析

某污水处理厂提升泵房工程具备下列特点:

1)工程虽然面积不大,但埋置深度达10~11m,平面呈圆形钢筋混凝土结构。

2)工程现场附近有河道,地下水位深。常年地下水位标高位于地坪下0.9~1.3m,汛期高达0.3m,地下水与河道相通。

3)第一层土为淤泥质黏土层,松软土层较厚,最厚处达6.40m。

4)工程现场原为水果园区,周边无地下管线和旧建筑物,场地平坦。待建建筑物脱水机房、综合车间均未正式开工。

二、主要危险源分析

提升泵房工程基坑支护的主要危险源,基坑开挖深度超过8m,地下水位高,安全等级为一级危险源,主要重大危险源如下:

1)可能引起支护结构整体失稳的主要危险源:

①支护结构的边坡稳定(整体稳定)。

②抗倾覆(埋置深度)。

③抗隆起稳定。

2)可能引起支护结构产生强度破坏的主要危险源:

支护结构的桩、梁等结构的强度、刚度。

3)本工程开挖面以下有砂岩,可能为不透水层,产生高水位压力,极易引起管涌、流沙,导致地面塌陷,甚至造成支护结构破坏的可能,故高地下水位的控制也是主要危险源。

4)降水对周边环境的影响。

本方案针对上述主要危险源进行支护结构选型、设计,并采取相应安全措施。

三、提升泵房工程基坑支护方案的选型

本工程基坑深度超过 8m，根据《建筑基坑支护技术规程》（JGJ 120—2012）中的支护结构选型表 3.3.1，不宜采用土钉、水泥土桩等结构作为本工程支护结构。

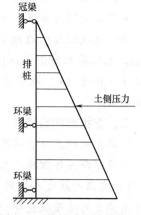

钢筋混凝土排桩适合作为本工程支护结构。由于本工程基坑深达 10~11m，如采用纯悬臂结构排桩形式，相对于简支形式的排桩结构，悬臂结构不安全，且其内力将很大，排桩直径、配筋也相对增大，不经济。故应采用桩顶有横向支撑的排桩结构。

本工程结构主体为圆形，针对这一特点，基坑支护的平面布置也应相应布置为圆形。在排桩顶端设计圆形冠梁，该冠梁按拱结构进行设计，可视作所有排桩的顶端横向支撑。排桩中部、底部若强度不够，可增设中部环梁和底部环梁，环梁与冠梁一样均可作为排桩的横向支撑，同时不影响土方施工，排桩即可按如图 2-48 所示计算简图进行设计。

图 2-48 排桩受力计算简图

按该方案设计既能省掉了排桩顶端锚杆或横向内支撑梁，又达到同样的力学效果，既经济又安全可靠。在排桩外侧设计一道旋喷水泥土桩止水帷幕，截断或延长渗水路线，同时采用管井降水，双管齐下，将基坑内水位降低控制在基坑底部以下。

四、降水方案选型及施工方法

1）本工程由于已采用旋喷桩止水帷幕，对基坑进行截水封闭，故只要止水帷幕施工质量好，能正常发挥截水功能，则可选择在基坑内布置两个深井井点降水，该方案布置深井数量较少，降水效果好。

基坑直径 20m，降水高度约 11m，在止水帷幕截水效果正常情况下，宜选用扬程大于 24m，流量大于 70m³/h 的潜水泵。

2）如土方开挖时坑壁渗水严重，为避免高水头压力产生的破坏，则应相应在渗水侧基坑外再布置深井，有效降低基坑外水位，同时对渗漏处采取压浆封闭措施。深基坑结构及深井降水布置均按计算结果确定。

3）深井井点降水技术措施：

① 深井井点特点。深井井点降水是在深基坑的周围埋置深于基底的井管，通过设置在井管内的潜水泵将地下水抽出，使地下水位低于坑底。该法具有排水量大，降水深（>15m），井距大，对平面布置的干扰小，不受土层限制；井点制作、降水设备及操作工艺、维护均较简单，施工速度快，井点管可以整根拔出重复使用等优点，但一次性投资大，成孔质量要求严格。适用于地下水丰富，降水深，面积大，降水时间长，渗透系数较大（10~250m/d）的砂类土，降水深可达 50m 以内。

② 井点系统设备。由深井井管和潜水泵等组成。

③ 深井布置。因有止水帷幕，故基坑内深井井点宜深入坑底 1~2m。基坑外深井井点宜深入到透水层 6~9m，通常还应比所需降水的深度深 6~8m。深井间距一般为 10~30m。

案例 3   土钉墙+锚杆排桩复合支护—深基坑支护

一、拟建工程及周边环境概况

某基坑南侧为城市主干道，基坑外边线距人行道红线约 3m，西侧道路，东南侧为 4 层建筑物，边线距基坑边线约 3m，基坑北侧 4 层住宅楼为浅基础，深约 2m，距基坑边线 3.4m。基坑面积为 200m×100m。基础为人工挖孔桩，桩深 8m。基坑最深处为 10.5m，稳定水位深 5.0~6.1m。地质情况共 8 个地层，分别为杂填土、粉质黏土、细砂、中砂、砾砂、强风化岩等。

二、支护结构的选择

依据相关规范要求确定工程基坑侧壁安全等级为一级；综合考虑基坑周边环境，地下管网、土层组合条件做出的基坑支护选型如下：

1）能满足放坡条件的无建筑物处且避开对基坑要求高的南侧城市主干道，采用如图 2-49 所示土钉墙基坑支护方案，能满足 1：0.8 放坡条件。按图示 1：0.8 放坡，按图示布置土钉，满足基坑边坡安全要求。

2）不能满足 1：0.8 放坡要求且对基坑支护要求高的其他位置，采取如图 2-50 所示锚杆排桩复合支护结构。为尽量减少排桩的荷载，在排桩上部 2.5~5.0m 高度范围，根据场地邻边情况，采用放坡土钉墙结构。该结构既能保证基坑护壁的安全，又能根据现场实际情况采取卸荷措施，达到降低造价的目的。

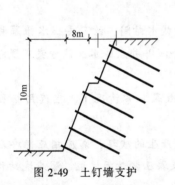

图 2-49   土钉墙支护

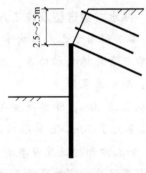

图 2-50   锚杆排桩复合支护

本案例说明同一深度的基坑，选择的施工工艺不同，其深基坑支护的安全度、经济性、施工速度截然不同。但若工艺方案选择合理得当，深基坑支护结构受力明确，结构简单，并且施工速度快，同时能保证基坑施工的安全。作为工程技术人员一定要熟练掌握各种支护结构的原理、性能、适用范围，结合工程实际情况（地质、环境）进行分析计算，选择优化出最佳方案就能达到安全、经济、快速的目的。

2.3.8   深基坑施工监测

在深基坑开挖的施工过程中，基坑内外的土体将由原来的静止土压力状态向被动和主动土压力状态转变，应力状态的改变（土层应力的释放与调整）引起土体的变形，即使采取了挡土支护措施，挡土支护结构的变形也是不可避免的。这些变形包括挡土支护结构以及周围土体的侧向位移与沉降和坑内土体的沉降等。当位移和沉降的量值超出容许的范围，将会对挡土支护结构本身造成危害，进而危及基坑周围的建筑物及地下管线，所造成的损害程度随个案而异。因此，在深基坑施工过程中，必须对基坑挡土支护结构、基坑周围的土体与地下水动态以及相邻的建筑物与地下管线等进行综合、系统的监测，才能对工程情况有全面的了解，从而确保工程顺利进行。深基坑工程实行严格的现场监测工作是十分必要的。

1. 深基坑工程监测对象与内容

在各类工程事故中，尤其是深基坑支护工程，由于土体的不确定性、离散性，各种复杂的水文、地质条件，邻边建筑物的影响等各种原因，各种形式的深基坑支护结构虽经过仔细的设计验算，但仍有可能发生意想不到的突发事故。为确保施工安全，每个基坑工程都必须监测。但监测项目的选择既关系到基坑工程的安全，也关系到费用的多少。任意增加监测项目会造成工程费用的浪费，但盲目减少监测项目则很可能因小失大，造成严重的后果。因此，在选择监测项目时应考虑下述因素：基坑工程等级、邻近建（构）筑物及地下管线的重要程度、距基坑的距离和工程费用。

不论采用何种基坑支护方式，基坑支护监测的项目包括以下内容：

（1）支护结构的内力、水平位移、沉降　支护结构的内力、水平位移、沉降的监测报警值原则上应由设计单位根据设计规范计算后提供。当设计方提供支护结构的应力、轴力、水平位移、沉降的设计值后，为在施工时留有安全储备的余地，设计值可作为施工控制的极限值，按设计值的50%～75%作为施工控制的报警值。

根据具体情况，采用下述的部分或全部内容：

1）基坑平面和高程监控点的测量。

2）监测岩土体所受到的施工作用、各类荷载的大小，以及在这些荷载作用下岩土和挡土支护结构的变形性状，具体而言，有以下几项：

① 挡土支护结构和边坡土体的竖向与侧向位移的测量。

② 基坑周围地表的沉降和裂缝的测量。

③ 基坑底部回弹和隆起的测量。

④ 挡土支护结构的裂缝测量。

3）挡土支护结构和边坡土体的应力测量，具体而言，有以下几项：

① 挡土支护结构与边坡土体之间的接触土压力的测量。

② 挡土支护结构自身的内力或应力测量，例如锚杆或支撑的应力和内力测量、挡土桩或地下连续墙等内力测量。

（2）周边建筑物的沉降、位移、倾斜　周边建筑物的沉降、位移、倾斜值有时要原设计方提供比较困难，可根据具体实际情况和相应规范计算提供报警值。为方便计算，可参照《建筑施工手册》（第四版缩印本）（表6-141 差异沉降和相应建筑物的反应、表6-142 建筑物的基础倾斜允许值）相关数据。

根据具体情况，采用下述的部分或全部内容：

1）监测深基坑开挖后对周围环境的影响：

① 基坑开挖和人工降水对邻近建（构）筑物与地下管线的影响，因此需进行邻近建（构）筑物与地下管线等保护对象的变形（沉降、水平位移、倾斜与裂缝）的测量。

② 基坑开挖造成的振动、噪声及污染等因素对环境的影响。

2）地下水动态：

① 地下水位变化的测量。

② 挡土支护结构内、外孔隙水压力的测量。

③ 抽 (排) 水量的测量。

④ 基坑渗、漏水状况的观测。

⑤ 自然环境 (雨水、洪水及气温等) 的观测。

一般深基坑监测项目见表 2-3。

表 2-3　深基坑监测项目表

监测项目	基坑侧壁安全等级		
	一级	二级	三级
支护结构水平位移	应测	应测	应测
周围建筑物、地下管线变形	应测	应测	宜测
地下水位	应测	应测	宜测
桩、墙内力	应测	宜测	可测
锚杆拉力	应测	宜测	可测
支撑轴力	应测	宜测	可测
立柱变形	应测	宜测	可测
土体分层竖向位移	应测	宜测	可测
支护结构界面上侧向压力	宜测	可测	可测

各类建筑物对差异沉降的承受能力可参见表 2-4 和表 2-5 的规定, 确定相应的控制标准。对重要、特殊的建筑结构做专门的调研, 然后决定允许的变形控制标准。

表 2-4　差异沉降和相应建筑物的反应

建筑结构类型	δ/L(L 为建筑物长度, δ 为差异沉降)	建筑物反应
一般砖墙承重结构, 包括有内框架的结构; 建筑物长高比小于 10; 有圈梁: 天然地基 (条形基础)	达 1/150	分隔墙及承重砖墙发生相当多的裂缝, 可能发生结构性破坏
一般钢筋混凝土框架结构	达 1/150	发生严重变形
	达 1/500	开始出现裂缝
高层刚性建筑 (箱形基桩、桩基)	达 1/250	可观察到建筑物倾斜
有桥式起重机的单层排架结构的厂房, 天然地基或桩基	达 1/300	桥式起重机运转困难, 不调整轨面水平难运行, 分隔墙有裂缝
有斜撑的框架结构	达 1/600	处于安全极限状态
对沉降差反应敏感的机器基础	达 1/850	机器使用可能会发生困难, 处于可运行的极限状态

表 2-4 中各种类型的房屋结构当其差异沉降值 δ 达到表中的数值时, 房屋结构已发生裂缝等结构性破坏, 故各类房屋结构的差异沉降不能按表 2-4 的数值进行控制, 表 2-4 的数值是极限值, 应按表 2-5 中建筑物的基础倾斜允许值确定基坑邻边建筑的报警值。为给施工留有安全储备, 建议按基础倾斜允许值的 50%~75% 作为报警值。如某基坑邻边建筑为砖混结

表 2-5 建筑物的基础倾斜允许值

建筑物类别		允许倾斜/m
多层和高层建筑的整体倾斜	$H \leqslant 24m$	0.004
	$24m < H \leqslant 60m$	0.003
	$60m < H \leqslant 100m$	0.0025
	$H > 100m$	0.002
高耸结构基础的倾斜	$H \leqslant 20m$	0.008
	$20m < H \leqslant 60m$	0.006
	$60m < H \leqslant 100m$	0.005
	$100m < H \leqslant 150m$	0.004
	$150m < H \leqslant 200m$	0.003
	$200m < H \leqslant 250m$	0.002

构 6 层，总高 20m，试计算该建筑倾斜报警值。查表 2-5，总高 20m < 24m，倾斜允许值 < 0.004H，$H = 20000mm$，则倾斜允许值 $0.004 \times 20000mm = 80mm$，即倾斜允许值 < 80mm。将最大倾斜允许值的 70% 作为报警控制值，则控制值等于 56mm。

基坑护壁结构、边坡土体、道路、邻边建筑不仅要控制最大允许沉降、最大位移，在施工过程中还必须严密监控每天的沉降速率、位移速率。

2. 深基坑工程监测技术要求

《建筑基坑工程技术规范》（YB 9258—1997）条文说明中给出观测时间间隔是比较严格的，对避免基坑危险源是有价值的（表 2-6）。

表 2-6 现场检测时间间隔

基坑工程安全等级	施工阶段		基坑开挖深度			
			$\leqslant 5m$	$5 \sim 10m$	$10 \sim 15m$	$> 15m$
一级	开挖面深度	$\leqslant 5m$	1d	2d	2d	2d
		$5 \sim 10m$		1d	1d	1d
		$> 10m$			12h	12h
	挖完以后时间	$\leqslant 7d$	1d	1d	12h	12h
		$7 \sim 15d$	3d	2d	1d	1d
		$15 \sim 30d$	7d	4d	2d	1d
		$> 30d$	10d	7d	5d	3d
二级	开挖面深度	$\leqslant 5m$	2d	3d	3d	3d
		$5 \sim 10m$		2d	2d	2d
		$> 10m$			1d	1d
	挖完以后时间	$\leqslant 7d$	2d	2d	1d	1d
		$7 \sim 15d$	5d	3d	2d	2d
		$15 \sim 30d$	10d	7d	5d	3d
		$> 30d$	10d	10d	7d	5d

注：当基坑工程安全等级为三级时，时间间隔可适当增大。

深基坑工程结束时应提交完整的监测报告。报告内容应包括：

1）基坑概况和监测目的。

2）监测项目和测点布置的平面图、立面图。

3）采用仪器的型号、规格和标定资料。

4）监测资料的分析处理（计算式和方法）。

5）监测值全过程变化曲线。

6）监测结果评述。

深基坑工程要合理设置监测点，边坡土体顶部的水平位移、竖向位移测点通常应沿基坑周边每隔10~20m设一点，一般在每边的中部和端部布置观测点，并在远离基坑处（大于5倍的基坑开挖深度）设基准点，且数量不应少于2点，对基准点要按其稳定程度定时测量其位移和沉降。

基坑周围地表裂缝、建筑物裂缝和挡土支护结构裂缝的观测应是全方位的，并选取其中裂缝宽度较大、有代表性的部位重点观测，记录其裂缝宽度、长度和走向。检查挡土支护结构的开裂变位情况，应重点检查挡土桩侧、挡土墙面、主要支撑及连接点等关键部位的开裂变位情况及挡土结构漏水的情况。挡土（围护）结构、支撑及锚杆的应力应变观测点和轴力观测点应布置在受力较大且有代表性的部位，观测点数量视具体情况而定。挡土（围护）结构弯矩测点通常布置在基坑每侧中心处，深度方向测点间距一般以1.0~2.0m为宜。支撑结构轴力测点需设置在主撑跨中部位，每层支撑都应选择若干具有代表性的截面进行测量。对测轴力的重要支撑，宜配套测其在支点处的弯矩，以及两端和中部的沉降及位移。

3. 基坑周边环境监测

基坑周边环境监测主要包括基坑周边的土体地表、道路、管线、邻边建筑、地下水位的监测和变形监测。

（1）地表、道路主要采用精密水准仪进行沉降监测   监测点的埋设要求是：测点需穿过路面硬层，伸入原状±300mm左右，测点顶部做好保护，避免外力产生人为沉降。图2-51为地表沉降测点埋设示意图。量测仪器采用精密水准仪，以二等水准作为沉降观测的首级控制，高程系可联测城市或地区的高程系，也可以用假设的高程系。基准点应设在通视好，不受施工及其他外界因素影响的地方。基坑开挖前

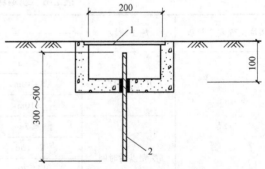

图2-51   地表沉降测点埋设示意图
1—盖板   2—φ20钢筋（打入原状土）

设点，并记录初读数。各测点观测应为闭合或附合路线，水准每站观测高差中误差 M_0 为 0.5mm，闭合差 F_W 为 $\pm\sqrt{N}$（N 为测站数）。

地表沉降测点可以分为纵向和横向。纵向测点是在基坑附近，沿基坑延伸方向布置，测点之间的距离一般为10~20m；横向测点可以选在基坑边长的中央，垂直基坑方向布置，各测点布置间距为，离基坑越近，测点越密（取1m左右），远一些的地方测点可取2~4m，布置范围约3倍的基坑开挖深度。

每次量测提供各测点本次沉降和累计沉降报表，并绘制纵向和横向的沉降曲线，必要时

对沉降变化量大而快的测点绘制沉降速率曲线。

（2）邻近点建筑沉降和倾斜监测　应分别使用高精度水准仪、经纬仪。建筑物变形监测的主要内容有三项，即沉降、倾斜、裂缝监测，在实测监测工作和测点布置前，应先对基坑周围的建筑物进行周密调查，再布置测点进行监测。

对临边建筑物的调查主要是：

1）周围建筑物情况调查。对建筑物的调查主要是了解地面建筑物的结构形式、基础形式、建筑层数和层高、平面和立面形状以及建筑物对不同沉降差的反应。

各类建筑物对差异沉降的承受能力可根据有关规定，确定相应的控制标准。对重要、特殊的建筑结构应做专门的调研，然后决定允许的变形控制标准。

在对周围建筑物进行调查时，还应对各个不同时期的建筑物裂缝进行现场踏勘，在基坑施工前，对老的裂缝进行统一编号、测绘、照相，对裂缝变化的日期、部位、长度、宽度等进行详细记录。

2）建筑物沉降监测。根据周围建筑物的调查情况，确定测点布置部位和数量。房屋沉降量测点应布置在墙角、柱身（特别是代表独立基础及条形基础差异沉降的柱身）、外形凸出部位和高低相差较多部位的两侧，测点间距的确定，要尽可能充分反映建筑物各部分的不均匀沉降。

沉降观测点标志和埋设：

① 钢筋混凝土柱或砌体墙用钢凿在柱子±0.000m 标高以上 100~500mm 处凿洞，将直径 20mm 以上的钢筋或铆钉制成弯钩形，平向插入洞内，再以 1：2 水泥砂浆填实。

② 钢柱将角钢的一端切成使脊背与钢柱面成 50°~60° 的倾斜角，将此端焊在钢柱上；或者将铆钉弯成钩形，将其一端焊在钢柱上。

3）建筑物沉降观测技术要求。建筑物沉降观测的技术要求同地表沉降观测要求，使用的观测仪器一般也为精密水准仪，按二等水准标准。

每次量测提交建筑物各测点本次沉降和累计沉降报表；对连在一线的建筑物沉降测点绘制沉降曲线；对沉降量变化大又快的测点，应绘制沉降速率曲线。

4）建筑物倾斜监测。测定建筑物倾斜的方法有两类：一类是直接测定建筑物的倾斜；另一类是通过测量建筑物基础相对沉降的方法来确定建筑物倾斜。下面介绍建筑物倾斜直接观测的方法。

在进行观测之前，首先要在进行倾斜观测的建筑物上设置上、下两点线或上、中、下三点标志，作为观测点，各点应位于同一垂直视准面内。如图 2-52 所示，M、N 为观测点。如果建筑物发生倾斜，MN 将由垂直线变为倾斜线。观测时，经纬仪的位置距离建筑物应大于建筑物的高度，瞄准上部观测点 M，用正倒镜法向下投点得 N'，如 N' 与 N 点不重合，则说明建筑物发生倾斜，以 α 表示 N'、N 之间的水平距离，α 即建筑物的倾斜值。若以 H 表示其高度，则倾斜度为

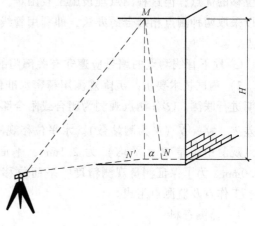

图 2-52　倾斜观测

$\arcsin \dfrac{\alpha}{H}$。

高层建筑物的倾斜观测必须分别在互成垂直的两个方向上进行。

通过倾斜观测得到的建筑物倾斜度，同建筑物基础倾斜允许值进行比较，判别建筑物是否在安全范围内。

5）建筑物裂缝监测。在基坑施工中，对已详细记录的老的裂缝进行追踪观测，及时掌握裂缝的变化情况，并同时注意在基坑施工中有无新的裂缝产生，如发现新的裂缝，应及时进行编号、测绘、照相。裂缝观测方法用厚 10mm，宽 $50\sim80$mm 的石膏板（长度视裂缝大小而定），在裂缝两边固定牢固。当裂缝继续发展时，石膏板也随之开裂，从而观察裂缝继续发展的情况。

（3）临近地下管线沉降与位移的监测　城市的地下市政管线主要有：煤气管、给水管、电力电缆、电话电缆、雨水管和污水管等。地下管道根据其材性和接头构造可分为刚性管道和柔性管道。其中煤气管和给水管是刚性压力管道，是监测的重点，但电力电缆和重要的通信电缆也不可忽视。

1）周围地下管线情况调查。首先向有关部门索取基坑周围地下管线分布图，从中了解基坑周围地下管线的种类、走向和各种管线的管径、壁厚和埋设年代，以及各管线距基坑的距离。然后进行现场踏勘，根据地面的管线露头和必要的探挖，确认管线图提供的管线情况和埋深。必要时，还需向有关部门了解管道的详细资料，如管道的材料结构、管节长度和接头构造等。

2）测点布置和埋设

① 优先考虑煤气管和大口径给水管。它们是刚性压力管，对差异沉降较敏感，接头处是薄弱环节。

② 根据预估的地表沉降曲线，对影响大的管线加密布点，影响小的管线兼顾。

③ 测点间距一般为 $10\sim15$m，最好按每节管的长度布点，能真实反映管线（地基）沉降曲线。

④ 测点埋设方式有两种：直接测点和间接测点。直接测点是用抱箍把测点做在管线本体上；间接测点是将测点埋设在管线轴线相对应的地表。直接测点具有能真实反映管线沉降和位移的优点，但这种测点埋设施工较困难，特别在城市干道下的管线难做直接测点。有时可以采取两种测点相结合的办法，即利用管线在地面的露头作为直接测点，再布置一些间接测点。

⑤ 地下管线测点的编号应遵守有关部门的规定。

3）测试技术要求。沉降观测用精密水准仪，按二等水准要求：①基准点与国家水准点定期进行联测。②各测点观测为闭合或附合路线，水准每站观测高差误差 M_0 为 0.5mm，闭合差 F_{W} 为 $\pm\sqrt{N}$（N 为测站数）。水平位移观测用 2′级经纬仪，技术要求如下：平面位移最弱点观测中误差 M（平均）为 2.1mm，平面位移最弱点观测变形量中误差 M（变）为 ±3.0mm。为了保证测量观测精度，平面位移和垂直位移监测应建立监测网，由固定基准点、工作点及监测点组成。

4）监测资料

① 管线测点沉降、位移观测成果表（本次累计变化量）。

② 时间—沉降、位移曲线，或时间—位移曲线。

③ 上述报表必须及时送交业主、监理和施工总承包单位，同时函递管线部门。若日变量出现报警，应当场复测，核实后立即汇报业主及监理并电话通知管线部门。

5）报警处理。地下管线是城市的生命线，因此对管线的报警值控制比较严格，当监测中达到下列数据时应及时报警：①沉降日变量 3mm，或累计 10mm；②位移日变量 3mm，或累计 10mm。

实际工程中，地下管线的沉降和位移达到此报警值后，并不一定就损坏，但此时业主、监理、设计、施工总承包单位应会同管线部门一起进行分析，商定对策。

（4）地下水监测手段和方法　如果围护结构的截水帷幕质量没有完全达到止水要求，则在基坑内部降水和基坑挖土时，有可能使坑外的地下水渗漏到基坑内。渗水的后果会带走土层的颗粒，造成坑外水、土流失。这种水、土流失对周围环境的沉降危害较大。因此，进行地下水位监测就是为了预报由于地下水位不正常下降而引起的地层沉陷。

测点布置在需进行监测的建（构）筑物和地下管线附近。水位管埋设深度和透水头部位依据地质资料和工程需要确定，一般埋深 10~20m，透水头部位放在水位管下部。水位管可采用 PVC 管，在水位管透水头部位用手枪钻钻眼，外绑铝网或塑料滤网。埋设时，用钻机钻孔，钻至设计埋深，逐节放入 PVC 水位管，放完后，回填砂子至透水头以上 1m，再用膨润土泥丸封孔至孔口。水位管成孔垂直度要求小于 5/1000。埋设完成后，应进行 24h 降水试验，检验成孔的质量。测试仪器采用电测水位仪，仪器由探头、电缆盘和接收仪组成。仪器的探头沿水位管下放，当碰到水时，上部的接收仪会发生蜂鸣声，通过信号线尺寸刻度，可直接测得地下水位距管的距离。

4. 深基坑工程监测指标与工具

支护结构主要由桩、墙、支撑（锚杆）、腰梁（围檩）、柱等构件组成。通常对其内力（应力、轴力），变形（位移、倾斜、沉降）进行监测。支护结构的轴力、应力监测的仪器主要有压力传感器、电阻应变计、混凝土计、钢筋计、土压力计等。

（1）支撑轴力量测　支撑轴力量测常用应力或应变传感器、钢筋计、电阻应变片，如图 2-53 所示。

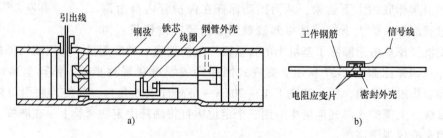

图 2-53　钢筋计构造示意图

a）振弦式　b）电阻应变式

振弦式钢筋计的工作原理：当钢筋计受轴向力时，引起弹性钢弦的张力变化，改变钢弦的振动频率，通过频率仪测得钢弦的频率变化即可测出钢筋所受作用力的大小，换算而得混凝土结构所受的力。振弦式钢筋计与测力钢筋轴心对焊。电阻应变式钢筋计的工作原理是：利用钢筋受力后产生变形，粘贴在钢筋上的电阻产生应变，从而通过测出应变值得出钢筋所受作用力大小。电阻应变式钢筋计与测力钢筋平行地绑扎或点焊在箍筋上。

（2）土压力量测　目前使用较多的是钢弦式双膜土压力计，如图 2-54 所示。土压力计又称土压力盒。

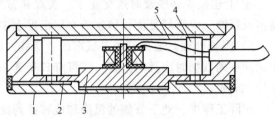

图 2-54　钢弦式双膜土压力计的构造

1—刚性板　2—弹性薄板　3—传力轴　4—弦夹　5—钢弦

钢弦式双膜土压力计的工作原理：当表面刚性板受到土压力作用后，通过传力轴将作用力传至弹性薄板，使之产生挠曲变形，同时也使嵌固在弹性薄板上的两根钢弦柱偏转，使钢弦应力发生变化，钢弦的自振频率也相应变化，利用钢弦频率仪中的激励装置使钢弦起振并接收其振荡频率，使用预先标定的压力-频率曲线，即可换算出土压力值。土压力盒埋设于钻孔中，接触面与土体接触，孔中空隙用与周围土体性质基本一致的浆液填实。

（3）孔隙水压力量测　测量孔隙水压力用的孔隙水压力计，其形式、工作原理与土压力计相似，只是前者多了一块透水石，使用较多的也为钢弦式孔隙水压力计，如图 2-55 所示。孔隙水压力计在钻孔中埋设。钻孔至要求深度后，先在孔底填入部分干净的砂，将测头放入，再在测头周围填砂，最后用黏土将上部钻孔封闭。

（4）位移量测

1）水准仪、经纬仪：水准仪用于测量地面、地层内各点及构筑物施工前后的标高变化。经纬仪用于测量地面及构筑物施工控制点的水平位移。

2）深层沉降观测标、回弹标：为精确地直接在地表测得不同深度土层的压缩量或膨胀量，须在这些地层埋设深层沉降观测标（简称深标），并引出地面。深标由电标杆、保护管、扶正器、标头、标底等组成，如图 2-56 所示。其测定原理：被观测地层的压缩或膨胀引起标底的上下运动，从而推动标杆在保护管内自由滑动，通过观测标头的上下位移量可知被观测层的竖向位移量。为

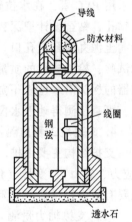

图 2-55　钢弦式孔隙
水压力计构造

了测定基坑开挖后由于卸除了基坑土的自重而产生的基底土的隆起量，要用到回弹标进行观测，测杆式回弹标如图 2-57 所示。测杆式回弹标的埋设和观测步骤：钻孔至预计坑底标高→将标志头放入孔内，压入坑底下 10～20cm→将测杆放入孔内，并使其底面与标志头顶部紧密接触，上部的水准气泡居中→用三个定位螺钉将测杆固定在套管上→在测杆上竖立铟钢尺，用水准仪观测高程。

3）电测分层沉降仪：电测分层沉降仪通常需在土体中埋设一根竖管（波纹管或硬塑料管），隔一定深度设置一个沉降环。电测探头能测得沉降环随土体的沉降。

4）测斜仪：测斜仪量测仪器轴线与铅垂线之间夹角的变化量，进而计算土层各点的水平位移。常见的测斜仪有电阻应变片式、滑线电阻式、差动变压器式、伺服式及伺服加速度计式等。弹簧铜片上端固定，下端靠摆线、簧片上应变片测出簧片弯曲变形、测斜仪倾角，换算为测斜仪两对滚轮间（500mm）的相对位移，进而计算土层各点的水平位移。测斜仪

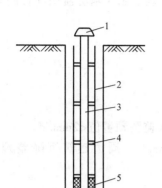

图 2-56 深标结构示意图

1—标头 2—108 保护管 3—50 标杆
4—扶正器 5—塞线 6—标底

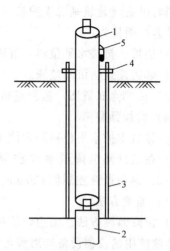

图 2-57 测杆式回弹标示意图

1—测杆 2—回弹标志 3—钻孔套管
4—固定螺钉 5—水准泡

在测斜管中工作，而测斜管埋在土体或挡土结构中。测斜管应垂直，一对测斜管的定向槽应与基坑边线垂直。

（5）临界报警值 基坑内外布置了地连墙测斜、墙顶水平、竖向位移、立柱桩沉降、地面沉降、坑外水位观测井、支撑钢筋应力计、建筑物沉降及倾斜、裂缝、既有线沉降位移等监测点，基坑支护结构及周边建筑物管线（2 倍基坑深度）全面覆盖，施工过程中注意监测点的保护，保证各项目监测点正常发挥作用。基坑施工前对监测点进行初始值采集，通过监测实时掌握基坑结构受力变形及周边环境的细微变化，对数据进行分析，数据突变或累计接近报警值时及时分析原因，对可能危及结构、施工、环境安全的隐患尽早做出应对措施，降低深基坑施工风险。

1）监测频率及周期。各项监测的时间间隔可根据施工进程确定。当变形值超过有关标准或监测结果变化速率较大时，应加密观测次数，当有事故征兆时，应连续监测。

2）监测资料的分析、反馈、预警。监测人员必须针对收集的全部监测数据进行记录、整理、分析、存档。对各类应力、变形数据绘制成时间-应力曲线、时间-变形曲线。仔细分析总结工程结构的应力、变形的变化规律，及时提供各阶段性监督结果报告，以利指导施工。监测人员一旦发现应力、变形数据有异常现象或接近报警值必须及时报警，并积极配合项目部进行原因分析，采取相应措施。

3）大型重点工程如具备计算机管理条件，则可购置或编制相应软件，针对工程各阶段、各工序、各重点部位，分别设置报警值，一旦应力、变形达到报警值则能自动报警。

5. 深基坑施工监测实例

某地下基坑工程监控方案：

（1）监控资质 应由具有测量资质的第三方承担，以使监测数据可靠而公正。测量的技术依据应遵循国家现行标准《城市测量规范》CJJ/T 8，《建筑变形测量规程》JGJ 8，《工程测量规范》GB 50026 等。

（2）监控项目 本工程基坑深度达 4.6m，根据地质报告，有地下管线，临边有建筑物，同时根据《建筑基坑支护技术规程》（JGJ 120—2012）表 3.8.3 基坑监测项目的要求，故主要监控项目为：

1）边坡、排桩水平位移、沉降监测。

2）邻边建筑物沉降监测。

（3）监测点布置图　监测点布置具体详见附图。（略）

（4）监控预警值

1）排桩支护水平位移最大值 12mm，预警值 8mm；每天监测预警值<2mm/d。

2）基坑顶部沉降量最终控制值<20mm，预警值<2mm/d。周边建筑沉降差预警值 ±2mm/d，累积最终控制值±20mm。

（5）监测方法

1）沉降监测方法。临边建筑物沉降及边坡沉降监测采用高精度水准仪。

监测使用的仪器设备均需满足相关测量规范要求。

沉降监测采用高精度水准仪加电子自动读数测微器和钢尺，高差精度±0.01mm，每栋临边建筑物至少布置 3 个沉降观测点。

2）排桩及土体水平位移监测方法。排桩水平位移监测通常采用极坐标法，采用经纬仪（测角精度为 2′）进行 y 测最方便，但由于本工程采用"盖挖顺作法"，排桩被箱涵顶板屏蔽，采用经纬仪极坐标法无法测到排桩中部的位移监测点，故采用测斜仪进行监测。

每处测斜管分别测试三个点，①排桩顶端，②1/2H 处，③1/3H 处（H 为基坑深度）。支护结构的水平位移监测通常采用测斜仪，测斜仪能测量仪器与铅垂线之间夹角的变化量，进行测量围护结构或土层各点水平位移的仪器。使用时必须先埋设测斜管。测斜管的埋设位置、深度视测试目的而定。测试土层位移是在土层中预钻 φ39 孔，利用钻机向孔内逐节加长测斜管，直至所需深度。然后，在管与孔壁间的空隙中回填水泥和膨润土拌和的灰浆。测试支护结构的位移时，则需与围护墙紧贴固定。量测时，在一定位置上滑动，就能测得该位置处的倾角，沿深度各个位置滑动，测得土层各标高位置处的水平位移。

（6）监测周期、管理和记录制度及信息反馈系统　在下列几种情况下，必须及时进行基坑支护水平位移及沉降监测：①土方开挖前，②土方开挖过程中，③土方挖至设计标高。

1）监测频率及周期。各项监测的时间间隔可根据施工进程确定。所有监测项目的监测周期为自土方开挖时开始至基坑回填时停止。

① 边坡、排桩水平位移、沉降监测。

② 邻边建筑物沉降监测。

③ 当变形超过有关标准或监测结果，变化速率较大时，应加密观测次数，当有事故征兆时，应连续监测。

2）监测资料的分析、反馈、预警。监测人员必须针对收集的全部监测数据进行记录、整理、分析、存档。对各类变形数据绘制成时间-变形曲线。仔细分析总结工程结构的应力、变形的变化规律，及时提供各阶段性监督结果报告，以利指导施工。监测人员一旦发现变形数据有异常现象或接近报警值必须及时报警，并积极配合项目部进行原因分析，采取相应措施。遇有汛期或暴雨时应安排专人进行连续值班，并在防洪抽水等器材、设备、人员方面做好充分准备，以应对突发事件。

思考题与习题

一、填空题

1. 深基坑常见的开挖方式有_____、_____、_____。

2. 土方开挖顺序遵循_____、_____、_____、_____的原则。

3. 非重力式支护结构的破坏包括_____、_____。

4. 重力式支护结构稳定性破坏主要包括_____、_____。

5. 轻型井点降水正常出水规律_____、_____。

6. 井点管的_____管必须埋设在透水层中。

7. 水泥土墙施工工艺可采用_____、_____、_____。

8. 防治流沙的具体措施有在枯水期施工、_____、_____、_____、_____。

9. 降低地下水位的方法一般可分为_____、_____两种。

10. 编制深基坑支护专项施工方案时首先确定的是_____。

11. 在深基坑施工过程中，一般需对_____、_____、_____、_____进行监测。

12. 支护结构主要由_____、_____、_____、_____、_____等构件组成。通常对_____、_____进行监测。

二、简答题

1. 土方工程施工涉及的危险性较大工程范围有哪些？

2. 深基坑支护与降水工程专项安全施工方案一般包含哪些方面内容？

3. 土方开挖阶段危险源有哪些？

4. 土方开挖阶段安全技术要求有哪些？

5. 深基坑支护过程中常见的危险源有哪些？

6. 深井井点施工安全技术要求有哪些？

7. 深基坑降水工程中常见的危险源有哪些？

8. 列举桩基础工程施工的安全技术要求。

9. 深基坑工程中监测的内容有哪些方面？

10. 深基坑工程最终提交的监测报告包括哪些内容？

三、思考题

1. 列举几种常见深基坑支护类型及各自的特点和适用范围？

2. 简述井点降水对基坑周围环境的影响及预防措施。

3. 无黏性土中深基坑底部出现"流沙"现象的原因有哪些？

4. 深基坑周边环境监测的内容及相应的指标有哪些？

职业活动训练

活动　某工程基坑支护施工方案

1. 分组要求：全班分 6~8 个组，每组 5~7 人。

2. 资料要求：根据某工程的具体情况进行深基坑支护设计。

3. 学习要求：（1）给出该工程基坑支护的具体方式，并简单说明理由。

（2）编制基坑支护施工方案，具体要求：

1）该基坑支护方式的设计方案。

2）基坑支护施工方案。

① 施工程序。

② 施工工艺。

4. 结果：检查设计成果和答辩验收。

第3章

模板工程安全技术

知识目标

1. 掌握各类模板工程安装构造与要求。
2. 掌握施工现场各类模板安装和拆除的安全技术及要求。

能力目标

具备编制模板工程施工设计和安全技术措施的能力。

重点与难点

1. 各类模板安装构造要求。
2. 各类模板安全控制措施。

近年来，模板工程凭借其施工工艺简单，施工速度快，劳动强度低，装修的湿作业减少，房屋的整体性好，抗震能力强等优点，被广泛应用于大跨度、大体积的钢筋混凝土的高层、超高层结构的施工中，取得了良好的经济效益。与此同时，在建筑施工的伤亡事故中，模板坍塌事故比例增大（图3-1），现浇混凝土模板支撑没有经过设计计算，支撑系统强度不足、稳定性差，模板上堆物不均匀或超出设计荷载，混凝土浇筑过程中局部荷载过大等都是造成模板坍塌事故的原因。因此，必须加强对模板工程的安全管理。

图 3-1　模板坍塌事故

3.1　模板安装的安全技术构造与要求

3.1.1　一般规定

1）模板安装前必须做好下列安全技术准备工作：

① 应审查模板结构设计与施工说明书中的荷载、计算方法、节点构造和安全措施，设计审批手续应齐全。

② 应进行全面的安全技术交底，操作班组应熟悉设计与施工说明书，并应做好模板安装作业的分工准备。采用爬模、飞模、隧道模等特殊模板施工时，所有参加作业人员必须经过专门技术培训，考核合格后方可上岗。

③ 应对模板和配件进行挑选、检测，不合格者应剔除，并应运至工地指定地点堆放。

④ 备齐操作所需的一切安全防护设施和器具。

2）模板安装构造应遵守下列规定：

① 模板安装应按设计与施工说明书顺序拼装。木杆、钢管、门架及碗扣式等支架立柱不得混用。

② 竖向模板和支架立柱支撑部分安装在基土上时，应加设垫板，垫板应有足够强度和支撑面积，且应中心承载。基土应坚实，并应有排水措施。对湿陷性黄土应有防水措施；对特别重要的结构工程可采用混凝土、打桩等措施防止支架柱下沉。对冻胀性土应有防冻融措施。

③ 当满堂模板或共享空间模板支架立柱高度超过8m时，若地基土达不到承载要求，无法防止立柱下沉，则应先施工地面下的工程，再分层回填夯实基土，浇筑地面混凝土垫层，达到强度后方可支模。

④ 模板及其支架在安装过程中，必须设置有效防倾覆的临时固定设施。

⑤ 现浇钢筋混凝土梁、板，当跨度大于4m时，模板应起拱；当设计无具体要求时，起拱高度宜为全跨长度的1/1000~3/1000。

⑥ 现浇多层或高层房屋和构筑物，安装上层模板及其支架应符合：下层楼板应具有承受上层施工荷载的承载能力，否则应加设支撑支架；上层支架立柱应对准下层支架立柱，并应在立柱底铺设垫板；当采用悬臂吊模板、桁架支模方法时，其支撑结构的承载能力和刚度必须符合设计构造要求。

⑦ 当层间高度大于5m时，应选用桁架支模或钢管立柱支模。当层间高度小于或等于5m时，可采用木立柱支模。

3）安装模板应保证工程结构和构件各部分形状、尺寸和相互位置正确，构造应符合模板设计要求。模板应具有足够的承载能力、刚度和稳定性，应能可靠承受新浇混凝土自重和侧压力以及施工过程中所产生的荷载。

拼装高度为2m以上的竖向模板，不得站在下层模板上拼装上层模板。安装过程中应设置临时固定设施。

当承重焊接钢筋骨架和模板一起安装时，梁的侧模、底模必须固定在承重焊接钢筋骨架的节点上，安装钢筋模板组合体时，吊索应按模板设计的吊点位置绑扎。

4）当支架立柱成一定角度倾斜，或其支架立柱的顶表面倾斜时，应采取可靠措施确保支点稳定，支撑底脚必须有防滑移的可靠措施。除设计图另有规定者外，所有垂直支架柱应保证其垂直。

5）对梁和板安装二次支撑前，其上不得有施工荷载，支撑的位置必须正确。安装后所传给支撑或连接件的荷载不应超过其允许值。支撑梁、板的支架立柱安装构造应符合下列规定：

① 梁和板的立柱，纵横向间距应相等或成倍数。

② 木立柱底部应设垫木，顶部应设支撑头。钢管立柱底部应设垫木和底座，顶部应设可调支托，U形支托与楞梁两侧间如有间隙，必须楔紧，其螺杆伸出钢管顶部不得大于200mm，螺杆外径与立柱钢管内径的间隙不得大于3mm，安装时应保证上下同心。

③ 在立柱底距地面200mm高处，沿纵横水平方向应按纵下横上的程序设扫地杆。可调支托底部的立柱顶端应沿纵横向设置一道水平拉杆。扫地杆与顶部水平拉杆之间的间距，在满足模板设计所确定的水平拉杆步距要求条件下，进行平均分配确定步距后，在每一步距处纵横向应各设一道水平拉杆。当层高在8~20m时，在最顶步距两水平拉杆中间应加设一道水平拉杆；当层高大于20m时，在最顶两步距水平拉杆中间应分别增加一道水平拉杆。所有水平拉杆的端部均应与四周建筑物顶紧顶牢。无处可顶时，应于水平拉杆端部和中部沿竖向设置连续式剪刀撑。

④ 木立柱的扫地杆、水平拉杆、剪刀撑应采用40mm×50mm木条或25mm×80mm的木板条与木立柱钉牢。钢管立柱的扫地杆、水平拉杆、剪刀撑应采用φ48×3.5mm钢管，用扣件与钢管立柱扣牢。木扫地杆、水平拉杆、剪刀撑应采用搭接，并应用钢钉钉牢。钢管扫地杆、水平拉杆应采用对接，剪刀撑应采用搭接，搭接长度不得小于500mm，用两个旋转扣件分别在离杆端不小于100mm处进行固定。

6）组合钢模板、滑升模板等的安装构造，尚应符合现行国家标准《组合钢模板技术规范》GBJ 214和《液压滑动模板施工技术规范》GBJ 113的相应规定。

7）安装模板时，安装所需各种配件应置于工具箱或工具袋内，严禁散放在模板或脚手板上；安装所用工具应系挂在作业人员身上或置于所配带的工具袋中，不得掉落。当模板安装高度超过3.0m时，必须搭设脚手架，除操作人员外，脚手架下不得站其他人。

8）吊运模板时，必须符合下列规定：

① 作业前应检查绳索、卡具、模板上的吊环，必须完整有效，在升降过程中应设专人指挥，统一信号，密切配合。

② 吊运大块或整体模板时，竖向吊运不应少于两个吊点，水平吊运不应少于四个吊点。吊运必须使用卡环连接，并应稳起稳落，待模板就位连接牢固后，方可摘除卡环。

③ 吊运散装模板时，必须码放整齐，待捆绑牢固后方可起吊。

④ 严禁起重机在架空输电线路下面作业。

⑤ 6级风及其以上应停止一切吊运作业。

9）木料应堆放于下风向，离火源不得小于30m，且料场四周应设置灭火器材。

3.1.2 支架立柱安装构造

1）梁式或桁架式支架的安装构造应符合下列规定：

① 采用伸缩式桁架时，其搭接长度不得小于500mm，上下弦连接销钉规格、数量应按设计规定，并应采用不少于两个U形卡或钢销钉销紧，两U形卡距或销距不得小于400mm。

模板支撑架施工

② 安装的梁式或桁架式支架的间距设置应与模板设计图一致。

③ 支承梁式或桁架式支架的建筑结构应具有足够强度，否则应另设立柱支撑。

④ 若桁架采用多榀成组排放，在下弦折角处必须加设水平撑。

2）工具式钢管单立柱支撑的间距应符合支撑设计的规定，立柱不得接长使用。所有夹具、螺栓、销子和其他配件应处在闭合或拧紧的位置。

3）木立柱支撑的安装构造应符合下列规定：

① 木立柱宜选用整料，当不能满足要求时，立柱的接头不宜超过 1 个，并应采用对接夹板接头方式。立柱底部可采用垫块垫高，但不得采用单码砖垫高，垫高高度不得超过 300mm。

② 木立柱底部与垫木之间应设置硬木对角楔调整标高，并应用钢钉将其固定于垫木上。

③ 木立柱间距、扫地杆、水平拉杆、剪刀撑的设置应符合规范规定，严禁使用板皮替代规定的拉杆。

④ 所有单立柱支撑应位于底部垫木和梁底模板的中心，并应与底部垫木和顶部梁底模板紧密接触，且不得承受偏心荷载。

4）当采用扣件式钢管作立柱支撑时，其安装构造应符合下列规定：

① 钢管规格、间距、扣件应符合设计要求。每根立柱底部应设置底座及垫板，垫板厚度不得小于 50mm。

② 钢管支架立柱间距、扫地杆、水平拉杆、剪刀撑的设置应符合规范规定。当立柱底部不在同一高度时，高处的纵向扫地杆应向低处延长不少于两跨，高低差不得大于 1m，立柱距边坡上方边缘不得小于 0.5m。

③ 立柱接长严禁搭接，必须采用对接扣件连接，相邻两立柱的对接接头不得在同步内，且对接接头沿竖向错开的距离不宜小于 500mm，各接头中心距主节点不宜大于步距的 1/3。严禁将上段的钢管立柱与下段钢管立柱错开固定于水平拉杆上。

④ 满堂模板和共享空间模板支架立柱，在外侧周圈应设由下至上的竖向连续式剪刀撑；中间在纵横向应每隔 10m 左右设由下至上的竖向连续式的剪刀撑，其宽度宜为 4~6m，并在剪刀撑部位的顶部、扫地杆处设置水平剪刀撑（图 3-2）。剪刀撑杆件的底端应与地面顶紧，夹角宜为 45°~60°。当建筑层高在 8~20m 时，除应满足上述规定外，还应在纵横向相邻的两竖向连续式剪刀撑之间增加之字斜撑，在有水平剪刀撑的部位，应在每个剪刀撑中间处增加一道水平剪刀撑（图 3-3）。当建筑层高超过 20m 时，在满足以上规定的基础上，应将所有之字斜撑全部改为连续剪刀撑（图 3-4）。当支架立柱高度超过 5m 时，应在立柱周圈外侧和中间有结构柱的部位，按水平间距 6~9m，竖向间距 2~3m 与建筑结构设置一个固结点。

⑤ 当支架立柱高度超过 5m 时，应在立柱周圈外侧和中间有结构柱的部位，按水平间距 6~9m，竖向间距 2~3m 与建筑结构设置一个固结点。

5）当采用碗扣式钢管脚手架作立柱支撑时，立杆应采用长 1.8m 和 3.0m 的立杆错开布置，严禁将接头布置在同一水平

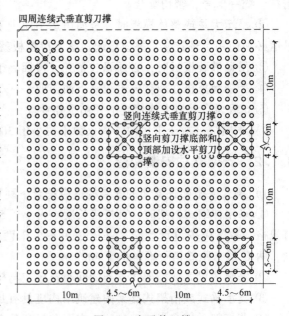

图 3-2　水平剪刀撑一

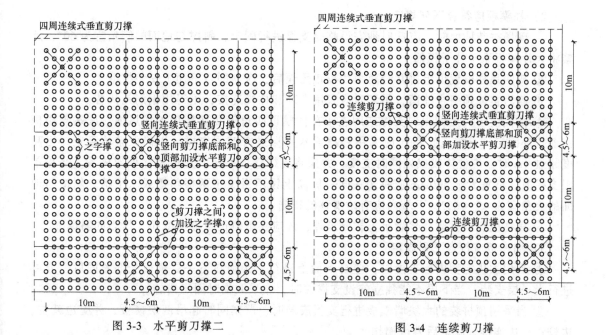

图 3-3　水平剪刀撑二　　　　　图 3-4　连续剪刀撑

高度。立杆底座应采用大钉固定于垫木上。立杆立一层，即将斜撑对称安装牢固，不得漏加，也不得随意拆除。横向水平杆应双向设置，间距不得超过 1.8m。

6）当采用标准门架作支撑时，其安装构造应符合下列规定：

① 门架的跨距和间距应按设计规定布置，间距宜小于 1.2m；支撑架底部垫木上应设固定底座或可调底座。门架、调节架及可调底座，其高度应按其支撑的高度确定。

② 门架支撑可沿梁轴线垂直和平行布置。当垂直布置时，在两门架间的两侧应设置交叉支撑；当平行布置时，在两门架间的两侧也应设置交叉支撑，交叉支撑应与立杆上的锁销锁牢，上下门架的组装连接必须设置连接棒及锁臂。

③ 当门架支撑宽度为 4 跨及以上或 5 个间距及以上时，应在周边底层、顶层、中间每 5 列、5 排于每门架立杆根部设 $\phi48\times3.5mm$ 通长水平加固杆，并应采用扣件与门架立杆扣牢。

④ 门架支撑高度超过 8m 时，应按模板安全技术规范的有关规定执行，剪刀撑不应大于 4 个间距，并应采用扣件与门架立杆扣牢。

⑤ 顶部操作层应采用挂扣式脚手板满铺。

3.1.3　普通模板安装构造

1）基础及地下工程模板应符合下列规定：

① 地面以下支模应先检查土壁的稳定情况，当有裂纹及塌方危险迹象时，应采取安全防范措施后，方可下人作业。当深度超过 2m 时，操作人员应设梯上下。

② 距基槽（坑）上口边缘 1m 内不得堆放模板。向基槽（坑）内运料应使用起重机、溜槽或绳索；运下的模板严禁立放于基槽（坑）土壁上。

③ 斜支撑与侧模的夹角不应小于 45°，支于土壁的斜支撑应加设垫板，底部的对角楔木应与斜支撑连牢。高大长脖基础若采用分层支模时，其下层模板应经就位校正并支撑稳固后，方可进行上一层模板的安装。在有斜支撑的位置，应于两侧模间采用水平撑连成整体。

2) 柱模板应符合下列规定：

① 现场拼装柱模时，应适时地安设临时支撑进行固定，斜撑与地面的倾角宜为60°，严禁将大片模板系于柱子钢筋上。

② 待四片柱模就位组拼并经对角线校正无误后，应立即自下而上安装柱箍。

③ 若为整体预组合柱模，吊装时应采用卡环和柱模连接，不得用钢筋钩代替。

④ 柱模校正（用四根斜支撑或用连接在柱模顶四角带花篮螺栓的缆风绳，底端与楼板钢筋拉环固定进行校正）后，应采用斜撑或水平撑进行四周支撑，以确保整体稳定。当高度超过4m时，应群体或成列同时支模，并应将支撑连成一体，形成整体框架体系。当需单根支模时，柱宽大于500mm应每边在同一标高上设不得少于两根斜撑或水平撑。斜撑与地面的夹角宜为45°~60°，下端尚应有防滑移的措施。

⑤ 角柱模板的支撑，除满足上款要求外，还应在里侧设置能承受拉、压力的斜撑。

3) 墙模板应符合下列规定：

① 当用散拼定型模板支模时，应自下而上进行，必须在下一层模板全部紧固后，方可进行上一层安装。当下层不能独立安设支撑件时，应采取临时固定措施。

② 当采用预拼装的大块墙模板进行支模安装时，严禁同时起吊两块模板，并应边就位、边校正、边连接，固定后方可摘钩。

③ 安装电梯井内墙模前，必须于板底下200mm处牢固地满铺一层脚手板。

④ 模板未安装对拉螺栓前，板面应向后倾一定角度。安装过程中应随时拆换支撑或增加支撑。

⑤ 当钢楞长度需接长时，接头处应增加相同数量和不小于原规格的钢楞，其搭接长度不得小于墙模板宽或高的15%~20%。

⑥ 拼接时的U形卡应正反交替安装，间距不得大于300mm；两块模板对接接缝处的U形卡应满装。

⑦ 对拉螺栓与墙模板应垂直，松紧应一致，墙厚尺寸应正确。

⑧ 墙模板内外支撑必须坚固、可靠，应确保模板的整体稳定。当墙模板外面无法设置支撑时，应于里面设置能承受拉和压的支撑。多排并列且间距不大的墙模板，当其支撑互成一体时，应有防止浇筑混凝土时引起临近模板变形的措施。

4) 独立梁和整体楼盖梁结构模板应符合下列规定：

① 安装独立梁模板时应设安全操作平台，并严禁操作人员站在独立梁底模或柱模支架上操作及上下通行。

② 底模与横楞应拉结好，横楞与支架、立柱应连接牢固。

③ 安装梁侧模时，应边安装边与底模连接，当侧模高度多于两块时，应采取临时固定措施。

④ 起拱应在侧模内外楞连固前进行。

⑤ 单片预组合梁模，钢楞与板面的拉结应按设计规定制作，并应按设计吊点试吊无误后方可正式吊运安装，侧模与支架支撑稳定后方准摘钩。

5) 楼板或平台板模板应符合下列规定：

① 当预组合模板采用桁架支模时，桁架与支点的连接应固定牢靠，桁架支承应采用平直通长的型钢或木方。

② 当预组合模板块较大时，应加钢楞后方可吊运。当组合模板为错缝拼配时，板下横楞应均匀布置，并应在模板端穿插销。

③ 单块模板就位安装，必须待支架搭设稳固、板下横楞与支架连接牢固后进行。

④ U形卡应按设计规定安装。

6）其他结构模板安装圈梁、阳台、雨篷及挑檐等模板时，其支撑应独立设置，不得支搭在施工脚手架上。安装悬挑结构模板时，应搭设脚手架或悬挑工作台，并应设置防护栏杆和安全网。作业处的下方不得有人通行或停留。烟囱、水塔及其他高大构筑物的模板，应编制专项施工设计和安全技术措施，并应详细地向操作人员进行交底后方可安装。在危险部位进行作业时，操作人员应系好安全带。

3.1.4 爬升模板安装构造

进入施工现场的爬升模板系统中的大模板、爬升支架、爬升设备、脚手架及附件等，应按施工组织设计及有关图样验收，合格后方可使用。爬升模板安装时，应统一指挥，设置警戒区与通信设施，做好原始记录。并应遵守下列规定：

1）检查工程结构上预埋螺栓孔的直径和位置应符合图样要求。

2）爬升模板的安装顺序应为底座、立柱、爬升设备、大模板、模板外侧吊脚手架。

施工过程中爬升大模板及支架时，爬升前，应检查爬升设备的位置、牢固程度、吊钩及连接杆件等，确认无误后，拆除相邻大模板及脚手架间的连接杆件，使各个爬升模板单元彻底分开。爬升时，应先收紧千斤钢丝绳，吊住大模板或支架，然后拆卸穿墙螺栓，并检查再无任何连接，卡环和安全钩无问题，调整好大模板或支架的重心，保持垂直，开始爬升。爬升时，作业人员应站在固定件上，不得站在爬升件上爬升，爬升过程中应防止晃动与扭转。每个单元的爬升不宜中途交接班，不得隔夜再继续爬升。每单元爬升完毕应及时固定。大模板爬升时，新浇混凝土的强度不应低于 $1.2N/mm^2$。支架爬升时的附墙架穿墙螺栓受力处的新浇混凝土强度应达到 $10N/mm^2$ 以上。爬升设备每次使用前均应检查，液压设备应由专人操作。作业人员应背工具袋，以便存放工具和拆下的零件，防止物件跌落。且严禁高处向下抛物。每次爬升组合安装好的爬升模板、金属件应涂刷防锈漆，板面应涂刷脱模剂。爬模的外附脚手架或悬挂脚手架应满铺脚手板，脚手架外侧应设防护栏杆和安全网。爬架底部也应满铺脚手板和设置安全网。每步脚手架间应设置爬梯，作业人员应由爬梯上下，进入爬架应在爬架内上下，严禁攀爬模板、脚手架和爬架外侧。脚手架上不应堆放材料，脚手架上的垃圾应及时清除。如需临时堆放少量材料或机具，必须及时取走，且不得超过设计荷载的规定。所有螺栓孔均应安装螺栓，螺栓应采用 $50\sim60N\cdot m$ 的扭矩紧固。

3.1.5 高支模安装构造

根据住建部［2018］31号文《危险性较大的分部分项工程安全管理规定》规定，满足以下要求的模板工程属于高支模模板工程，超过一定规模的危险性较大的分部分项工程需要专家论证。

1）危险性较大的分部分项工程中混凝土模板支撑工程：搭设高度5m及以上；或搭设跨度10m及以上；或施工总荷载10kN/m² 及以上；或集中线荷载15kN/m及以上；或高度大于支撑水平投影宽度且相对独立无联系构件的混凝土模板支撑工程。

2）超过一定规模的危险性较大的分部分项工程中混凝土模板支撑工程：搭设高度 8m 及以上；或搭设跨度 18m 及以上，或施工总荷载 15kN/m² 及以上；或集中线荷载 20kN/m 及以上。

3.2 模板拆除的安全技术与要求

3.2.1 模板拆除要求

模板的拆除措施应经技术主管部门或负责人批准，拆除模板的时间可按现行国家标准《混凝土结构设计规范》GB 50010 的有关规定执行。冬期施工的拆模，应遵守专门规定。当混凝土未达到规定强度或已达到设计规定强度时，如需提前拆模或承受部分超设计荷载时，必须经过计算和技术主管确认其强度能足够承受此荷载后，方可拆除。在承重焊接钢筋骨架作配筋的结构中，承受混凝土重量的模板，应在混凝土达到设计强度的 25% 后方可拆除承重模板。如在已拆除模板的结构上加置荷载时，应另行核算。大体积混凝土的拆模时间除应满足混凝土强度要求外，还应使混凝土内外温差降低到 25° 以下时方可拆模。否则应采取有效措施防止产生温度裂缝。后张预应力混凝土结构的侧模宜在施加预应力前拆除，底模应在施加预应力后拆除。对于底模的拆除设计有规定时，应按规定执行，无规定可参照表 3-1。拆模前应检查所使用的工具有效和可靠，扳手等工具必须装入工具袋或系挂在身上，并应检查拆模场所范围内的安全措施。模板的拆除工作应设专人指挥。作业区应设围栏，其内不得有其他工种作业，并应设专人负责监护。拆下的模板、零配件严禁抛掷。

表 3-1 底模拆除时的混凝土强度要求

构件类型	构件跨度/m	达到设计的混凝土立方体抗压强度标准值的百分率（%）
板	≤2	≥50
	>2，≤8	≥75
	>8	≥100
梁、拱、壳	≤8	≥75
	>8	≥100
悬臂构件	—	≥100

拆模的顺序和方法应按模板的设计规定进行。当设计无规定时，可采取先支的后拆、后支的先拆、先拆非承重模板、后拆承重模板，并应从上而下进行拆除。拆下的模板不得抛扔，应按指定地点堆放。

多人同时操作时，应明确分工、统一信号或行动，应具有足够的操作面，人员应站于安全处。

高处拆除模板时，应遵守有关高处作业的规定。严禁使用大锤和撬棍，操作层上临时拆下的模板堆放不能超过 3 层。

在提前拆除互相搭连并涉及其他后拆模板的支撑时，应补设临时支撑。拆模时，应逐块拆卸，不得成片撬落或拉倒。拆模如遇中途停歇，应将已拆松动、悬空、浮吊的模板或支架进行临时支撑牢固或相互连接稳固。对活动部件必须一次拆除。已拆除了模板的结构，应在混凝土强度达到设计强度值后方可承受全部设计荷载。若在未达到设计强度以前，需在结构上加置施工荷载时，应另行核算，强度不足时，应加设临时支撑。

遇6级或6级以上大风时，应暂停室外的高处作业。雨、雪、霜后应先清扫施工现场，方可进行工作。

拆除有洞口模板时，应采取防止操作人员坠落的措施。洞口模板拆除后，应按现行行业标准《建筑施工高处作业安全技术规范》JGJ 80 的有关规定及时进行防护。

3.2.2 支架立柱拆除

当拆除钢楞、木楞、钢桁架时，应在其下面临时搭设防护支架，使所拆楞梁及桁架先落于临时防护支架上。当立柱的水平拉杆超出2层时，应首先拆除2层以上的拉杆。当拆除最后一道水平拉杆时，应和拆除立柱同时进行。当拆除4~8m跨度的梁下立柱时，应先从跨中开始，对称地分别向两端拆除。拆除时，严禁采用连梁底板向旁侧一片拉倒的拆除方法。

对于多层楼板模板的立柱，当上层及以上楼板正在浇筑混凝土时，下层楼板立柱的拆除，应根据下层楼板结构混凝土强度的实际情况，经过计算确定。

拆除平台、楼板下的立柱时，作业人员应站在安全处拉拆。对已拆下的钢楞、木楞、桁架、立柱及其他零配件应及时运到指定地点。对有芯钢管立柱运出前应先将芯管抽出或用销卡固定。

3.2.3 普通模板拆除

1）拆除条形基础、杯形基础、独立基础或设备基础的模板时，应遵守下列规定：

① 拆除前应先检查基槽（坑）土壁的安全状况，发现有松软、龟裂等不安全因素时，应在采取安全防范措施后，方可进行作业。

② 模板和支撑杆件等应随拆随运，不得在离槽（坑）上口边缘1m以内堆放。

③ 拆除模板时，施工人员必须站在安全地方。应先拆内外木楞、再拆木面板；钢模板应先拆钩头螺栓和内外钢楞，后拆U形卡和L形插销，拆下的钢模板应妥善传递或用绳钩放至地面，不得抛掷。拆下的小型零配件应装入工具袋内或小型箱笼内，不得随处乱扔。

2）拆除柱模应遵守下列规定：

① 柱模拆除应分别采用分散拆和分片拆两种方法。其分散拆除的顺序应为：拆除拉杆或斜撑、自上而下拆除柱箍或横楞、拆除竖楞、自上而下拆除配件及模板、运走分类堆放、清理、拔钉、钢模板维修、刷防锈油或脱模剂、入库备用。分片拆除的顺序应为：拆除全部支撑系统、自上而下拆除柱箍及横楞、拆掉柱角U形卡、分两片或四片拆除模板、原地清理、刷防锈油或脱模剂、分片运至新支模地点备用。

② 柱子拆下的模板及配件不得向地面抛掷。

3）拆除墙模应遵守下列规定：

① 墙模分散拆除顺序应为：拆除斜撑或斜拉杆、自上而下拆除外楞及对拉螺栓、分层自上而下拆除木楞或钢楞及零配件和模板、运走分类堆放、拔钉清理或清理检修后刷防锈油或脱模剂、入库备用。

② 预组拼大块墙模拆除顺序应为：拆除全部支撑系统、拆卸大块墙模接缝处的连接型钢及零配件、拧去固定埋设件的螺栓及大部分对拉螺栓、挂上吊装绳扣并略拉紧吊绳后，拧下剩余对拉螺栓，用方木均匀敲击大块墙模立楞及钢模板，使其脱离墙体并用撬棍轻轻外撬大块墙模板使全部脱离，指挥起吊、运走、清理、刷防锈油或脱模剂备用。

③ 拆除每一大块墙模的最后两个对拉螺栓后，作业人员应撤离大模板下侧，以后的操作均应在上部进行。个别大块模板拆除后产生局部变形者应及时整修好。

④ 大块模板起吊时，速度要慢，应保持垂直，严禁模板碰撞墙体。

4）拆除梁、板模板应遵守下列规定：

① 梁、板模板应先拆梁侧模，再拆板底模，最后拆除梁底模，并应分段分片进行，严禁成片撬落或成片拉拆。

② 拆除时，作业人员应站在安全的地方进行操作，严禁站在已拆或松动的模板上进行拆除作业。

③ 拆除模板时，严禁用铁棍或铁锤乱砸，已拆下的模板应妥善传递或用绳钩放至地面。

④ 严禁作业人员站在悬臂结构边缘敲拆下面的底模。

⑤ 待分片、分段的模板全部拆除后，方允许将模板、支架、零配件等按指定地点运出堆放，并进行拔钉、清理、整修、刷防锈油或脱模剂，入库备用。

3.2.4　特殊模板拆除

对于拱、薄壳、圆穹屋顶和跨度大于 8m 的梁式结构，应按设计规定的程序和方式从中心沿环圈对称向外或从跨中对称向两边均匀放松模板支架立柱。拆除圆形屋顶、筒仓下漏斗模板时，应从结构中心处的支架立柱开始，按同心圆层次对称地拆向结构的周边。拆除带有拉杆拱的模板时，应在拆除前先将拉杆拉紧。

3.2.5　爬升模板拆除

拆除爬模应有拆除方案，且应由技术负责人签署意见，拆除前应向有关人员进行安全技术交底后，方可实施。拆除时应先清除脚手架上的垃圾杂物，并应设置警戒区由专人监护。拆除时应设专人指挥，严禁交叉作业。拆除顺序应为：悬挂脚手架和模板、爬升设备、爬升支架。已拆除的物件应及时清理、整修和保养，并运至指定地点备用。遇五级以上大风应停止拆除作业。

3.2.6　飞模拆除

梁、板混凝土强度等级不得小于设计强度的 75% 时，方准脱模。飞模的拆除顺序、行走路线和运到下一个支模地点的位置，均应按照台模设计的有关规定进行。拆除时应先用千斤顶顶住下部水平连接管，再拆去木楔或砖墩（或拔出钢套管连接螺栓，提起钢套管）。推入可任意转向的四轮台车，松千斤顶使飞模落于台车上，随后推运至主楼板外侧搭设的平台上，用塔式起重机吊至上层重复使用。若不需重复使用时，应按普通模板的方法拆除。飞模拆除必须有专人统一指挥，飞模尾部应绑安全绳，安全绳的另一端应套在坚固的建筑结构上，且在推运时应徐徐放松。飞模推出后，楼层外边缘应立即绑好护身栏。

3.3　模板工程安全管理

高大模板支撑
安全专项方案

3.3.1　一般规定

1）从事模板作业的人员，应经常组织安全技术培训。从事高处作业人员，应定期体检，不符合要求的不得从事高处作业。安装和拆除模板时，操作人员应配戴安全帽、系安全带、穿防滑鞋。安全帽和安全带应定期检查，不合格者严禁使用。

2）模板及配件进场应有出厂合格证或当年的检验报告，安装前应对所用部件（立柱、楞梁、吊环、扣件等）进行认真检查，不符合要求者不得使用。

3）模板工程应编制施工组织设计和安全技术措施，并应严格按施工组织设计与安全技术措施规定施工。满堂模板、建筑层高8m及以上和梁跨大于或等于15m的模板，在安装、拆除作业前，工程技术人员应以书面形式向作业班组进行施工操作的安全技术交底，作业班组应对照书面交底进行上、下班的自检和互检。施工过程中应经常对下列项目进行检查：

① 立柱底部基土回填夯实的状况。

② 垫木应满足设计要求。

③ 底座位置应正确，顶托螺杆伸出长度应符合规定。

④ 立杆的规格尺寸和垂直度应符合要求，不得出现偏心荷载。

⑤ 扫地杆、水平拉杆、剪刀撑等的设置应符合规定，固定应可靠。

⑥ 安全网和各种安全设施应符合要求。

4）在高处安装和拆除模板时，周围应设安全网或搭脚手架，并应加设防护栏杆。在临街面及交通要道地区，尚应设警示牌，派专人看管。作业时，模板和配件不得随意堆放，模板应放平放稳，严防滑落。脚手架或操作平台上临时堆放的模板不宜超过3层，连接件应放在箱盒或工具袋中，不得散放在脚手板上。脚手架或操作平台上的施工总荷载不得超过其设计值。

5）对负荷面积大和高4m以上的支架立柱采用扣件式钢管、门式和碗扣式钢管脚手架时，除应有合格证外，对所用扣件应用扭矩扳手进行抽检，达到合格后方可承力使用。

6）施工用的临时照明和行灯的电压不得超过36V；若为满堂模板、钢支架及特别潮湿的环境时，不得超过12V。照明行灯及机电设备的移动线路应采用绝缘橡胶套电缆线。有关避雷、防触电和架空输电线路的安全距离应遵守国家现行标准《施工现场临时用电安全技术规范》JGJ 46的有关规定。施工用的临时照明和动力线应用绝缘线和绝缘电缆线，且不得直接固定在钢模板上。夜间施工时，应有足够的照明，并应制订夜间施工的安全措施。施工用临时照明和机电设备线严禁非电工乱拉乱接。同时还应经常检查线路的完好情况，严防绝缘破损漏电伤人。

7）安装高度在2m及其以上时，应遵守国家现行标准《建筑施工高处作业安全技术规范》JGJ 80的有关规定。

3.3.2　具体要求

1）模板安装时，上下应有人接应，随装随运，严禁抛掷。且不得将模板支撑在门窗框上，也不得将脚手板支搭在模板上，并严禁将模板与上料井架及有车辆运行的脚手架或操作平台支成一体。

2）支模过程中如遇中途停歇，应将已就位模板或支架连接稳固，不得浮搁或悬空。拆模中途停歇时，应将已松扣或已拆松的模板、支架等拆下运走，防止构件坠落或作业人员扶空坠落伤人。严禁人员攀登模板、斜撑杆、拉条或绳索等，也不得在高处的墙顶、独立梁或在其模板上行走。模板施工中应设专人负责安全检查，发现问题应报告有关人员处理。当遇险情时，应立即停工和采取应急措施；待修复或排除险情后，方可继续施工。

3）寒冷地区冬期施工用钢模板时，不宜采用电热法加热混凝土，否则应采取防触电措施。在大风地区或大风季节施工时，模板应有抗风的临时加固措施。当钢模板高度超过 15m 时，应安设避雷设施，避雷设施的接地电阻不得大于 4Ω。若遇恶劣天气，如大雨、大雾、沙尘、大雪及六级以上大风时，应停止露天高处作业。五级及以上风力时，应停止高处吊运作业。雨雪停止后，应及时清除模板和地面上的冰雪及积水。使用后的木模板应拔除钢钉，分类进库，堆放整齐。若为露天堆放，顶面应遮防雨篷布。

4）使用后的钢模、钢构件应遵守下列规定：

① 使用后的钢模板、桁架、钢楞和立柱应将粘结物清理洁净，清理时严禁采用铁锤敲击的方法。清理后的钢模板、桁架、钢楞、立柱，应逐块、逐榀、逐根进行检查，发现翘曲、变形、扭曲、开焊等必须修理完善。清理整修好的钢模板、桁架、钢楞、立柱应刷防锈漆，对立即待用钢模板的表面应刷脱模剂，而暂不用的钢模板表面可涂防锈油一度。

② 钢模板由拆模现场运至仓库或维修场地时，装车不宜超出车栏杆，少量高出部分必须拴牢，零配件应分类装箱，不得散装运输。经过维修、刷油、整理合格的钢模板及配件，如需运往其他施工现场或入库，必须分类装入集装箱内，杆应成捆、配件应成箱，清点数量，入库或接收单位验收。装车时，应轻搬轻放，不得相互碰撞。卸车时，严禁成捆从车上推下和拆散抛掷。钢模板及配件应放入室内或敞棚内，若无条件需露天堆放时，则应装入集装箱内，底部垫高 100mm，顶面应遮盖防水篷布或塑料布，但集装箱堆放高度不宜超过 2 层。

3.3.3 高支模安全管理

危险性较大的高支模模板工程需要编制高大模板专项施工方案，专项施工方案需要组织专家进行论证，经专家论证改正合格后方可施工。安装、拆除、安全检查过程中需严格按专项施工方案执行。

思考题与习题

1. 防止模板工程坍塌的安全技术措施有哪些？

2. 模板施工前，现场负责人对施工组织设计中模板的设计资料应审查哪些项目？模板进场后，要进行哪些检查？施工前应做哪些安全技术准备工作？

3. 保证模板工程安全的基本要求是什么？

4. 墙体大模板、圈梁与阳台模板、飞模施工（包括安装与拆除）的安全技术要求有哪些？

5. 液压滑动模板在施工过程中应注意什么？

6. 拆模安全技术的一般要求是什么？

职业活动训练

活动一 阅读模板工程专项施工方案

1. 分组要求：全班分 6~8 个组，每组 5~7 人。

2. 资料要求：模板工程施工方案 6~8 套。

3. 要求：学生在教师指导下阅读模板工程施工方案，了解模板工程施工方案包括的内容。

4. 成果：以小组为单位写出学习总结或提出自己的见解。

活动二 模板的验收

1. 分组要求：全班分 6~8 个组，每组 5~7 人。

2. 资料要求：选一模板工程施工的详细的影像及图文验收资料。

3. 要求：学生在教师指导下阅读和观看相关验收资料及模板检查项目、检查内容及检查方法等。

4. 成果：检查验收表。

活动三 模板工程安全检查评分

1. 分组要求：全班分 6~8 个组，每组 5~7 人。

2. 资料要求：模拟一模板工程施工（有条件的可在实训基地或实训中心进行）。

3. 要求：根据《建筑施工安全检查标准》JGJ 59—2011 的模板支护安全检查评分表进行检查和评分。

4. 成果：检查验收表。

第4章

脚手架工程与安全防护

知识目标

1. 掌握工程中常用脚手架的构造与搭设以及拆除安全技术要求。
2. 掌握工程中常见的安全防护技术措施。

能力目标

1. 能编制脚手架施工安全技术交底资料。
2. 能够组织编写、审查脚手架施工专项施工方案。
3. 能组织脚手架安全验收，根据《建筑施工安全检查标准》组织脚手架工程的安全检查和评分。
4. 能准确判断安全防护措施的合理性。

重点与难点

1. 各类脚手架构造。
2. 安全防护措施设置。

脚手架是建筑施工中必不可少的辅助设施，长期以来，由于架设工具本身及其构造技术和使用安全管理工作处于较为落后的状态，致使事故的发生率较高。有关统计表明：在我国建筑施工系统每年所发生的伤亡事故中，大约有1/3直接或间接地与架设工具及其使用的问题有关，因此脚手架是建筑施工中安全事故多发的部位，也是施工安全控制的重点。

4.1 扣件式钢管脚手架安全技术要求

4.1.1 脚手架的种类

脚手架的种类很多，不同类型的脚手架有不同的特点，其搭设方式也不同。常见的脚手架分类方法有以下几种。

1）按照与建筑物的位置关系划分：

① 外脚手架：外脚手架沿建筑物外围从地面搭起，既可用于外墙砌筑，又可用于外装饰施工。其主要形式有多立杆式、框式、桥式等。多立杆式应用最广，框式次之，桥式应用

最少。

② 里脚手架：里脚手架搭设于建筑物内部，每砌完一层墙后，即将其转移到上一层楼面，进行新的一层砌体砌筑，它可用于内外墙的砌筑和室内装饰施工。里脚手架用料少，但装拆频繁，故要求轻便灵活，装拆方便。其结构形式有折叠式、支柱式和门架式等多种。

2）按照支撑部位和支撑方式划分：

① 落地式脚手架：搭设（支座）在地面、楼面、屋面或其他平台结构之上的脚手架。

② 悬挑式脚手架：采用悬挑方式支固的脚手架，其挑支方式又有以下三种：架设于专用悬挑梁上、架设于专用悬挑三角桁架上、架设于由撑拉杆件组合的支挑结构上。其支挑结构有斜撑式、斜拉式、拉撑式和顶固式等多种。

附着式脚手架

③ 附墙悬挂脚手架：在上部或中部挂设于墙体挑挂件上的定型脚手架。

④ 悬吊脚手架：悬吊于悬挑梁或工程结构之下的脚手架。

⑤ 附着升降脚手架（简称"爬架"）：附着于工程结构依靠自身提升设备实现升降的悬空脚手架。

⑥ 水平移动脚手架：带行走装置的脚手架或操作平台架。

3）按其所用材料分为：木脚手架、竹脚手架和金属脚手架。

4）按其结构形式分为：多立杆式、碗扣式、门式、方塔式、附着式升降脚手架及悬吊式脚手架等。

5）按脚手架平、立杆的连接方式划分：

① 承插式脚手架。即在平杆与立杆之间采用承插连接的脚手架。常见的承插连接方式有插片和楔槽、插片和楔盘、插片和碗扣、套管与插头以及 U 形托挂等。

② 扣接式脚手架。即使用扣件箍紧接的脚手架。

③ 销栓式脚手架。即采用对穿螺栓或销杆连接的脚手架，此种形式已很少使用。

本章主要介绍工程中常见的扣件式钢管脚手架。

4.1.2 构造要求

1. 设计尺寸

常用密目式安全立网全封闭单、双排脚手架结构的设计尺寸，可按表4-1、表4-2采用。单排脚手架搭设高度不应超过24m；双排脚手架搭设高度不宜超过50m，高度超过50m的双排脚手架，应采用分段搭设措施。

2. 纵向水平杆、横向水平杆、脚手板

（1）纵向水平杆的构造应符合下列规定

1）纵向水平杆应设置在立杆内侧，单根杆长度不应小于3跨。

2）纵向水平杆接长应采用对接扣件连接或搭接。两根相邻纵向水平杆的接头不应设置在同步或同跨内；不同步或不同跨两个相邻接头在水平方向错开的距离不应小于500mm；各接头中心至最近主节点的距离不应大于纵距的1/3（图4-1）；搭接长度不应小于1m，应等间距设置3个旋转扣件固定，端部扣件盖板边缘至搭接纵向水平杆杆端的距离不应小于100mm。

表 4-1　常用密目式安全立网全封闭式双排脚手架的设计尺寸　　　　（单位：m）

连墙件设置	立杆横距 l_b	步距 h	下列荷载时的立杆纵距 l_a				脚手架允许搭设高度 (H)
			2+0.35 /(kN/m²)	2+2×0.35 /(kN/m²)	3+0.35 /(kN/m²)	3+2+2×0.35 /(kN/m²)	
二步三跨	1.05	1.50	2.0	1.5	1.5	1.5	50
		1.80	1.8	1.5	1.5	1.5	32
	1.30	1.50	1.8	1.5	1.5	1.5	50
		1.80	1.8	1.2	1.5	1.2	30
	1.55	1.50	1.8	1.5	1.5	1.5	38
		1.80	1.8	1.2	1.5	1.2	22
三步三跨	1.05	1.50	2.0	1.5	1.5	1.5	43
		1.80	1.8	1.2	1.5	1.2	24
	1.30	1.50	1.8	1.5	1.5	1.2	30
		1.80	1.8	1.2	1.5	1.2	17

注：1. 表中所示 2+2+2×0.35（kN/m²），包括下列荷载：2+2（kN/m²）为二层装修作业层施工荷载标准值；2×0.35（kN/m²）为二层作业层脚手板自重荷载标准值。

2. 作业层横向水平杆间距，应按不大于 $l_a/2$ 设置。

3. 地面粗糙度为 B 类，基本风压 $\omega = 0.4$kN/m²。

表 4-2　常用密目式安全立网全封闭式单排脚手架的设计尺寸　　　　（单位：m）

连墙件设置	立杆横距 l_b	步距 h	下列荷载时的立杆纵距 l_a		脚手架允许搭设高度 (H)
			2+0.35 /(kN/m²)	3+0.35 /(kN/m²)	
二步三跨	1.20	1.50	2.0	1.8	24
		1.80	1.5	1.2	24
	1.40	1.50	1.8	1.5	24
		1.80	1.5	1.2	24
三步三跨	1.20	1.50	2.0	1.8	24
		1.80	1.2	1.2	24
	1.40	1.50	1.8	1.5	24
		1.80	1.2	1.2	24

注：同表 4-1。

3）当使用冲压钢脚手板、木脚手板、竹串片脚手板时，纵向水平杆应作为横向水平杆的支座，用直角扣件固定在立杆上；当使用竹笆脚手板时，纵向水平杆应采用直角扣件固定在横向水平杆上，并应等间距设置，间距不应大于 400mm（图 4-2）。

（2）横向水平杆的构造应符合下列规定

1）作业层上非主节点处的横向水平杆，宜根据支撑脚手板的需要等间距设置，最大间距不应大于纵距的 1/2。

2）当使用冲压钢脚手板、木脚手板、竹串片脚手板时，双排脚手架的横向水平杆两端均应采用直角扣件固定在纵向水平杆上；单排脚手架的横向水平杆的一端应用直角扣件固定

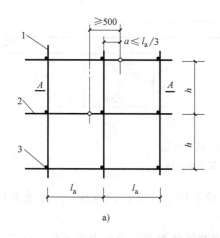
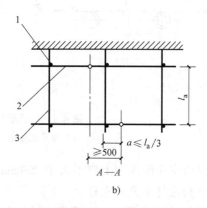

图 4-1 纵向水平杆对接接头布置

a）接头不在同步内（立面） b）接头不在同跨内（平面）

1—立杆 2—纵向水平杆 3—横向水平杆

在纵向水平杆上，另一端应插入墙内，插入长度不应小于 180mm。

3）当使用竹笆脚手板时，双排脚手架的横向水平杆两端，应用直角扣件固定在立杆上；单排脚手架的横向水平杆的一端，应用直角扣件固定在立杆上，另一端应插入墙内，插入长度也不应小于 180mm。

4）主节点处必须设置一根横向水平杆，用直角扣件扣接且严禁拆除。

（3）脚手板的设置应符合下列规定

1）作业层脚手板应铺满、铺稳、铺实。

2）冲压钢脚手板、木脚手板、竹串片脚手板等，应设置在三根横向水平杆上。当脚手板长度小于 2m 时，可采用两根横向水平杆支撑，但应将脚手板两端与其可靠固定，严防倾翻。脚手板的铺设应采用对接平铺或搭接铺设。脚手板对接平铺时，接头处

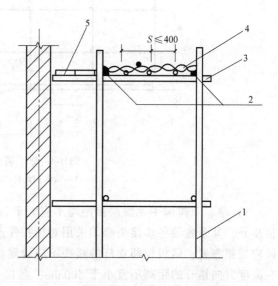

图 4-2 铺竹笆脚手板时纵向水平杆的构造

1—立杆 2—纵向水平杆 3—横向水平杆 4—竹笆脚手板 5—其他脚手板

必须设两根横向水平杆，脚手板外伸长度应取 130～150mm，两块脚手板外伸长度的和不应大于 300mm（图 4-3a）；脚手板搭接铺设时，接头必须支在横向水平杆上，搭接长度不应小于 200mm，其伸出横向水平杆的长度不应小于 100mm（图 4-3b）。

3）竹笆脚手板应按其主竹筋垂直于纵向水平杆方向铺设，且采用对接平铺，四个角应用直径不小于 1.2mm 的镀锌钢丝固定在纵向水平杆上。

4）作业层端部脚手板探头长度应取 150mm，其板的两端均应固定于支撑杆件上。

3. 立杆

1）每根立杆底部应设置底座或垫板。脚手架必须设置纵、横向扫地杆。纵向扫地杆应

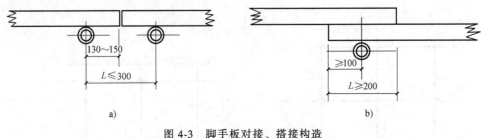

图 4-3 脚手板对接、搭接构造
a）脚手板对接 b）脚手板搭接

采用直角扣件固定在距底座上皮不大于 200mm 处的立杆上。横向扫地杆应采用直角扣件固定在紧靠纵向扫地杆下方的立杆上。

2）脚手架立杆基础不在同一高度上时，必须将高处的纵向扫地杆向低处延长两跨与立杆固定，高低差不应大于 1m。靠边坡上方的立杆轴线到边坡的距离不应小于 500mm（图 4-4）。

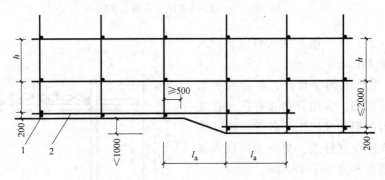

图 4-4 纵、横向扫地杆构造
1—横向扫地杆 2—纵向扫地杆

3）单、双排脚手架底层步距均不应大于 2m，单排、双排与满堂脚手架立杆接长除顶层顶步外，其余各层各步接头必须采用对接扣件连接。当立杆采用对接接长时，立杆的对接扣件应交错布置，两根相邻立杆的接头不应设置在同步内，同步内隔一根立杆的两个相隔接头在高度方向错开的距离不宜小于 500mm；各接头中心至主节点的距离不宜大于步距的 1/3；当立杆采用搭接接长时，搭接长度不应小于 1m，并应采用不少于 2 个旋转扣件固定。端部扣件盖板的边缘至杆端距离不应小于 100mm。脚手架立杆顶端栏杆宜高出女儿墙上端 1m，宜高出檐口上端 1.5m。

4. 连墙件

1）连墙件设置的位置、数量应按专项施工方案确定。脚手架连墙件数量的设置除应满足模板安全技术规范的计算要求外，还应符合表 4-3 的规定。

表 4-3 连墙件布置最大间距

搭设方法	高度	竖向间距(h)	水平间距(l_a)	每根连墙件覆盖面积/m²
双排落地	≤50m	3	$3l_a$	≤40
双排悬挑	>50m	2	$3l_a$	≤27
单排	≤24m	3	$3l_a$	≤40

注：h—步距；l_a—纵距。

2）连墙件的布置应靠近主节点设置，偏离主节点的距离不应大于300m，应从底层第一步纵向水平杆处开始设置，当该处设置有困难时，应采用其他可靠措施固定，应优先采用菱形布置，或采用方形、矩形布置。

3）开口型脚手架的两端必须设置连墙件，连墙件的垂直间距不应大于建筑物的层高，并不应大于4m。

4）连墙件中的连墙杆应呈水平设置，当不能水平设置时，应向脚手架一端下斜连接。连墙件必须采用可承受拉力和压力的构造。对高度24m以上的双排脚手架，应采用刚性连墙件与建筑物连接。

5）当脚手架下部暂不能设连墙件时应采取防倾覆措施。当搭设抛撑时，抛撑应采用通长杆件，并用旋转扣件固定在脚手架上，与地面的倾角应在45°～60°；连接点中心至主节点的距离不应大于300mm。抛撑应在连墙件搭设后方可拆除。架高超过40m且有风涡流作用时，应采取抗上升翻流作用的连墙措施。

5．剪刀撑与横向斜撑

1）双排脚手架应设剪刀撑与横向斜撑，单排脚手架应设剪刀撑。每道剪刀撑跨越立杆的根数宜按表4-4的规定确定。每道剪刀撑宽度不应小于4跨，且不应小于6m，斜杆与地面的倾角宜在45°～60°。

表 4-4　剪刀撑跨越立杆的最多根数

剪刀撑斜杆与地面的倾角 α	45°	50°	60°
剪刀撑跨越立杆的最多根数 n	7	6	5

2）剪刀撑斜杆的接长应采用搭接或对接，搭接应符合模板安全技术规范的有关规定。剪刀撑斜杆应用旋转扣件固定在与之相交的横向水平杆的伸出端或立杆上，旋转扣件中心线至主节点的距离不宜大于150mm。

3）高度在24m及以上的双排脚手架应在外侧立面连续设置剪刀撑；高度在24m以下的单、双排脚手架，均必须在外侧立面两端、转角及中间间隔不超过15m的立面上，各设置一道剪刀撑，并应由底至顶连续设置（图4-5）。

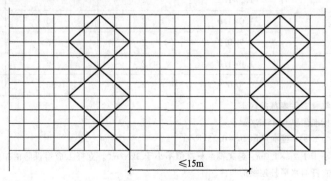

图 4-5　剪刀撑设置

4）双排脚手架横向斜撑应在同一节间，由底至顶层呈之字形连续设置，高度在24m以下的封闭型双排脚手架可不设横向斜撑，高度在24m以上的封闭型脚手架，除拐角应设置横向斜撑外，中间应每隔6跨设置一道。开口型双排脚手架的两端均必须设置横向斜撑。

6. 斜道

1）人行并兼作材料运输的斜道高度不大于 6m 的脚手架，宜采用一字形斜道，高度大于 6m 的脚手架，宜采用之字形斜道。

2）斜道应附着外脚手架或建筑物设置，运料斜道宽度不宜小于 1.5m，坡度不应大于 1∶6，人行斜道宽度不宜小于 1m，坡度不应大于 1∶3，拐弯处应设置平台，其宽度不应小于斜道宽度，斜道两侧及平台外围均应设置栏杆及挡脚板。栏杆高度应为 1.2m，挡脚板高度不应小于 180mm，运料斜道两端、平台外围和端部均应按规范规定设置连墙件；每两步应加设水平斜杆；应按模板安全技术规范的规定设置剪刀撑和横向斜撑。

3）斜道脚手板横铺时，应在横向水平杆下增设纵向支托杆，纵向支托杆间距不应大于 500mm，脚手板顺铺时，接头宜采用搭接；下面的板头应压住上面的板头，板头的凸棱外宜采用三角木填顺，人行斜道和运料斜道的脚手板上应每隔 250~300mm 设置一根防滑木条，木条厚度应为 20~30mm。

满堂式脚手架搭设演示

7. 满堂脚手架

1）常用敞开式满堂脚手架结构的设计尺寸，可按表 4-5 采用。

表 4-5　常用敞开式满堂脚手架结构的设计尺寸

序号	步距/m	立杆间距/m	支架高宽比不大于	下列施工荷载时最大允许高度/m	
				2/(kN/m²)	3/(kN/m²)
1	1.7~1.8	1.2×1.2	2	17	9
2		1.0×1.0	2	30	24
3		0.9×0.9	2	36	36
4	1.5	1.3×1.3	2	18	9
5		1.2×1.2	2	23	16
6		1.0×1.0	2	36	31
7		0.9×0.9	2	36	36
8	1.2	1.3×1.3	2	20	13
9		1.2×1.2	2	24	19
10		1.0×1.0	2	36	32
11		0.9×0.9	2	36	36
12	0.9	1.0×1.0	2	36	33
13		0.9×0.9	2	36	36

注：1. 最少跨数应符合有关规范的规定。
　　2. 脚手板自重标准值取 0.35kN/m²。
　　3. 场面粗糙度为 B 类，基本风压 $\omega_0 = 0.35kN/m^2$。
　　4. 立杆间距不小于 1.2m×1.2m，施工荷载标准值不小于 3kN/m²。立杆上应增设防滑扣件，防滑扣件应安装牢固，且顶紧立杆与水平杆连接的扣件。

2）满堂脚手架搭设高度不宜超过 36m；满堂脚手架施工层不超过 1 层。立杆接长接头必须采用对接扣件连接，长度不宜小于 3 跨。

3）满堂脚手架应在架体外侧四周及内部纵、横向每 6m 至 8m 由底至顶设置连续竖向剪刀撑。当架体搭设高度在 8m 以下时，应在架顶部设置连续水平剪刀撑；当架体搭设高度在

8m 及以上时，应在架体底部及竖向间隔不超过 8m 分别设置连续水平剪刀撑。水平剪刀撑宜在竖向剪刀撑斜相交平面设置。剪刀撑宽度应为 6~8m。剪刀撑应用旋转扣件固定在与之相交的水平杆或立杆上，旋转扣件中心线至主节点的距离不宜大于 150mm。

4）满堂脚手架的高宽比不宜大于 3，当高宽比大于 2 时，应在架体的外侧四周和内部水平间隔 6~9m、竖向间隔 4~6m 设置连墙件与建筑结构拉结，当无法设置连墙件时，应采取设置钢丝绳张拉固定等措施。

5）当满堂脚手架局部承受集中荷载时，应按实际荷载计算并应局部加固，满堂脚手架应设爬梯，爬梯踏步间距不得大于 300mm。操作层支撑脚手板的水平杆间距不应大于 1/2 跨距。

8. 型钢悬挑脚手架

1）一次悬挑脚手架高度不宜超过 20m，型钢悬挑梁宜采用双轴对称截面的型钢。悬挑钢梁型号及锚固件应按设计确定，钢梁截面高度不应小于 160mm。悬挑梁尾端应在两处及以上固定于钢筋混凝土梁板结构上。锚固型钢悬挑梁的 U 形钢筋拉环或锚固螺栓直径不宜小于 16mm（图 4-6）。

2）用于锚固的 U 形钢筋拉环或螺栓应采用冷弯成型。U 形钢筋拉环、锚固螺栓与型钢间隙应用钢楔或硬木楔楔紧。每个型钢悬挑梁外端宜设置钢丝绳或钢拉杆与上一层建

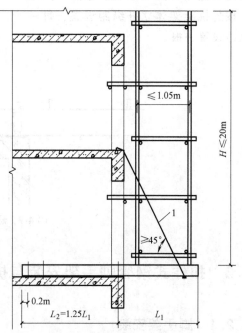

图 4-6 型钢悬挑脚手架构造
1—钢丝绳

筑结构斜拉结。钢丝绳、钢拉杆不参与悬挑钢梁受力计算；钢丝绳与建筑结构拉结的吊环应使用 HPB235 级钢筋，其直径不宜小于 20mm，吊环预埋锚固长度应符合现行国家标准《混凝土结构设计规范》GB 50010 中钢筋锚固的规定。

3）悬挑梁悬挑长度按设计确定。固定段长度不应小于悬挑段长度的 1.25 倍。型钢悬挑梁固定端应采用 2 个（对）及以上 U 形钢筋拉环或锚固螺栓与建筑结构梁板固定，U 形钢筋拉环或锚固螺栓应预埋至混凝土梁、板底层钢筋位置，并应与混凝土梁、板底层钢筋焊接或绑扎牢固，其锚固长度应符合现行国家标准《混凝土结构设计规范》GB 50010 中钢筋锚固的规定（图 4-7~图 4-9）。

4）当型钢悬挑梁与建筑结构采用螺栓钢压板连接固定时，钢压板尺寸不应小于 100mm×10mm（宽×厚）；当采用螺栓角钢压板连接时，角钢规格不应小于 63mm×63mm×6mm。型钢悬挑梁悬挑端应设置能使脚手架立杆

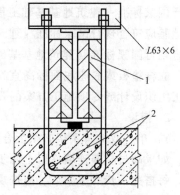

图 4-7 悬挑钢梁 U 形螺栓固定构造
1—木楔侧向楔紧 2—两根 1.5m 长
直径 18mm 的 HRB235 钢筋

与钢梁可靠固定的定位点，定位点离悬挑梁端部不应小于 100mm。锚固位置设置在楼板上时，楼板的厚度不宜小于 120mm。如果楼板的厚度小于 120mm 应采取加固措施。悬挑梁间距应按悬挑架架体立杆纵距设置，每一纵距设置一根。

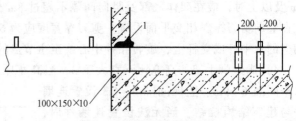

图 4-8   悬挑钢梁穿墙构造
1—木楔楔紧

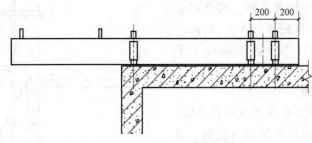

图 4-9   悬挑钢梁楼面构造

4.2   扣件式钢管脚手架安装与拆除

4.2.1   脚手架安装

1. 施工准备

脚手架搭设前，应按专项施工方案向施工人员进行交底，对钢管、扣件、脚手板、可调托撑等进行检查验收，不合格产品不得使用，经检验合格的构配件应按品种、规格分类，堆放整齐、平稳，堆放场地不得有积水，同时应清除搭设场地杂物，平整搭设场地，并使排水畅通。

脚手架地基与基础的施工，必须根据脚手架所受荷载、搭设高度、搭设场地土质情况与现行国家标准《建筑地基基础工程施工质量验收标准》GB 50202 的有关规定进行。压实填土地基应符合现行国家标准《建筑地基基础设计规范》GB 50007 的相关规定；灰土地基应符合现行国家标准《建筑地基基础工程施工质量验收标准》GB 50202 的相关规定。

立杆垫板或底座底面标高宜高于自然地坪 50~100mm。脚手架基础经验收合格后，应按施工组织设计或专项施工方案的要求放线定位。

2. 搭设

1）单、双排脚手架必须配合施工进度搭设，一次搭设高度不应超过相邻连墙件以上两步；如果超过相邻连墙件以上两步，无法设置连墙件时，应采取撑拉固定措施与建筑结构拉结。每搭完一步脚手架后，应按规范规定校正步距、纵距、横距及立杆的垂直度。

2）底座、垫板均应准确地放在定位线上，垫板宜采用长度不少于 2 跨、厚度不小于 50mm、宽度不小于 200mm 的木垫板。

3）脚手架开始搭设立杆时，应每隔 6 跨设置一根抛撑，直至连墙件安装稳定后，方可根据情况拆除。当架体搭设至有连墙件的主节点时，在搭设完该处的立杆、纵向水平杆、横向水平杆后，应立即设置连墙件。

4）脚手架纵向水平杆应随立杆按步搭设，并应采用直角扣件与立杆固定，在封闭型脚手架的同一步中，纵向水平杆应四周交圈设置，并应用直角扣件与内外角部立杆固定。

双排脚手架横向水平杆的靠墙一端至墙装饰面的距离不应大于100mm。单排脚手架的横向水平杆不应设置在下列部位：

① 设计上不允许留脚手眼的部位。

② 过梁上与过梁两端成60°角的三角形范围内及过梁净跨度1/2的高度范围内。

③ 宽度小于1m的窗间墙。

④ 梁或梁垫下及其两侧各500mm的范围内。

⑤ 砖砌体的门窗洞口两侧200mm和转角处450mm的范围内；其他砌体的门窗洞口两侧300mm和转角处600mm的范围内。

⑥ 墙体厚度小于或等于180mm。

⑦ 独立或附墙砖柱，空斗砖墙、加气块墙等轻质墙体。

⑧ 砌筑砂浆强度等级小于或等于M2.5的砖墙。

5）脚手架连墙件的安装应随脚手架搭设同步进行，不得滞后安装。当单、双排脚手架施工操作层高出相邻连墙件以上两步时，应采取确保脚手架稳定的临时拉结措施，直到上一层连墙件安装完毕后再根据情况拆除。

6）脚手架剪刀撑与双排脚手架横向斜撑应随立杆、纵向和横向水平杆等同步搭设，不得滞后安装。

7）扣件规格必须与钢管外径相同，螺栓拧紧扭力矩不应小于40N·m，且不应大于65N·m，在主节点处固定横向水平杆、纵向水平杆、剪刀撑、横向斜撑等用的直角扣件、旋转扣件的中心点的相互距离不应大于150mm，对接扣件开口应朝上或朝内，各杆件端头伸出扣件盖板边缘长度不应小于100mm。

8）栏杆和挡脚板均应搭设在外立杆的内侧（图4-10），上栏杆上皮高度应为1.2m，挡脚板高度不应小于180mm，中栏杆应居中设置。

脚手架应铺满、铺稳，离墙面的距离不应大于150mm。脚手板探头应用直径3.2mm镀锌钢丝固定在支撑杆件上。在拐角、斜道平台口处的脚手板，应用镀锌钢丝固定在横向水平杆上，防止滑动。

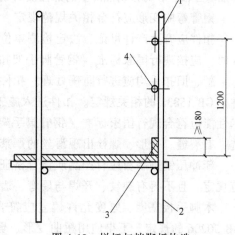

图4-10 栏杆与挡脚板构造
1—上栏杆 2—外立杆 3—挡脚板 4—中栏杆

4.2.2 脚手架拆除

脚手架拆除应按专项方案施工，拆除前应全面检查脚手架的扣件连接、连墙件、支撑体系等是否符合构造要求，应根据检查结果补充完善施工脚手架专项方案中的拆除顺序和措施，经审批后方可实施，拆除前应对施工人员

脚手架拆除

进行交底，清除脚手架上杂物及地面障碍物。

单、双排脚手架拆除作业必须由上而下逐层进行，严禁上下同时作业；连墙件必须随脚手架逐层拆除，严禁先将连墙件整层或数层拆除后再拆脚手架；分段拆除高差大于两步时，应增设连墙件加固。

当脚手架拆至下部最后一根长立杆的高度（约6.5m）时，应先在适当位置搭设临时抛撑加固后，再拆除连墙件。当单、双排脚手架采取分段、分立面拆除时，对不拆除的脚手架两端，应按规范规定设置连墙件和横向斜撑加固。

架体拆除作业应设专人指挥，当有多人同时操作时，应明确分工、统一行动，且应具有足够的操作面。

卸料时各构配件严禁抛掷至地面。运至地面的构配件应按规范的规定及时检查、整修与保养，并应按品种、规格分别存放。

4.2.3 检查与验收

1. 构配件检查与验收

新钢管应有产品质量合格证、质量检验报告，钢管材质检验方法应符合现行国家标准《金属材料室温试验方法》GB/T 228的有关规定，其质量应符合相关规定。钢管表面应平直光滑，不应有裂缝、结疤、分层、错位、硬弯、毛刺、压痕和深的划道，钢管外径、壁厚、端面等的偏差，应分别符合规定，钢管应涂有防锈漆。

旧钢管表面锈蚀深度应符合相关规定。锈蚀检查应每年一次。检查时，应在锈蚀严重的钢管中抽取三根，在每根锈蚀严重的部位横向截断取样检查，当锈蚀深度超过规定值时不得使用。

钢管弯曲变形应符合相关规范规定。

扣件应有生产许可证、法定检测单位的测试报告和产品质量合格证。当对扣件质量有怀疑时，应按现行国家标准《钢管脚手架扣件》GB 15831的规定抽样检测。

新、旧扣件均应进行防锈处理。扣件的技术要求应符合现行国家标准《钢管脚手架扣件》GB 15831的相关规定。扣件进入施工现场应检查产品合格证，并应进行抽样复试，技术性能应符合现行国家标准《钢管脚手架扣件》GB 15831的规定。扣件在使用前应逐个挑选，有裂缝、变形、螺栓出现滑丝的严禁使用。

新冲压钢脚手板应有产品质量合格证。新、旧脚手板均应涂防锈漆，尺寸偏差应符合规范规定，且不得有裂纹、开焊与硬弯，表面应有防滑措施。

木脚手板宽度、厚度允许偏差应符合现行国家标准《木结构工程施工质量验收规范》GB 50206的规定，不得使用扭曲变形、劈裂、腐朽的脚手板。

竹笆脚手板、竹串片脚手板的材料应符合规范规定。

悬挑脚手架用型钢的质量应符合模板安全技术规范的规定，尚应符合现行国家标准《钢结构工程施工质量验收规范》GB 50205的有关规定。

可调托撑应有产品质量合格证、质量检验报告，可调托撑支托板厚不应小于5mm，变形不应大于1mm，严禁使用有裂缝的支托板、螺母。

构配件的允许偏差应符合表4-6的规定。

2. 脚手架检查与验收

1）脚手架及其地基基础应在下列阶段进行检查与验收：

表 4-6 构配件的允许偏差

序号	项　目	允许偏差 Δ/mm	示　意　图	检查工具
1	焊接钢管尺寸/mm 外径 48.3 壁厚 3.6	±0.5 ±0.36		游标卡尺
2	钢管两端面切斜偏差	1.7		塞尺、拐角尺
3	钢管外表面锈蚀深度	≤0.18		游标卡尺
4	钢管弯曲 ①各种杆件钢管的端部弯曲 l≤1.5m	≤5		钢板尺
	②立杆钢管弯曲 3m<l≤4m 4m<l≤6.5m	≤12 ≤20		
	③水平杆、斜杆的钢管弯曲 l≤6.5m	≤30		
5	冲压钢脚手板 ①板面挠曲 l≤4m l>4m	≤12 ≤16		钢板尺
	②板面扭曲（任一角翘起）	≤5		
6	可调托撑支托变形	1.0		钢板尺、塞尺

① 基础完工后及脚手架搭设前。

② 作业层上施加荷载前。

③ 每搭设完 6~8m 高度后。

④ 达到设计高度后。

⑤ 遇有六级强风及以上风或大雨后，冻结地区解冻后。

⑥ 停用超过一个月。

2）应根据下列技术文件进行脚手架检查、验收：

① 规范规定。

② 专项施工方案及变更文件。

③ 技术交底文件。

④ 构配件质量检查表。

3）脚手架使用中，应定期检查下列要求内容：

① 杆件的设置和连接，连墙件、支撑、门洞桁架等的构造应符合模板安全技术规范的有关规定和专项施工方案要求。

② 地基应无积水，底座应无松动，立杆应无悬空。

③ 扣件螺栓应无松动。

④ 高度在 24m 以上的双排、满堂脚手架，其立杆的沉降与垂直度的偏差应符合模板安全技术规范的有关规定；高度在 20m 以上的满堂支撑架，其立杆的沉降与垂直度的偏差应符合规范规定。

4）安全防护措施应符合规范要求，应无超载使用。

5）脚手架搭设的技术要求、允许偏差与检验方法，应符合表 4-7 的规定。

表 4-7　脚手架搭设的技术要求、允许偏差与检验方法

项次	项　目		技术要求	允许偏差 Δ /mm	示　意　图	检查方法与工具
1	地基基础	表面	坚实平整			观察
		排水	不积水			
		垫板	不晃动			
		底座	不滑动			
			不沉降	−10		
2	单、双排与满堂脚手架立杆垂直度	最后验收立杆垂直度（20~50m）	—	±100		用经纬仪或吊线和卷尺

下列脚手架允许水平偏差/mm			
搭设中检查偏差的高度/m	总高度		
	50m	40m	20m
$H=2$	±7	±7	±7
$H=10$	±20	±25	±50
$H=20$	±40	±50	±100
$H=30$	±60	±75	
$H=40$	±80	±100	
$H=50$	±100		
中间档次用插入法			

（续）

项次	项 目		技术要求	允许偏差 Δ /mm	示 意 图	检查方法与工具
3	满堂支撑架立杆垂直度	最后验收垂直度 30m	—	±90		用经纬仪或吊线和卷尺
		下列满堂支撑架允许水平偏差/mm				
		搭设中检查偏差的高度 /m	总高度 30m			
		$H=2$	±7			
		$H=10$	±30			
		$H=20$	±60			
		$H=30$	±90			
		中间档次用插入法				
4	单双排、满堂脚手架间距	步距	—	±20		钢板尺
		纵距	—	±50		
		横距	—	±20		
5	满堂支撑架间距	步距	—	±20		钢板尺
		纵距	—	±30		
		横距	—			
6	纵向水平杆高差	一根杆的两端		±20		水平仪或水平尺
		同跨内两根纵向水平杆高差		±10		
7	剪刀撑斜杆与地面的倾角	45°~60°				角尺
8	脚手板外伸长度	对接	$a=130\sim150\text{mm}$ $l\leqslant300\text{mm}$			卷尺
		搭接	$a\geqslant100\text{mm}$ $l\geqslant200\text{mm}$			卷尺

（续）

项次	项目		技术要求	允许偏差 Δ /mm	示　意　图	检查方法 与工具
9	扣件安装	主节点处各扣件中心点相互距离	$a \leqslant 500mm$			钢板尺
		同步立杆上两个相隔对接扣件的高差				钢卷尺
		立杆上的对接扣件至主节点的距离	$a \leqslant h/3$			
		纵向水平杆上的对接扣件至主节点的距离	$a \leqslant l_a/3$			钢卷尺
		扣件螺栓拧紧扭力矩	$40 \sim 65N \cdot m$			扭力扳手

注：图中 1—立杆；2—纵向水平杆；3—横向水平杆；4—剪刀撑。

6）安装后的扣件螺栓拧紧扭力矩应采用扭力扳手检查，抽样方法应按随机分布原则进行。抽样检查数目与质量判定标准，应按表 4-8 的规定确定。不合格的必须重新拧紧至合格。

表 4-8　扣件拧紧抽样检查数目与质量判定标准

项次	检查项目	安装扣件数量/个	抽查数量/个	允许的不合格数量/个
1	连接立杆与纵（横）向水平杆或剪刀撑的扣件；接长立杆、纵向水平杆或剪刀撑的扣件	51~90	5	0
		11~150	8	1
		151~280	13	1
		281~500	20	2
		501~1200	32	3
		1201~3200	50	5
2	连接横向水平杆与纵向水平杆的扣件（非主节点处）	51~90	5	1
		11~150	8	2
		151~280	13	3
		281~500	20	5
		501~1200	32	7
		1201~3200	50	10

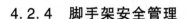

4.2.4 脚手架安全管理

扣件钢管脚手架安装与拆除人员必须是经考核合格的专业架子工,架子工应持证上岗。搭拆脚手架人员必须戴安全帽、系安全带、穿防滑鞋。

脚手架的构配件质量与搭设质量,应按规范规定进行检查验收,并应确认合格后使用。钢管上严禁打孔。

作业层上的施工荷载应符合设计要求,不得超载。不得将模板支架、缆风绳、泵送混凝土和砂浆的输送管等固定在架体上;严禁悬挂起重设备,严禁拆除或移动架体上安全防护设施。

满堂支撑架在使用过程中,应设有专人监护施工,当出现异常情况时,应停止施工,并应迅速撤离作业面上人员。应在采取确保安全的措施后,查明原因、做出判断和处理。

当有六级强风及以上风、浓雾、雨或雪天气时应停止脚手架搭设与拆除作业。雨、雪后上架作业应有防滑措施,并应扫除积雪。夜间不宜进行脚手架搭设与拆除作业。

脚手架的安全检查与维护,应按规范规定进行。

脚手板应铺设牢靠、严实,并应用安全网双层兜底。施工层以下每隔 10m 应用安全网封闭。

单、双排脚手架、悬挑式脚手架沿墙体外围应用密目式安全网全封闭,密目式安全网宜设置在脚手架外立杆的内侧,并应与架体绑扎牢固。

在脚手架使用期间,严禁拆除主节点处的纵、横向水平杆,纵、横向扫地杆以及连墙件。

当在脚手架使用过程中开挖脚手架基础下的设备或管沟时,必须对脚手架采取加固措施。

满堂脚手架与满堂支撑架在安装过程中,应采取防倾覆的临时固定措施。

临街搭设脚手架时,外侧应有防止坠物伤人的防护措施。

在脚手架上进行电、气焊作业时,应有防火措施和专人看守。工地临时用电线路的架设及脚手架接地、避雷措施等详见本教材第 5 章。

搭拆脚手架时,地面应设围栏和警戒标志,并应派专人看守,严禁非操作人员入内。

4.3 安全防护

4.3.1 基坑防护

基坑防护是基础施工期间地面以下作业和坑边的防护工作,编制安全技术措施时,应根据现场情况有针对性地考虑人员上、下基坑及坑边防护,基坑防护的要求是:

1) 深度超过 2m 的基坑施工,其临边应设置防止人及物体滚落基坑的措施并设警示标志,必要时应配专人监护。

2) 基坑周边搭设的防护栏,其杆件的规格、栏杆的连接、搭设方式等必须符合《建筑施工高处作业安全技术规范》JGJ 80—2016 的规定。

3) 应根据施工设计设置供基坑交叉作业和施工人员上、下的专用梯子和安全通道,不得攀登固壁支撑上下。

4）夜间施工时，施工现场应根据工程实际情况安设照明设施，在危险地段应设置红灯警示。

5）基坑内作业、攀登作业及悬空作业均应有安全的立足点和防护设施。

4.3.2　临边作业防护

在建筑工程施工中，施工人员大部分时间处在未完成建筑物的各层、各部位或构件的边缘或洞口处作业。临边与洞口处是施工过程中人员、物料极易发生坠落事故的场所，施工现场内无围护设施或围护设施高度低于 0.8m 的楼层周边、楼梯侧边、平台或阳台边、屋面周边和沟、坑、槽、深基础周边（简称"五临边"）等危及人身安全的边沿不得缺少安全防护设施。

1. 防护栏的设置场合

1）尚未安装栏板的阳台、料台与各种平台周边、雨篷与挑檐边、无外脚手架的屋面和楼层边，以及水箱周边。

2）分层施工的楼梯口和楼段边，必须设防护栏杆；顶层楼梯口应随工程结构的进度安装正式栏杆或临时栏杆；楼梯休息平台上尚未堵砌的洞口边也应设防护栏杆。

3）井架与施工用的电梯、脚手架与建筑物通道的两边、各种垂直运输接料平台等，除两侧设置防护栏杆外，平台口还应设置安全门或活动防护栏杆；地面通道上部应装设安全防护棚。双笼井架通道中间，应分隔封闭。

4）栏杆的横杆不应有悬臂，以免坠落时横杆头撞击伤人。

2. 防护栏杆设置要求

临边防护用的栏杆是由栏杆立柱和上、下两道横杆组成，上横杆称为扶手。栏杆的材料应按规范、标准的要求选择，选材时除需要满足力学条件外，其规格尺寸和连接方式还应符合构造上的要求，坚固而不动摇，能够承受突然冲击，防止人员在可能状态下的下跌和物料的坠落，有一定的耐久性。

搭设临边防护栏杆时，上杆离地高度为 1.0~1.2m，下杆离地高度为 0.5~0.6m；坡度大于 1:2.2 的屋面，防护栏杆应高于 1.5m，并加挂安全立网。除经设计计算外，横杆长度大于 2m 时，必须加设栏杆立柱。栏杆立柱的固定及其与横杆的连接，其整体构造应使防护栏杆上杆的任何部位能经受任何方向的 1000N 外力。当栏杆所处位置有发生人群拥挤、车辆冲击或物件碰撞的可能时，应加大横杆截面或加密柱距。防护栏杆必须自上而下用安全立网封闭。

栏杆立柱的固定应符合下列要求：

1）在基坑四周固定时，可采用钢管并打入地面 50~70cm 深，钢管与边口的距离不应小于 50cm，当基坑周边采用板桩时，钢管可打在板桩外侧。

2）在混凝土楼面、屋面或墙面固定时，可用预埋件与钢管或钢筋焊牢。采用竹、木栏杆时，可在预埋件上焊接 30cm 长的 50×5mm 角钢，其上、下各钻一孔，用 10mm 螺栓与竹、木杆件拴牢。

3）在砖或砌块等砌体上固定时，可预先砌入规格相应的 80mm×6mm 弯转扁钢作预埋件的混凝土块，然后用上下方法固定。

4.3.3 洞口作业防护

在建工程施工现场往往存在着各式各样的洞口，在洞口旁的作业称为洞口作业。在水平的楼面、屋面、平台等上面，短边尺寸小于25cm、大于2.5cm的称为孔，短边尺寸等于或大于25cm的称为洞。在垂直于楼面、地面的垂直面上，高度小于75cm的称为孔，高度等于或大于75cm、宽度大于45cm的均称为洞。凡深度在2m及2m以上的柱孔、人孔、沟槽与管道等孔洞边沿上的高处作业都属于洞口作业范围。在建筑工程中，对于预留洞口、电梯井口、通道口、楼梯口（简称"四口"）等进行洞口作业以及在因工程和工序需要而产生的使人与物体有坠落危险和有人身安全危险的其他洞口进行高处作业时，必须设置防护设施。

1. 防护栏杆的设置场合

1）各种板与墙的洞口，按其大小和性质分别设置牢固的盖板、防护栏杆、安全网或其他防坠落的防护设施。

2）电梯井口，根据具体情况设防护栏或固定栅门与工具式栅门。电梯井内每隔两层或最多10m设一道安全平网，也可以按当地习惯在井口设固定的格栅或采用砌筑坚实的矮墙等措施。

3）钢管桩、钻孔柱等柱孔口，柱基、条基等上口，未填土的坑、槽口，以及天窗和化粪池等处，都要作为洞口采取符合相关规范的防护措施。

4）施工现场与场地通道附近的各类洞口、深度在2m以上的敞口等处，除设置防护设施与安全标志外，夜间还应设红灯示警。

5）物料提升机上料口应装设有连锁装置的安全门，同时，采用断绳保护装置或安全停靠装置；通道口走道板应平行于建筑物满铺并固定牢靠，两侧边应设置符合要求的防护栏杆和挡脚板，并用密目式安全网封闭。

2. 洞口安全防护措施要求

洞口作业时，要根据具体情况采取设置防护栏杆、加盖板、张挂安全网与装栅门等措施。

1）楼板面的洞口，可用竹、木等作盖板，盖板需保证四周搁置均衡，并有固定其位置的措施。

2）短边长50~150cm的洞口，必须设置以扣件扣接钢管而成的网格，并在其上满铺竹笆或脚手板；也可采用贯穿于混凝土板内的钢筋构成防护网，钢筋网格间距不得大于20cm。

3）边长在150cm以上的洞口，四周设防护栏杆，洞口下张设安全平网。

4）墙面等处的竖向洞口，凡落地的洞口应加装开关式、工具式或固定式的防护门，门栅网格的间距不应大于15cm，也可采用防护栏杆，下设挡脚板（笆）。

5）下边沿至楼板或底面低于80cm的窗台等竖向的洞口，如侧边落差大于2m，则应加设1.2m高的临时护栏。

4.3.4 垂直防坠防护

随着城镇建设的发展，新建和改造项目增多，使建筑物的密集程度增加，建筑施工场地越来越小，有时与周边居民或行人共用通道，高处作业对所建建（构）筑物下方的作业人员和过路人员的安全产生直接威胁，还有在下方有高压线路、房屋等情形存在。在编制施工组织设计时，应针对环境要求做相应的硬防护设施，防止上方施工坠物对下方人员和设施带来不安全的影响。硬防护设施，应根据下方的保护范围大小确定其宽度；应经过必要的计算，设计其骨架的组合和悬吊绳（杆）的拉力；设在底层的硬防护棚架，应做成双层，两层之间不小于800mm，并应满铺50mm厚木板，用于遮挡作业人员和过路人员的场区通道，上方还应该增加防雨措施。对于高层建筑，还应在首层硬防护上方每隔4层增加一道水平防护，临近操作层的下一层必须有一道水平防护；需通过车辆的防护通道，高度必须在4.5m以上，并设置限高警示标志和不可停留标志。

建筑物一侧有道路时，也可搭设成门架式安全通道，即通道两侧为立杆支撑，通道上设两层顶盖，两层顶盖之间距离一般为800mm；与悬挂式硬防护的做法一样，靠建筑物一侧应设硬质隔离挡板，以免侧向掉物，造成对人员、车辆的安全损害。无论悬挂式硬防护还是门架式安全通道的上方边缘，均应设置高度不小于1.2m的防护栏杆并满挂安全网，栏杆下部应有高度不低于400mm的挡脚板。

4.3.5　高处作业安全技术

1. 高处作业的概念

按照国家标准规定："凡在坠落高度基准面2m以上（含2m）有可坠落的高处进行的作业称为高处作业。"其含义有两个：一是相对概念，可能坠落的地面高度大于或等于2m，也就是不论在单层、多层或高层建筑物作业，即使是在平地，只要作业处的侧面有可能导致人员坠落的坑、井、洞或空间，其高度达到2m及以上，都属于高处作业；二是高低差距标准定为2m，一般情况下，当人在2m以上的高度坠落时，就很可能会造成重伤、残疾甚至死亡，因此，高处作业须按规定进行安全防护。

高处作业安全管理

2. 高处作业安全防护措施

1）进行高处作业时，必须使用脚手架、平台、梯子、防护围栏、挡脚板、安全带和安全网等。作业前，应认真检查所用的安全设施是否牢固、可靠。

2）从事高处作业人员应接受高处作业安全知识的教育；特殊高处作业人员应持证上岗，上岗前应依据有关高度进行专门的安全技术交底。采用新工艺、新技术、新材料和新设备的，应按规定对作业人员进行相关安全技术教育。

3）高处作业人员应经过体检，合格后方可上岗。施工单位应为作业人员提供合格的安全帽、安全带等必备的个人安全防护用具，作业人员应按规定正确佩戴和使用。

4）施工单位应按类别有针对性地将各类安全警示标志悬挂于施工现场各相应部位，夜间应设红灯示警。

5）高处作业所用工具、材料等严禁投掷，上、下立体交叉作业确有需要时，中间须设隔离设施。

6）高处作业应设置可靠扶梯，作业人员应沿着扶梯上、下，不得沿着立杆与栏杆攀登。

7）雨雪天应采取防滑措施，当风速在10.8m/s以上和雷电、暴雨、大雾等气候条件下，不得进行露天高处作业。

8）高处作业的上、下应设置联系信号或通信装置，并指定专人负责。

9）高处作业前，工程项目部应组织有关部门对安全防护设施进行验收，经验收合格签字后方可作业。需要临时拆除或变动安全设施的，应经项目技术负责人审批签字，并组织有关部门验收，经验收合格签字后方可实施。

4.4　安全帽、安全带、安全网

建筑施工现场是高危险性的作业场所，所有进入施工现场人员必须戴安全帽，登高作业必须系安全带，安全防护必须按规定架设安全网。建筑工人称安全帽、安全带、安全网为救命"三宝"。目前，这三种防护用品都有产品标准，使用时也应选择符合建筑施工要求的产品。

4.4.1　安全帽

进入施工现场者必须佩戴安全帽，施工现场的安全帽应分色佩戴。要正确使用安全帽，不准使用缺衬及破损的安全帽。安全帽应符合国家标准《安全帽》（GB 2811—2007）规定。

4.4.2　安全带

1）建筑施工中的攀登作业、独立悬空作业，如搭设脚手架、吊装混凝土构件、钢构件及设备等都属于高处作业，操作人员都应系安全带。

2）安全带应选用符合标准要求的合格产品。

3）使用安全带时应注意以下几点：

① 安全带应高挂低用，挂在牢固可靠处，不准将绳打结使用，防止摆动和碰撞；安全带上的各种部件不得任意拆除。

② 安全带使用两年以后，使用单位应按购进批量的大小，选择一定比例的数量做一次抽检，用80kg的沙袋做自由落体试验，若未破断可继续使用，但抽检的样带应更换新的挂绳后才能使用；若试验不合格，购进的这批安全带则应报废。

③ 安全带外观有破损或发现有异味时，应立即更换。

④ 安全带使用3~5年即应报废。

4.4.3　安全网

目前，建筑工地所使用的安全网，按其形式及作用可分为平网和立网两种。由于这两种安全网在使用中的受力情况不同，因此它们的规格、尺寸和强度要求等也有所不同。平网是指其安装平面平行于水平面，主要用来承接人和物的坠落；立网，是指其安装平面垂直于水平面，主要用来阻止人和物的坠落。

1. 安全网的构造和材料

安全网的材料，要求其密度小、强度高、耐久性好、延伸率大和耐久性较强，另外应有一定的耐气候性能，受潮湿后其强度下降不太大。目前，安全网以化学纤维为主要材料，一张安全网上所有的网绳都要采用同一材料，所有材料的湿、干强力比不得低于75%。通常，多采用维纶和尼龙等合成化纤作网绳，丙纶性能不稳定，禁止使用。另外只要符合现行国家有关规定的要求，也可采用棉、麻、棕等植物材料做原料。不论用何种材料，每张安全平网的质量一般不宜超过 15kg，并应能承受 800N 的冲击力。

2. 密目式安全网

《建筑施工安全检查标准》（JGJ 59—2011）实施后，P-3×6 的大网眼的安全平网就只能在电梯井、外脚手架的跳板下方、脚手架与墙体间的空隙等处使用。

密目式安全网的目数为网上任意一处 10cm×10cm 的面积上大于 2000 目。目前，生产密目式安全网的厂家很多，品种也很多，产品质量参差不齐，为了保证使用合格的密目式安全网，施工单位采购来以后，可以做现场试验，除外观、尺寸、质量、目数等检查以外，还要做以下两项试验。

（1）贯穿试验　将 1.8m×6m 的安全网与地面呈 30°夹角放好，四边拉直固定。在网中心上方 3m 的地方，用一根直径 18mm×3.5mm 的 5kg 钢管自由落下。网不贯穿，即为合格；网贯穿，即为不合格。

（2）冲击试验　将密目式安全网水平放置，四边拉紧固定。在网中心上方 1.5m 处，用一个 100kg 的沙袋自由落下，网边撕裂的长度小于 200mm 即为合格。

用密目式安全网对在建工程外围及外脚手架的外侧全封闭，使得施工现场用大网眼的平网作水平防护的敞开式防护，用栏杆或小网眼立网作防护的半封闭式防护，实现了全封闭式防护。

3. 安全网防护

1）高处作业点下方必须设安全网。凡无外架防护的施工，必须在高度 4~6m 处设一层水平投影外挑且宽度不小于 6m 的固定的安全网，每隔 4 层楼再设一道固定的安全网，并同时设一道随墙体逐层上升的安全网。

2）施工现场应积极使用密目式安全网，架子外侧、楼层临边、井架等处用密目式安全网封闭栏杆，安全网放在栏杆里侧。

3）单层悬挑架一般只搭设一层脚手板为作业层，须在紧贴脚手板下部挂一道平网做防护层；当脚手板下挂平网有困难时，可沿外挑斜立杆的密目网里侧斜挂一道平网，作为防止人员坠落的防护层。

4）单层悬挑架包括防护栏杆及斜立杆部分，全部用密目网封严，多层悬挑架上搭设的脚手架，用密目网封严。

5）架体外侧用密目网封严。

6）安全网作防护层时，必须封挂严密、牢靠；水平防护时，必须采用平网，不准用立网代替平网。

7）安全网应绷紧、扎牢、拼接严密，不得使用破损的安全网。

8）安全网必须有产品生产许可证和质量合格证，不准使用无证和不合格产品。

思考题与习题

1. 脚手架投入使用时应注意哪些技术问题？
2. 脚手架拆除时应注意哪些方面的问题？
3. 脚手架搭设高度有哪些规定？
4. 高处作业的定义是什么？高处作业如何分类？
5. 何谓临边作业和洞口作业？它们的主要防护措施有哪些？

6. 试述安全"三宝"的使用要求。

职业活动训练

活动一　脚手架的验收

1. 分组要求：全班分 6~8 个组，每组 5~7 人。

2. 资料要求：选择某一工程基础、主体、装饰装修阶段脚手架工程施工方案。

3. 学习要求：学生在老师的指导下阅读脚手架施工方案，熟悉各类脚手架检查项目、检查内容及检查方法，并进行模拟检查验收。

4. 结果：检查验收表。

活动二　临边、洞口作业防护

1. 分组要求：全班分 6~8 个组，每 5~7 人。

2. 训练场景：选择某一在建项目的某一楼层。

3. 学习要求：学生在老师和工程技术人员的指导下对楼层的临边和洞口防护进行检查评分。

4. 成果：以小组为单位填写检查评分表。

第5章

临时用电安全技术

知识目标

1. 了解施工现场临时用电基本规定与安全管理原则。
2. 掌握施工现场安全用电常识、安全用电防护技术、施工现场的接地防雷要求。
3. 掌握施工现场线路、配电箱与配电开关、配电室及自备电源的安全管理要求。

能力目标

1. 能编制施工现场临时用电施工安全技术"方案"。
2. 能准确判断施工现场临时用电安全防护措施的合理性。
3. 能根据《施工现场临时用电安全技术规范》（JGJ 46—2005）要求，组织施工现场临时用电安全验收与评分。

重点与难点

1. 施工现场接地与防雷要求。
2. 施工现场线路、配电箱与配电开关、配电室及自备电源的安全管理要求。

为适应专业化施工及加快工程进度的要求，一个工程项目一般均有多个施工企业进入现场施工。工地现场通常存在着安全意识薄弱，人员素质良莠不齐，安全措施等不符合规范要求，各施工方之间协调不利等诸多不安全因素，而这些多是用电事故发生的"导火索"。因此，建筑工地必须根据施工现场的特点建立和完善临时用电管理责任制，确立施工现场临时用电为总承包单位负责制，进入施工现场的一切配电设备、用电设备（分配电箱、开关箱、手持电动工具、电焊机等）等必须经总承包单位检查合格方可进场使用。建立日常的安全用电分级检查机制，即总承包单位和分包单位的检查、现场电工的自查和管理人员的监督检查。

5.1 临时用电管理

5.1.1 临时用电组织设计

考虑到用电事故的发生概率与用电的设计、设备的数量、种类分布和负荷的大小有关，因此，施工现场临时用电设备数量在 5 台以下，或用电设备总容量在 50kW 以下时，应制订符合规范要求的安全用电和电气防火措施；施工用电设备数量在 5 台及以上，或用电设备总容量在 50kW 及以上时，应编制用电施工组织设计，并经企业技术负责人审核。应建立施工用电安全技术档案，定期经项目负责人检验签字，应定期对施工现场电工和用电人员进行安全用电教育培训和技术交底，施工用电应定期检测。

施工现场临时用电的组织设计，是保障安全用电的首要工作，主要内容包括用电设计的原则、配电设计、用电设施管理和批准，施工用电工程的施工、验收和检查等，安全技术档案的建立、管理和内容等视作用电设计的延伸。建筑施工现场临时用电工程专用的电源中性点直接接地的 220V/380V 三相四线制低压电力系统，必须符合下列规定：

（1）采用三级配电系统　一级配电设施应起到总切断、总保护、平衡用电设备相序和计量的作用，应配置具备熔断并起切断作用的总隔离开关；在隔离开关的下面应配置漏电保护装置，经过漏电保护后支开用电回路，也可在回路开关上加装漏电保护功能；根据用电设备容量，配置相应的互感器、电流表、电压表、电度计量表、零线接线排和地线接线排等。二级配电设施应起到分配电总切断的作用，应配置总隔离开关、各用电设备前端的二级回路开关、零线接线排和地线接线排等。三级配电设施起着施工用电系统末端控制的作用，也就是单台用电设备的总控制，即一机一闸控制，应配置隔离开关、漏电保护开关和接零、接地装置。

（2）采用 TN-S 接零保护系统　TN 系统是指电源系统有一直接接地点，负荷设备的外漏导电部分通过保护导体连此接地点的系统，即采取接零保护的系统，字母"T"和"N"分别表示配电网中性点直接接地和电气设备金属外壳接零。设备金属外壳与保护零线连接的方式称为保护接地。在这种系统中，当某一相线直接连接设备金属外壳时，即形成单相短路，短路电流促使线路上的短路保护装置迅速动作，在规定时间内将故障设备断开电源，消除电击危险。TN-S 系统是有专用保护零线（PE 线），即保护零线和工作零线（N 线）完全分开的系统。爆炸危险性较大和安全要求较高的的场所应采用 TN-S 系统。TN-S 系统的电源进线应为三相五线制。

（3）采用二级漏电保护系统　总配电漏电保护可以起到线路漏电保护与设备故障保护的作用；三级漏电保护可以直接断开单台故障设备的电源。

5.1.2 电工及用电人员

电工必须经过按国家现行标准考核合格后，持证上岗工作；其他用电人员必须通过相关安全教育培训和技术交底，考核合格后方可上岗工作。安装、巡检、维修或拆除临时用电设备和线路，必须由电工完成，并应有人监护。电工等级应同工程的难易程度和技术复杂性相适。各类用电人员应掌握安全用电基本知识和所用设备的性能，并应符合下列规定：

1）使用电气设备前必须按规定穿戴和配备好相应的劳动防护用品，并应检查电气装置和保护设施，严禁设备带"缺陷"运转。

2）保管和维修所用设备，发现问题及时报告解决。

3）暂时停用设备的开关箱必须分断电源隔离开关，并应关门上锁。

4）移动电气设备时，必须经电工切断电源并做妥善处理后进行。

5.1.3　安全技术档案

施工现场临时用电必须建立安全技术档案，并应包括下列内容：

1）用电组织设计的全部资料。

2）修改用电组织设计的资料。

3）用电技术交底资料。

4）用电工程检查验收表。

5）电气设备的试验、检验凭单和调试记录。

6）接地电阻、绝缘电阻和漏电保护器漏电动作参数测定记录表。

7）定期检（复）查表。

8）电工安装、巡检、维修、拆除工作记录。

安全技术档案应由主管该现场的电气技术人员负责建立与管理。其中"电工安装、巡检、维修、拆除工作记录"可指定电工代管，每周由项目经理审核认可，并应在临时用电工程拆除后统一归档。临时用电工程应定期检查。定期检查时，应复查接地电阻值和绝缘电阻值。临时用电工程定期检查应按分部（分项）工程进行，对安全隐患必须及时处理，并应履行复查验收手续。

5.2　临时用电设施及安全防护

5.2.1　外电线路防护

在建工程不得在外电架空线路正下方施工、搭设作业棚、建造生活设施或堆放构件、架具、材料及其他杂物等。在建工程（含脚手架）的周边与外电架空线路的边线之间的最小安全操作距离应符合表 5-1 规定。

表 5-1　在建工程（含脚手架）的周边与外电架空线路的边线之间的最小安全操作距离

外电线路电压等级/kV	小于 1	1~10	35~110	220	330~500
最小安全操作距离/m	4.0	6.0	8.0	10	15

注：上、下脚手架的斜道不宜设在有外线电路的一侧。

施工现场的机动车道与外电架空线路交叉时，架空线路的最低点与路面的最小垂直距离应符合表 5-2 的规定。

表 5-2　施工现场的机动车道与外电架空线路交叉时架空线路的最低点与路面的最小垂直距离

外电线路电压等级/kV	<1	1~10	35
最小垂直距离/m	6.0	7.0	7.0

起重机严禁越过无防护设施的外电架空线路作业。在外电架空线路附近吊装时，起重机的任何部位或被吊物边缘在最大偏斜时与架空线路边线的最小安全距离应符合表 5-3 规定。

表 5-3　起重机与架空线路边线的最小安全距离

安全距离/m	电压/kV						
	<1	10	35	110	220	330	500
沿垂直方向	1.5	3.0	4.0	5.0	6.0	7.0	8.5
沿水平方向	1.5	2.0	3.5	4.0	6.0	7.0	8.5

施工现场开挖，沟槽边缘与外电埋地电缆沟槽边缘之间的距离不得小于 0.5m。当达不到表 5-3 的规定时，必须采取绝缘隔离防护措施，并应悬挂醒目的警告标志。架设防护设施时，必须经有关部门批准，采用线路暂时停电或其他可靠的安全技术措施，并应有电气工程技术人员和专职安全人员监护。

防护设施与外电线路之间的安全距离不应小于表 5-4 所列数值。防护设施应坚固、稳定，且对外电线路的隔离防护达到 IP30 级。

表 5-4　防护设施与外电线路之间的安全距离

外电线路电压等级/kV	≤10	35	110	220	330	500
最小安全距离/m	1.7	2.0	2.5	40	50	60

当表 5-4 规定的防护措施无法实现时，必须与有关部门协商，采取停电、迁移外电线路或改变工程位置等措施，未采取上述措施的严禁施工。在外电架空线路附近开挖沟槽时，必须会同有关部门采取加固措施，防止外电架空线路电杆倾斜、悬倒。

电气设备现场周围不得存放易燃易爆物、污染源和腐蚀介质，否则应予清除或做防护处置，其防护等级必须与环境条件相适应。电气设备设置场所应能避免物体打击和机械损伤，否则应做防护处置。

5.2.2　配电线路

架空线路宜采用木杆或混凝土杆，混凝土杆不得露筋，不得有环向裂纹和扭曲；木杆不得腐朽，其梢径不得小于 130mm。架空线路必须采用绝缘铜线或铝线，且必须经横担和绝缘子架设在专用电杆上。架空导线截面面积应满足计算负荷、线路末端电压偏移（不大于 5%）和机械强度要求。严禁将架空线路架设在树木或脚手架上。架空线路相序排列应符合下列规定：在同一横担架设时，面向负荷侧，从左起为 L₁、N、L₂、L₃；与保护零线在同一横担架设时，面向负荷侧，从左起为 L₁、N、L₂、L₃、PE；动力线、照明线在两个横担架设时，面向负荷侧，上层横担从左起为 L₁、L₂、L₃，下横担从左起为 L₁、（L₂、L₃）、N、PE；架空敷设档距不应大于 35m，线间距离不应小于 0.3m。横担间最小垂直距离：高压与低压直线杆为 1.2m，分支或转角杆为 1.0m；低压与低压直线杆为 0.6m，分支或转角杆为 0.3m。

架空线敷设高度应满足下列要求：距施工现场地面不小于 4m；距机动车道不小于 6m；距铁路轨道不小于 7.5m；距暂设工程和地面堆放物顶端不小于 2.5m；距交叉电力线路 0.4kV 线路不小于 1.2m，10kV 线路不小于 2.5m。

施工用电电缆线路应采用埋地或架空敷设，不得沿地面明设；埋地敷设深度不应小于 0.6m，并应在电缆上下各均匀铺设不少于 50mm 的细砂后再铺设砖等硬质保护层；电缆线路穿越建筑物、道路等易受损伤的场所时，应另加防护套管；架空敷设时，应沿墙或电杆做绝缘固定，电缆最大弧垂处距地面不得小于 2.5m。在建工程内的电缆线路应采用电缆埋地穿管引入，沿工程竖井、垂直孔洞等逐层固定，电缆水平敷设高度不应小于 1.8m。照明线路的每一个单项回路上，灯具和插座数量不宜超过 25 个，并应装设熔断电流为 15A 及以下的熔断保护器。

5.2.3　接地与防雷

人身触电事故一般分为两种情况：一是人体直接触及或过分靠近电气设备的带电部分（搭设防护遮栏、栅栏等属于防止直接触电的安全技术措施）；二是人体碰触平时不带电，因绝缘损坏而带电的金属外壳或金属架构。针对这两种人身触电情况，必须从电气设备本身采取措施和从工作中采取妥善的保证人身安全的技术措施和组织措施。

1. 保护接地和保护接零

电气设备的保护接地和保护接零是防止人身触电及绝缘损坏的电气设备所引起的触电事故而采取的技术措施。接地和接零保护方式是否合理，关系到人身安全，影响到供电系统的正常运行。因此，正确地运用接地和接零保护是电气安全技术中的重要内容。

接地，通常是用接地体与土壤接触来实现的，是将金属导体或导体系统埋入土中构成的一个接地体。工程上，接地体除专门埋设外，有时还利用兼作接地体的已有各种金属构件、金属井管，钢筋混凝土建（构）筑物的基础、非燃物质用的金属管道和设备等，这种接地称为自然接地体，如电气设备上的接地螺栓，机械设备的金属架构，以及在正常情况下不载流的金属导线等称为接地线。接地体与接地线的总和称为接地装置。

（1）工作接地　在电气系统中，因运行需要的接地（如三相供电系统中电源中性点的接地）称为工作接地。在工作接地的情况下，大地被作为一根导线，而且能够稳定设备导电部分对地电压。

（2）保护接地　在电力系统中，因漏电保护需要，将电气设备正常情况下不带电的金属外壳和机械设备的金属构件（架）接地，称为保护接地。

（3）重复接地　在中性点直接接地的电力系统中，为了保证接地的作用和效果，除在中性点处直接接地外，在中性线上的一处或多处再接地，称为重复接地。

（4）防雷接地　防雷装置（避雷针、避雷器、避雷线等）的接地，称为防雷接地。防雷接地设置的主要作用是雷击防雷装置时，将雷击电流泄入大地。

2. 施工用电基本保护系统

施工用电应采用中性点直接接地的 380V/220V 三相五线制低压电力系统，其保护方式应符合下列规定：施工现场由专用变压器供电时，应将变压器低压侧中性点直接接地，并采用 TN-S 接零保护系统（图 5-1）。施工现场由

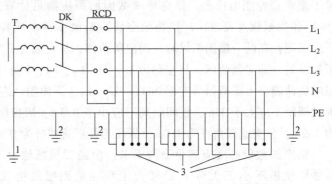

图 5-1　专用变压器供电时 TN-S 接零保护示意图

1—工作接地　2—PE 线重复接地　3—电气设备金属外壳（正常不带电的外露可导电部分）　L₁、L₂、L₃—相线　N—工作零线　PE—保护零线　DK—总电源隔离开关　RCD—总漏电保护器（兼有短路、过载、漏电保护功能的漏电断路器）　T—变压器

专用发电机供电时，必须将发电机的中性点直接接地，并采用 TN-S 接零保护系统，且应独立设置。当施工现场直接由市电（电力部门变压器）等非专用变压器供电时，其基本接地、接零方式应与原有市电供电系统保持一致。在同一供电系统中不得一部分设备做保护接零，另一部分设备做保护接地。

在供电端为三相五线供电的接零保护（TN）系统中，应将进户处的中性线（N 线）重复接地，并同时由接地点另引出保护零线（PE 线），形成局部 TN-S 接零保护系统（图 5-2）。

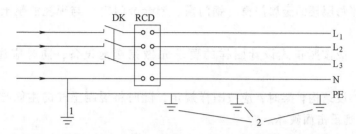

图 5-2　三相五线供电时局部 TN-S 接零保护零线引出示意图

1—NPE 线重复接地　2—PE 线重复接地

3. 施工用电保护接零与重复接地

在接零保护系统中，电气设备的金属外壳必须与保护零线（PE 线）连接。保护零线应符合下列规定：保护零线应自专用变压器、发电机中性点处，或配电室、总配电箱进线处的中性线（N 线）上引出；保护零线的统一标志为绿—黄双色绝缘导线，任何情况下不得使用绿—黄双色线作负荷线；保护零线（PE 线）必须与工作零线（N 线）相隔离，严禁保护零线与工作零线混接、混用；保护零线上不得装设控制开关或熔断器；保护零线的截面面积不应小于对应工作零线截面面积；与电气设备相连接的保护零线应采用截面面积不小于 $2.5mm^2$ 的多股绝缘铜线。保护零线的重复接地点不得少于三处，应分别设置在配电室或总配电箱处，以及配电线路的中间处和末端处。

4. 施工用电接地电阻

接地电阻包括接地线电阻、接地体本身的电阻及流散电阻。由于接地线和接地体本身的电阻很小（因导线较短，接地良好），可忽略不计，因此，一般认为接地电阻就是散流电阻，它的数值等于对地电压与接地电流之比。接地电阻分为冲击接地电阻、直接接地电阻和工频接地电阻，在用电设备保护中一般采用工频接地电阻。

电力变压器或发电机的工作接地电阻值不应大于 4Ω。在 TN 接零保护系统中，重复接地应与保护零线连接，每处重复接地电阻值不应大于 10Ω。

5. 施工现场的防雷保护

多层与高层建筑施工应充分重视防雷保护。多层与高层建筑施工时，其四周的起重机、门式架、井字架、脚手架等凸出建筑物很多，材料堆积也较多，万一遭受雷击，不但对施工人员造成生命危险，而且容易引起火灾，造成严重事故。

多层与高层建筑施工期间，应注意采取以下防雷措施：

1）建筑物四周、起重机的最上端必须装设避雷针，并应将起重机钢架连接于接地装置上，接地装置应尽可能利用永久性接地系统。如果是水平移动的塔式起重机，其地下钢轨必须可靠地接到接地系统上。起重机上装设的避雷针，应能保护整个起重机及其电力设备。

2）沿建筑物四角和四边竖起的木、竹架子上，做数根避雷针并接到接地系统上，针长最小应高出木、竹架子 3.5m，避雷针之间的间距以 24m 为宜。对于钢脚手架，应注意连接可靠并要可靠接地。如施工阶段的建筑物当中有凸出高点，应如上述加装避雷针。雨期施工时，应随脚手架的接高加高避雷针。

3）建筑工地的井字架、门式架等垂直运输架上，应将一侧的中间立杆接高，高出顶墙 2m，作为避雷器，并在该立杆下端设置接地线，同时应将卷扬机的金属外壳可靠接地。

4）应随时将每层楼的金属门窗（钢门窗、铝合金门窗）与现浇混凝土框架（剪力墙）的主筋可靠连接。

5）施工时，应按照正式设计图样的要求先做完接地设备，同时应注意跨步电压的问题。

6）在开始架设结构骨架时，应按图样规定，随时将混凝土柱的主筋与接地装置连接，以防施工期间遭到雷击而破坏。

7）随时将金属管道、电缆外皮在进入建筑物的进口处与接地设备连接，并应把电气设备的钢架及外壳连接在接地系统上。

8）防雷装置的避雷针可采用 $\phi20$ 钢筋，长度应为 $1 \sim 2m$；当利用金属构架做引下线时，应保证构架之间的电气连接；防雷装置的冲击接地电阻值不得大于 30Ω。

5.2.4　配电箱及开关箱

1. 配电箱及开关箱

施工现场应设总配电箱（或配电室），总配电箱以下设分配电箱，分配电箱以下设开关箱，开关箱以下是用电设备。施工用电配电箱、开关箱中应装设电源隔离开关、短路保护器、过载保护器，其额定值和动作整定值应与其负荷相适应。总配电箱、开关箱中还应装设漏电保护器。施工用电动力配电与照明配电宜分箱设置，当合置在同一箱内时，动力配电与照明配电应分路设置。施工用电配电箱、开关箱应采用钢板（厚度为 1.2~2.0mm）或阻燃绝缘材料制作，不得使用木质配电箱、木质开关箱及木质电器安装板。施工用电配电箱、开关箱应装设在干燥、通风、无外来物体撞击的地方，其周围应有足够两人同时工作的空间和通道。施工用电移动式配电箱、开关箱应装设在坚固的支架上，严禁在地面上拖拉。施工用电开关箱应实行"一机一闸"制，不得设置分路开关。开关箱中必须设漏电保护器，实行"一漏一箱"制。

施工用电漏电保护器的额定漏电动作参数选择应符合下列规定：开关箱（末级）内的漏电保护器，其额定漏电动作电流不应大于 30mA，额定漏电动作时间不应大于 0.1s；使用于潮湿场所时，其额定漏电动作电流不应大于 15mA，额定漏电动作时间不应大于 0.1s。总配电箱内的漏电保护器，其额定漏电动作电流应大于 30mA，额定漏电动作时间应大于 0.1s，但其额定漏电动作电流 I 与额定漏电动作时间 t 的乘积不应大于 30mA·s，即 $It \leqslant 30mA \cdot s$。

加强对配电箱、开关箱的管理，防止误操作造成危害；所有配电箱、开关箱应在其箱门处标注编号、名称、用途和分路情况。

2. 电器装置与变配电装置

闸具、熔断器参数应与设备容量匹配。手动开关电器只允许用于直接控制照明电路和容量不大于 5.5kW 的动力电路，容量大于 5.5kW 的动力电路应采用自动开关电器或降压启动装置控制。各种开关的额定值应与其控制用电设备的额定值相适应。更换熔断器的熔体时，严禁使用不符合原规格的熔体代替。配电室应靠近电源，并应设在无灰尘、无蒸汽、无腐蚀介质及无振动的地方。成列的配电屏（盘）和控制屏（台）两端应与重复接地线及保护零线进行电气连接。配电室和控制室应能自然通风，并应采取防止雨雪侵入和动物出入的措施。配电室应符合下列要求：

1）配电屏（盘）正面的操作通道宽度，单列布置不小于 1.5m，双列布置不小于 2.0m。

2）配电屏（盘）后的维护通道宽度不小于 0.8m（个别地点有建筑物结构凸出的部分，则此点通道的宽度不小于 0.6m）。

3）配电屏（盘）侧面的维护通道宽度不小于 1m。

4）配电室的顶棚距地面不低于 3m。

5）在配电室内设值班室或检修室，该室距配电屏（盘）的水平距离应大于 1m，并采取屏蔽隔离，配电室的门应向外开，并配锁。

6）配电室内的裸母线与地面垂直距离小于 2.5m 时，采用遮栏隔离，遮栏下面通行道的高度不小于 1.9m，配电室的围栏上端与垂直上方带电部分的净距不小于 0.75m，配电装置的上端距顶棚不小于 0.5m。

7）母线均应涂刷有色油漆，涂色应符合《施工现场临时用电安全技术规范》中母线涂色的规定。

配电室的建筑物和构筑物的耐火等级应不低于 3 级，室内应配置沙箱和绝缘灭火器；配电屏（盘）应装设有功、无功电度表，并应分路装设电流、电压表；电流表与计费电度表不得共用一组电流互感器；配电屏（盘）应装设短路、过负荷保护装置和漏电保护器；配电屏（盘）上的各配电线路应编号，并标明用途标记；配电屏（盘）或配电线路维修时，应悬挂停电标志牌。停电、送电必须由专人负责。

8）电压为 400V/230V 的自备发电机组及其控制室、配电室、修理室等，在保证电气安全距离和满足防火要求的情况下可合并设置。发电机组的排烟管道必须伸出室外。发电机组及其控制室、配电室内严禁存放储油桶，发电机组电源应与外电线路电源连锁，严禁并列运行。发电机组应采用三相四线制中性点直接接地系统，并须独立设置，其接地电阻不得大于 4Ω。

3. 配电室及自备电源

（1）配电室 配电室应靠近电源，并应设在灰尘少、潮气少、振动小、无腐蚀介质、无易燃易爆物及道路畅通的地方。成列的配电柜和控制柜两端应与重复接地线及保护零线做电气连接，配电室和控制室应能自然通风，并应采取防止雨雪侵入和动物进入的措施，配电室布置应符合下列要求：

1）配电柜正面的操作通道宽度，单列布置或双列背对背布置不小于 1.5m，双列面对面布置不小于 2m。

2）配电柜后面的维护通道宽度，单列布置或双列面对面布置不小于 0.8m，双列背对背布置不小于 1.5m，个别地点有建筑物结构凸出的地方，则此点通道宽度可减少 0.2m。

3）配电柜侧面的维护通道宽度不小于 1m，配电室的顶棚与地面的距离不低于 3m。

4）配电室内设置值班室或检修室时，该室边缘距配电柜的水平距离大于 1m，并采取屏障隔离。

5）配电室内的裸母线与地面垂直距离小于 2.5m 时，采用遮栏隔离，遮栏下面通道的高度不小于 1.9m。

6）配电室围栏上端与其正上方带电部分的净距不小于 0.075m，配电装置的上端距顶棚不小于 0.5m。

7）配电室内的母线涂刷有色油漆，以标志相序；以柜正面方向为基准，其涂色符合表 5-5 的规定。

表 5-5　母线涂色

相别	颜色	垂直排列	水平排列	引下排列
L_1(A)	黄	上	后	左
L_2(B)	绿	中	中	中
L_3(C)	红	下	前	右
N	淡蓝	—	—	—

8）配电室的建筑物和构筑物的耐火等级不低于 3 级，室内配置沙箱和可用于扑灭电气火灾的灭火器，配电室的门应向外开，并配锁。

9）配电室的照明分别设置正常照明和事故照明。

配电柜应装设电度表，并应装设电流、电压表。电流表与计费电度表不得共用一组电流互感器，配电柜应装设电源隔离开关及短路、过载、漏电保护电器。电源隔离开关分断时应有明显分断点，配电柜应编号，并应有用途标记。配电柜或配电线路停电维修时，应挂接地线，并应悬挂"禁止合闸、有人工作"标志牌。停送电必须由专人负责。配电室应保持整洁，不得堆放任何妨碍操作、维修的杂物。

（2）自备发电机组　发电机组及其控制、配电、修理室等可分开设置；在保证电气安全距离和满足防火要求情况下可合并设置。发电机组的排烟管道必须伸出室外，发电机组及其控制室、配电室内必须配置可用于扑灭电气火灾的灭火器，严禁存放储油桶。发电机组电源必须与外电线路电源连锁，严禁并列运行。发电机组应采用电源中性点直接接地的三相四线制供电系统和独立设置 TN-S 接零保护系统，其工作接地电阻值应符合模板安全技术规范要求。发电机控制屏宜装设下列仪表：交流电压表、交流电流表、有功功率表、电度表、功率因数表、频率表、直流电流表。

发电机供电系统应设置电源隔离开关及短路、过载、漏电保护电器。电源隔离开关分断时应有明显可见分断点。发电机组并列运行时，必须装设同期装置，并在机组同步运行后再向负载供电。

5.2.5　安全用电知识与现场照明

1. 安全用电

进入施工现场时，不要接触电线、供配电线路以及工地外围的供电

触电现场急救知识

线路；遇到地面有电线或电缆时，不要用脚踩踏，以免意外触电。看到"当心触电""禁止合闸""止步，高压危险"标志牌时，要特别留意，以免触电。不要擅自触摸、乱动各种配电箱、开关箱，电气设备等，以免发生触电事故。不能用潮湿的手去扳开关或触摸电气设备的金属外壳。衣物或其他杂物不能挂在电线上。施工现场的生活照明应尽量使用荧光灯。使用灯泡时，不能紧挨着衣物、蚊帐、纸张、木屑等易燃物品，以免发生火灾。施工中使用手持行灯时，要用36V以下的安全电压。使用电动工具前要检查工具外壳、导线绝缘皮等，如有破损应立即请专职电工检修。电动工具的电源线不够长时，要使用电源拖板，使用振捣器、打夯机时，不要拖拽电缆，要有专人收放。操作者要戴绝缘手套、穿绝缘靴等防护用品。

使用电焊机时要先检查拖把线的绝缘情况，电焊时要戴绝缘手套、穿绝缘等防护用品，不要直接用手去碰触正在焊接的工件。使用电锯等电动机械时，要有防护装置，电动机械的电缆不能随地拖放，如果无法架空只能放在地面时，要加盖板保护，防止电缆受到外界的损伤。

开关箱周围不能堆放杂物。拉合刀开关时，旁边要有人监护。收工后，要锁好开关箱，使用电器时，如遇跳闸或熔丝熔断时，不要自行更换或合闸，要由专职电工进行检修。

2. 现场照明

单项回路的照明开关箱内必须装设漏电保护器，照明灯具的金属外壳必须做保护接零。施工照明的室外灯具距地面不得低于3m，室内灯具距地面不得低于2.4m。一般场所，照明电压应为220V。隧道，人防工程，高温、有导电粉尘和狭窄场所，照明电压不应大于36V。潮湿和易触及照明线路场所，照明电压不应大于24V。特别潮湿、导电良好的地面、锅炉或金属容器内，照明电压不应大于12V。手持灯具应使用36V以下电源供电，灯体与手柄应坚固、绝缘良好并耐热和耐潮湿。施工照明使用220V碘钨灯应固定安装，其高度不应低于3m，距易燃物不得小于500mm，并不得直接照射易燃物，不得将220V碘钨灯用作移动照明。施工用电照明器具的形式和防护等级应与环境条件相适应，需要夜间或暗处施工的场所，必须配置应急照明电源。夜间可能影响行人、车辆、飞机等安全通行的施工部位或设施、设备，必须设置红色警戒照明。

5.3 电动建筑机械

5.3.1 一般规定

施工现场中选购的电动建筑机械、手持式电动工具及其用电安全装置应符合相应的国家现行有关强制性标准的规定，且具有产品合格证和使用说明书，建立和执行专人专机负责制，并定期检查和维修保养，接地符合模板安全技术规范要求，运行时产生振动的设备的金属基座、外壳与PE线的连接点不少于2处，漏电保护符合规范要求，且按使用说明书使用、检查、维修。塔式起重机、外用电梯、滑升模板的金属操作平台及需要设置避雷装置的物料提升机，除应连接PE线外，还应做重复接地。设备的金属结构构件之间应保证电气连接。手持式电动工具中的塑料外壳Ⅱ类工具和一般场所手持式电动工具中的Ⅲ类工具可不连接PE线。

电动建筑机械和手持式电动工具的负荷线应按其计算负荷选用无接头的橡胶护套铜芯软电缆，其性能应符合现行国家标准《额定电压 450V/750V 及以下橡胶绝缘电缆》GB/T 5013 中第 1 部分（一般要求）和第 4 部分（软线和软电缆）的要求。电缆芯线数应根据负荷及其控制电器的相数和线数确定：三相四线时，应选用五芯电缆；三相三线时，应选用四芯电缆；当三相用电设备中配置有单相用电器具时，应选用五芯电缆。

电缆芯线应符合规范规定，其中 PE 线应采用绿/黄双色绝缘导线。

每一台电动建筑机械或手持式电动工具的开关箱内，除应装设过载、短路、漏电保护电器外，还应按规范要求装设隔离开关或具有可见分断点的断路器，以及装设控制装置。正、反向运转控制装置中的控制电器应采用接触器、继电器等自动控制电器，不得采用手动双向转换开关作为控制电器。

5.3.2 电动建筑机械介绍

1. 起重机械

塔式起重机的电气设备应符合现行国家标准《塔式起重机安全规程》GB 5144 中的要求，应做重复接地和防雷接地。轨道式塔式起重机接地装置的设置应符合下列要求：

1）轨道两端各设一组接地装置。

2）轨道的接头处做电气连接，两条轨道端部做环形电气连接。

3）较长轨道每隔不大于 30m 加一组接地装置。

塔式起重机与外电线路的安全距离应符合规范要求，电缆不得拖地行走。需要夜间工作的塔式起重机，应设置正对工作面的投光灯。塔身高于 30m 的塔式起重机，应在塔顶和臂架端部设红色信号灯。在强电磁波源附近工作的塔式起重机，操作人员应戴绝缘手套和穿绝缘鞋，并应在吊钩与机体间采取绝缘隔离措施，或在吊钩吊装地面物体时，在吊钩上挂接临时接地装置。外用电梯梯笼内、外均应安装紧急停止开关，上、下极限位置应设置限位开关。外用电梯和物料提升机在每日工作前必须对行程开关、限位开关、紧急停止开关、驱动机构和制动器等进行空载检查，正常后方可使用。检查时必须有防坠落措施。

2. 焊接机械

电焊机械应放置在防雨、干燥和通风良好的地方，现场不得有易爆、易燃物品。

交流弧焊机变压器的一次侧电源线长度不应大于 5m，其电源进线处必须设置防护罩。发电机式直流电焊机的换向器应经常检查和维护，应消除可能产生的异常电火花。电焊机械开关箱中的漏电保护器必须符合规范要求。交流电焊机械应配装防二次侧触电保护器。

电焊机械的二次线应采用防水橡胶护套铜芯软电缆，电缆长度不应大于 30m，不得采用金属构件或结构钢筋代替二次线的地线。使用电焊机械焊接时必须穿防护用品，严禁露天冒雨从事电焊作业。

3. 夯土机械

夯土机械开关箱中的漏电保护器必须符合潮湿场所选用漏电保护器的要求。夯土机械 PE 线的连接点不得少于 2 处。夯土机械的负荷线应采用耐气候型橡胶护套铜芯软电缆。使用夯土机械必须按规定穿戴绝缘用品，使用过程应有专人调整电缆，电缆长度不应大于 50m。电缆严禁缠绕、扭结和被夯土机械跨越。多台夯土机械并列工作时，其间距不得小于

5m，前后工作时，其间距不得小于 10m。夯土机械的操作扶手必须绝缘。

4. 手持式电动工具

空气湿度小于 75% 的一般场所可选用 I 类或 II 类手持式电动工具，其金属外壳与 PE 线的连接点不得少于 2 处；除塑料外壳 II 类工具外，相关开关箱中漏电保护器的额定漏电动作电流不应大于 15mA，额定漏电动作时间不应大于 0.1s，其负荷线插头应具备专用的保护触头。所用插座和插头在结构上应保持一致，避免导电触头和保护触头混用。

在潮湿场所或金属构架上操作时，必须选用 II 类或由安全隔离变压器供电的 III 类手持式电动工具。金属外壳 II 类手持式电动工具使用时，必须符合规范要求，其开关箱和控制箱应设置在作业场所外面。在潮湿场所或金属构架上严禁使用 I 类手持式电动工具。

狭窄场所必须选用由安全隔离变压器供电的 III 类手持式电动工具，其开关箱和安全隔离变压器均应设置在狭窄场所外面，并连接 PE 线。漏电保护器的选择应符合潮湿或有腐蚀介质场所漏电保护器的要求，操作过程中，应有人在外面监护。

手持式电动工具的负荷线应采用耐气候型的橡胶护套铜芯软电缆，并不得有接头。

手持式电动工具的外壳、手柄、插头、开关、负荷线等必须完好无损，使用前必须做绝缘检查和空载检查，在绝缘合格、空载运转正常后方可使用。绝缘电阻不应小于表 5-6 的规定数值。

表 5-6　手持电动工具绝缘电阻限值

测量部位	绝缘电阻/MΩ		
	I 类	II 类	III 类
带电零件与外壳之间	2	7	1

注：绝缘电阻用 500V 兆欧表测量。

使用手持式电动工具时，必须按规定穿、戴绝缘防护用品。

5. 其他电动建筑机械

混凝土搅拌机、插入式振动器、平板振动器、地面抹光机、水磨石机、钢筋加工机械、木工机械、盾构机械、潜水钻机、水泵等设备的漏电保护应符合规范要求。

混凝土搅拌机、插入式振动器、平板振动器、地面抹光机、水磨石机、钢筋加工机械、木工机械、盾构机械、潜水钻机的负荷线必须采用耐气候型橡胶护套铜芯软电缆，并不得有任何破损和接头。潜水钻机、水泵的负荷线必须采用防水橡胶护套铜芯软电缆，严禁有任何破损和接头，并不得承受任何外力。对混凝土搅拌机、钢筋加工机械、木工机械、盾构机等设备进行清理、检查、维修时，必须首先将其开关箱分闸断电，呈现可见电源分断点，并关门上锁。

思考题与习题

1. 临时用电的施工组织设计应包括哪些内容？
2. 什么是保护接地？什么是保护接零？
3. 施工用电的接地电阻是如何规定的？
4. 何谓"三级配电两级保护"？何谓"一漏一箱"？
5. 施工临时用电的配电箱和开关箱应符合哪些要求？

6. 施工照明用电的供电电压是如何规定的？

职业活动训练

活动一　临时用电方案

1. 分组要求：全班分 6~8 个组，每组 5~7 人。

2. 资料要求：选择某一工程临时用电方案。

3. 学习要求：学生在老师的指导下阅读临时用电方案，了解临时用电方案的内容。

4. 成果：编制拟建工程临时用电方案的编写提纲。

活动二　临时用电安全检查与评分

1. 分组要求：全班分 6~8 个组，每组 5~7 人。

2. 训练场景：选择某一施工现场。

3. 学习要求：学生在老师和安全员的指导下，按临时用电安全检查评分表的内容对现场的临时用电进行检查和评分。

4. 成果：填写临时用电安全检查与评分表。

第6章

施工机械安全技术

知识目标

1. 掌握工程施工中主要使用的塔式起重机、施工电梯、起重吊装等起重机械设备的安全保护装置，安装、拆卸和使用过程中的安全技术要求。

2. 掌握工程施工中常用的塔式起重机、施工电梯和起重吊装等设备的安全技术措施。

能力目标

1. 能编制塔式起重机、施工电梯、起重吊装机械设备的施工安全技术交底资料。

2. 能够组织编写、审查塔式起重机、施工电梯、起重吊装机械设备的施工专项施工方案。

3. 能组织塔式起重机、施工电梯、起重吊装机械设备的安全验收，根据《建筑施工安全检查标准》组织起重吊装工程的安全检查和评分。

4. 能准确判断安全防护措施的合理性。

重点与难点

1. 各类起重吊装设备的安全措施。

2. 安全防护措施设置。

在土木、桥梁等工程施工中，解决工作量、材料运输、人员交通、安全和工程进度等问题需要借助大量的施工机械设备。比如土方工程设备（挖掘机、运输车、装载机、钎探机）；基础施工类设备（打桩机、压桩机）；垂直运输类设备（塔式起重机、施工电梯、混凝土泵）；钢筋加工类设备（切断机、弯曲机、电焊机）；装修类设备（各类电锯、空气压缩机、洞口开凿机等）。这些机械设备承担了大部分的施工操作任务，因此这些施工机械设备的安全操作及管理对保证工程的质量、安全及进度和人员安全至关重要。

6.1 机械设备安全管理规定

目前国家、行业和地方针对施工现场机械设备的安全管理颁布了一系列法律、法规、规章制度、标准、规范和规定，对规范机械设备的安全使用和安全管理奠定了坚实基础。

6.1.1　《建设工程安全生产管理条例》中规定建设活动主体有关机械设备的安全责任

1. 建设单位的安全责任

建设单位不得明示或者暗示施工单位购买、租赁、使用不符合安全施工要求的安全防护用具、机械设备、施工机具及配件、消防设施和器材。

2. 工程监理单位的安全责任

工程监理单位应当审查施工组织设计中的安全技术措施或者专项施工方案是否符合工程建设强制性标准。

工程监理单位在实施监理过程中，发现存在安全事故隐患的，应当要求施工单位整改；情况严重的，应当要求施工单位暂时停止施工，并及时报告建设单位。施工单位拒不整改或者不停止施工的，工程监理单位应当及时向有关主管部门报告。

3. 施工单位的安全责任

垂直运输机械作业人员、安装拆卸工、起重信号工等特种作业人员，必须按照国家有关规定经过专门的安全作业培训，并取得特种作业操作资格证书后，方可上岗作业。

施工单位在使用施工起重机械前，应当组织有关单位进行验收，也可以委托具有相应资质的检验检测机构进行验收；使用承租的机械设备和施工机具及配件的，由施工总承包单位、分包单位、出租单位和安装单位共同进行验收。验收合格的方可使用。

4. 其他有关单位的安全责任

为建设工程提供机械设备和配件租赁的单位，应当按照安全施工的要求配备齐全有效的保险、限位等安全设施和装置。

在施工现场安装、拆卸施工起重机械，必须由具有相应资质的单位承担。安装、拆卸施工起重机械，应当编制拆装方案、制订安全施工措施，并由专业技术人员现场监督。

施工起重机械安装完毕后，安装单位应当自检，出具自检合格证明，并向施工单位进行安全使用说明，办理验收手续并签字。施工起重机械的使用达到国家规定的检验检测期限的，必须经具有专业资质的检验检测机构检测。经检测不合格的，不得继续使用。检验检测机构对检测合格的施工起重机械，应当出具安全合格证明文件，并对检测结果负责。

6.1.2　建筑机械安全管理

1. 一般要求

购买或租赁的机械应有产品合格证，生产厂家制造许可证，特种设备要有监督检验证明。自购机械要建立设备档案。租赁机械必须审核租赁单位营业执照，签订租赁合同和安全管理协议书。

2. 机械安全管理各方活动主体的安全职责

（1）产权单位应履行下列安全职责　建立、健全起重机械的安全技术档案；制订安全生产规章制度和操作规程；按照安全施工的要求配备齐全有效的保险、限位等安全设施和装置。

（2）拆装单位应当履行下列安全职责　按照安全技术标准及起重机械性能要求，编制起重机械安装、拆卸工程专项施工方案，并由本单位技术负责人签字；按照安全技术标准及安装使用说明书等检查起重机械及现场施工条件；组织安全施工技术交底并签字确认；制订起重机械安装、拆卸工程生产安全事故应急救援预案；起重机械安装、拆卸前，应当填写《施工现场起重机械拆装报审表》，将起重机械安装、拆卸工程专项施工方案，拆装单位资质，安装、拆卸人员名单，安装、拆卸时间等材料报送施工总承包单位和监理单位审核。

（3）使用单位应当履行下列安全职责 根据不同施工阶段、周围环境以及季节、气候的变化，对起重机械采取相应的安全防护措施；制订起重机械生产安全事故应急救援预案；在起重机械活动范围内设置明显的安全警示标志，对集中作业区做好安全防护；指定专职设备管理人员、专职安全生产管理人员进行现场监督检查；起重机械出现故障或者发生异常情况的，立即停止使用，消除故障和事故隐患后，方可重新投入使用；审核起重机械的备案证明或特种设备制造许可证、产品合格证、制造监督检验证明和特种作业人员的特种作业操作资格证书；审核安装单位的资质证书、安全生产许可证；监督出租单位对起重机械进行检查、维修保养，并在租赁合同中明确设备每月的保养时间。

（4）施工总承包单位应当履行下列安全职责 向拆装单位提供拟安装设备位置的基础施工资料（如基础地质条件资料、混凝土的强度报告及隐蔽工程验收记录等），确保建筑起重机械进场安装、拆卸所需的施工条件；审核起重机械的备案证明或特种设备制造许可证、产品合格证、制造监督检验证明等；审核拆装单位的资质证书、安全生产许可证和特种作业人员的特种作业操作资格证书；审核拆装单位制订的起重机械安装、拆卸工程专项施工方案和生产安全事故应急救援预案；审核使用单位制订的起重机械生产安全事故应急救援预案；指定专职设备管理人员、安全生产管理人员监督检查起重机械安装、拆卸、使用情况；施工现场有多台塔式起重机作业时，应组织制订并实施防止塔式起重机相互碰撞的安全措施；设置相应的设备管理机构或者配备专职的设备管理人员，对起重机械完好状况进行抽查，发现问题应立即处理；监督产权单位对起重机械进行检查、维修保养；督促使用单位对起重机械做好安全防护措施，起重机械出现故障或者发生异常情况的，督促使用单位立即停止使用，并在消除故障和事故隐患后，方可重新投入使用。

3. 起重机械进场前审核

起重机械进场前必须检查租赁单位的营业执照、税务登记证、组织机构代码、安全生产许可证、安拆资质、安装人员资质证、起重机械备案证、产品合格证。租赁单位是否提供租赁安拆一体化服务，且在特种设备租赁商名录中。现场设备与资质证明是否相符，现场设备老化与锈蚀程度是否严重。

6.2 塔式起重机安全技术

塔式起重机具有工作幅度大、吊钩高度高、吊臂长、起重能力强、效率高等特点，因此成为高层、超高层建筑垂直与水平运输的主要施工机械设备。

6.2.1 塔式起重机安全装置

为了保证塔式起重机的安全作业，防止发生各种意外事故，塔式起重机必须配备各类安全保护装置，如图 6-1 所示。

塔式起重机安全保护装置有下列几种：

塔式起重机

图 6-1　塔式起重机安全保护装置

1. 力矩限制器

力矩限制器是防止塔式起重机起重力矩超载的安全装置，它可避免塔式起重机由于严重超载而引起塔式起重机倾覆等恶性事故。力矩限制器是塔式起重机最重要的安全装置，它应始终处于正常工作状态，如图 6-2 所示。

图 6-2　力矩限制器

2. 起重量限制器

起重量限制器是用来防止塔式起重机吊物重量超过最大额定荷载，从而避免发生结构、机构及钢丝绳损坏事故的安全装置，如图 6-3 所示。

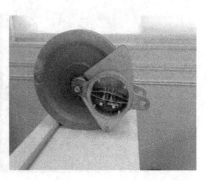

图 6-3 起重量限制器

3. 起升高度限位器

起升高度限位器是用来限制吊钩的起升高度，以防止吊钩碰上小车架（也就是防止冲顶）的安全装置，如图 6-4 所示。

4. 幅度限位器

小车变幅的塔式起重机的幅度限位器是用来防止运行小车超过最大或最小幅度的两个极限位置的安全装置，如图 6-5 所示。

图 6-4 起升高度限位器

5. 回转限位器

回转限位器的作用是防止单方向回转圈数过多，使电缆打扭，图 6-6 所示。

图 6-5 幅度限位器

目前也有多功能行程限位装置，可以对起升高度、幅度、回转及行走机构进行综合控制，如图 6-7 所示。

6. 其他安全装置

1）小车变幅断绳保护装置如图 6-8 所示。

2）小车防坠落装置如图 6-9 所示。

3）风速仪如图 6-10 所示。

4）障碍指示灯。

5）钢丝绳防脱槽装置如图 6-11 所示。

图 6-6　回转限位器

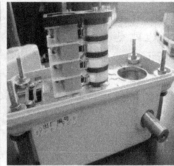

图 6-7　多功能行程限位装置

图 6-8　小车变幅断绳保护装置

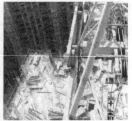

图 6-9　小车防坠落装置

图 6-10　风速仪

图 6-11　钢丝绳防脱槽装置

6）吊钩保险装置如图 6-12 所示。

图 6-12　吊钩保险装置

6.2.2　塔式起重机的安装、使用和拆卸安全技术

1. 安拆方案

　　按照《建筑施工塔式起重机安装、使用和拆卸安全技术规程》（JGJ 196—2010），塔式起重机安装、拆卸前，应编制专项施工方案，指导作业人员实施安装、拆卸作业。专项施工方案应根据塔式起重机产品说明书和作业场地的实际情况编制，并应符合相关法规、规程、标准的要求。专项施工方案应由本单位技术、安全、设备等部门审核，技术负责人审批后，

经监理单位批准实施。

塔式起重机的安装、拆卸必须按塔式起重机安拆专项施工方案执行，严格执行安拆安全操作规程。安装后，安装单位要进行调试和自检，自检合格后委托有资质的检测单位进行检测，检测合格后，塔式起重机的使用单位应当组织出租、安装、监理等有关单位验收，验收合格后才能投入使用，见表6-1。

表 6-1 塔式起重机安装验收记录表

工程名称							
塔式起重机	型号		设备编号		起升高度		m
	幅度	m	起重力矩	kN·m	最大起重量	t	塔高	m
与建筑物水平附着距离			m	各道附着间距		m	附着道数	
验收部位	验收要求						结果
塔式起重机结构	部件、附件、连接件安装齐全,位置正确						
	螺栓拧紧力矩达到技术要求,开口销完全撬开						
	结构无变形、开焊、疲劳裂纹						
	压重、配重的重量与位置符合使用说明书要求						
基础与轨道	地基坚实、平整,地基或基础隐蔽工程资料齐全、准确						
	基础周围有排水措施						
	路基箱或枕木铺设符合要求,夹板、道钉使用正确						
	钢轨顶面纵、横方向上的倾斜度不大于1/1000						
	塔式起重机底架平整度符合使用说明书要求						
	止挡装置距钢轨两端距离≥1m						
	行走限位装置距止挡装置距离≥1m						
	钢轨接头间距不大于4mm,接头高低差不大于2mm						
机构及零部件	钢丝绳在卷筒上面缠绕整齐、润滑良好						
	钢丝绳规格正确,断丝和磨损未达到报废标准						
	钢丝绳固定和编插符合国家及行业标准						
	各部位滑轮转动灵活、可靠,无卡塞现象						
	吊钩磨损未达到报废标准、保险装置可靠						
	各机构转动平稳,无异常声响						
	各润滑点润滑良好、润滑油牌号正确						
	制动器动作灵活可靠,联轴器连接良好,无异常						
附着固定	锚固框架安装位置符合规定要求						
	塔身与锚固框架固定牢靠						
	附着框、锚杆附着装置等各处螺栓、销轴齐全、正确、可靠						
	垫块、楔块等零件齐全可靠						
	最高附着点下塔身轴线对支承面垂直度不得大于相应高度的2/1000						
	独立状态或附着状态下最高附着点以上塔身轴线支承面垂直度不得大于4/1000						
	附着点以上塔式起重机悬臂高度不得大于规定要求						

（续）

验收部位	验收要求	结果
电气系统	供电系统电压稳定、正常工作、电压（380±10%）V	
	仪表、照明、报警系统完好、可靠	
	控制、操纵装置动作灵活、可靠	
	电气按要求设置短路和过电流、失压及零位保护，切断总电源的紧急开关符合要求	
	电气系统对地的绝缘电阻不大于 0.5MΩ	
安全限位与保险装置	起重量限制器灵敏可靠，其综合误差不大于额定值的±5%	
	力矩限制器灵敏可靠，其综合误差不大于额定值的±5%	
	回转限位器灵敏可靠	
	行走限位器灵敏可靠	
	变幅限位器灵敏可靠	
	超高限位器灵敏可靠	
	顶升横梁防脱落装置完好可靠	
	吊钩上的钢丝绳防脱钩装置完好可靠	
	滑轮、卷筒上的钢丝绳防脱装置完好可靠	
	小车断绳保护装置灵敏可靠	
	小车断轴保护装置灵敏可靠	
环境	布设位置合理，符合施工组织设计要求	
	与架空线最小距离符合规定	
	塔式起重机的尾部与周围建（构）筑物及其外围施工设施之间的安全距离不小于 0.6m	
其他	对检测单位意见复查	

出租单位验收意见： 　　签章：　　　　　　　　日期	安装单位验收意见： 　　签章：　　　　　　　　日期
使用单位验收意见： 　　签章：　　　　　　　　日期	监理单位验收意见： 　　签章：　　　　　　　　日期

总承包单位验收意见： 　　　　　　　　　　　　　　　　　　　签章：　　　　　　　　日期

2. 塔式起重机的安装拆卸

（1）一般规定

1）塔式起重机安装、拆卸单位必须在资质许可范围内，从事塔式起重机的安装、拆卸业务。

2）塔式起重机安装、拆卸单位应具备安全管理保证体系，有健全的安全管理制度。顶升、加节、降节等工作均属于安装、拆卸范畴。

3）塔式起重机安装、拆卸作业应配备下列人员：持有安全生产考核合格证书的项目和安全负责人、机械管理人员；具有建筑施工特种作业操作资格证书的建筑起重机械安装拆卸工、起重信号工、起重机驾驶员、司索工等特种作业操作人员。

《建筑施工企业安全生产管理机构设置及专职安全生产管理人员配备方法》（建质〔2004〕213号）属于强制性条文。塔式起重机安装、拆卸单位必须配备相应的技术和管理人员；建筑施工特种作业人员操作资格证书根据《建筑起重机械安全监督管理规定》（建设部令第166号），由建设主管部门统一颁发。

4）塔式起重机应具有特种设备制造许可证、产品合格证、制造监督检验证明，并已在建设主管部门备案登记。

5）有下列情况的塔式起重机严禁使用：国家明令淘汰的产品；超过规定使用年限经评估不合格的产品；不符合国家或行业标准的产品；没有完整安全技术档案的产品。

6）塔式起重机的选型和布置应满足工程施工要求，便于安装和拆卸，并不得损害周边其他建（构）筑物。

7）当多台塔式起重机在同一施工现场交叉作业时，应编制专项方案，并应采取防碰撞的安全措施。任意两台塔式起重机之间的最小架设距离应符合下列规定：低位塔式起重机的起重臂端部与另一台塔式起重机的塔身之间的距离不得小于2m；高位塔式起重机的最低位置的部件（吊钩升至最高点或平衡重的最低部位）与低位塔式起重机中处于最高位置部件之间的垂直距离不得小于2m。

8）在塔式起重机的安装、使用及拆卸阶段，进入现场的作业人员必须佩戴安全帽、防滑鞋、安全带等防护用品，无关人员严禁进入作业区域内。在安装、拆卸作业期间，应设立警戒区。

9）塔式起重机使用时，起重臂和吊物下方严禁有人员停留；物件吊运时，严禁从人员上方通过。

（2）塔式起重机安装条件

1）塔式起重机安装前，必须经维修保养，并应进行全面的检查，确认合格后方可安装。

2）塔式起重机的基础及其地基承载力应符合产品说明书和设计图样的要求。安装前应对基础进行验收，合格后方能安装。基础周围应有排水设施。

3）行走式塔式起重机的轨道及基础应按产品说明书的要求进行设置，且应符合现行国家标准《塔式起重机安全规程》GB 5144及《塔式起重机》GB/T 5031的规定。

4）内爬式塔式起重机的基础、锚固、爬升支承结构等应根据产品说明书提供的荷载进行设计计算，并应对内爬式塔式起重机的建筑承载结构进行验算。

3. 塔式起重机的安全使用

塔式起重机的使用应遵照国家和主管部门颁发的安全技术标准、规范和规程，同时也要遵守使用说明书中的有关规定。

（1）日常检查和使用前的检查　对于轨道式塔式起重机，应对轨道基础、轨道情况进行检查，对轨道基础技术状况做出评定，并消除其存在问题。对于固定式塔式起重机，应检查其混凝土基础是否有不均匀的沉降；起重机的任何部位与输电线路的距离应符合规定；检查塔式起重机金属结构和外观结构是否正常；各安全装置和指示仪表是否齐全有效；主要部位的连接螺栓是否有松动；钢丝绳磨损情况及各滑轮穿绕是否符合规定；塔式起重机的接地、电气设备外壳与机体的连接是否符合规范的要求；配电箱和电源开关设置应符合要求；

动臂式和尚未附着的自升式塔式起重机，塔身上不得悬挂标语牌。

（2）使用中经常性检查　应根据工作繁重、环境恶劣程度确定检查周期，但不得少于每月一次。一般应包括起重机正常工作的技术性能，所有的安全、防护装置，吊钩、吊钩螺母及防松装置，制动器性能及零件的磨损情况，钢丝绳磨损和尾端的固定情况等。

（3）使用过程中应注意的事项　作业前应进行空运转，检查各工作机构、制动器、安全装置等是否正常。

6.3　施工电梯安全技术

6.3.1　概述

1. 概述

建筑施工升降机，又称外用电梯、施工电梯、附壁式升降机，如图 6-13 所示，是一种使用工作吊笼沿导轨架做垂直（或倾斜）运动用来运送人员和物料的垂直运输机械。

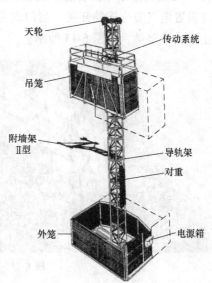

图 6-13　施工电梯

2. 安全保护装置

（1）防坠安全器

1）齿轮齿条式的施工升降机应安装渐进式的防坠安全器，防坠安全器应在标定的有效期内使用（标定有效期为一年），达到标定期继续使用的，应到具有防坠安全器标定资质的机构进行重新标定。在使用中防坠安全器不得任意拆检、调整。

2）钢丝绳式的施工升降机每个吊笼应设置兼有防坠、限速双重功能的防坠安全装置。当吊笼超速下行或其悬挂装置断裂时，该装置应能将吊笼制停在导轨架上并保持静止状态。

（2）围栏门连锁保护装置　施工升降机应设置高度不低于 1.8m 的地面防护围栏和围栏登机门，地面防护围栏应围成一周。围栏登机门的开启高度不应低于 1.8m；围栏登机门应具有机械及电气连锁装置，使吊笼只有位于底部规定位置时，围栏登机门才能开启，而在该门开启后吊笼不能起动，如图 6-14 所示。

图 6-14　围栏门连锁保护装置

（3）吊笼门连锁保护装置　施工升降机的吊笼单行门、双行门、紧急出口（天窗）门等均应设置电气安全连锁开关。当门未完全关闭时，该开关应有效切断控制回路电源，使吊笼停止或无法起动，如图 6-15 所示。

图 6-15　吊笼门连锁保护装置

（4）上、下限位以及上、下极限限位保护装置　为防止吊笼上、下运行超过需停位置时，因驾驶员误操作和电气故障等原因继续上升或下降引发事故而设置上、下限位开关以及上、下极限开关。上、下限位开关可用自动复位型，切断的是控制回路；上、下极限开关不允许用自动复位型，切断的是总电源，如图 6-16 所示。

（5）防钢丝绳松弛装置　用于悬挂对重的钢丝绳应装有防松绳装置（如非自动复位型的防松绳开关），在发生松、断绳时，该

图 6-16　上、下极限限位保护装置

装置应中断吊笼的任何运动，直到由专业人员进行调整后，方可恢复使用，如图6-17所示。

（6）安全钩、防脱轨挡块 安全钩是安装在吊笼上部的重要的也是最后一道安全装置，必须安装在驱动齿轮与安全器输出齿轮之间，且最高一对安全钩应处于最低驱动齿轮之下，如图6-18所示。

图6-17 防钢丝绳松弛装置

图6-18 安全钩、防脱轨挡块

（7）超载保护装置 根据《施工升降机安全规程》（GB/T 10055—2007）规定，施工升降机应装有超载保护装置。

（8）电气安全保护装置 施工升降机的电气系统应设置短路、过载、断错相保护以及零位保护装置。

（9）缓冲弹簧 在施工升降机的底架上安装有缓冲弹簧，以便当吊笼发生坠落事故时，减轻吊笼对底座的冲击。

（10）急停开关 吊笼应装有急停开关，当吊笼在运行过程中发生各种原因的紧急情况时，驾驶员应能及时按下急停开关，使吊笼立即停止，防止事故的发生。急停开关必须是非自行复位的电气安全装置，如图6-19所示。

（11）楼层通道门 施工升降机与各楼层均搭设了运料和人员进出的通道，在通道口与升降机结合部必须设置楼层通道门。此门在吊笼上下运行时处于常闭状态，只有在吊笼停靠时才能由吊笼内的人打开。应做到楼层内的人员无法打开此门，以确保通道口处在封闭的条件下不出现危险的边缘，如图6-20所示。

图6-19 急停开关

图6-20 楼层通道门

6.3.2   安装与拆卸

施工升降机在安装和拆除前，必须编制专项施工方案；必须由有相应资质的队伍来施工。施工升降机安装作业前，安装单位应编制施工升降机安装、拆卸工程专项施工方案，由安装单位技术负责人批准后，报送施工总承包单位或使用单位、监理单位审核，并告知工程所在地县级以上建设行政主管部门。

1. 对安拆人员及单位的要求

1）施工升降机安装、拆卸项目应配备与承担项目相适应的专业安装作业人员以及专业安装技术人员。

施工升降机的安装拆卸工、电工、驾驶员等应具有建筑施工特种作业操作资格证书。参加安拆人员必须经过专业培训，经建设主管部门考核合格，取得建筑施工特种作业操作资格证书后，方可上岗作业。安装人员应熟悉安全作业规程和本机的主要性能与特点，具备熟练的机械、电气操作技能和排除一般故障的能力。安装人员需身体健康，无高血压、恐高症、心脏病等疾病。安装人员必须佩戴必要的安全防护设备，如安全帽、安全带等，严禁酒后安装及操作。安装过程应由专人统一指挥。安装人员应在指定的岗位上工作，不得擅自离开或自行调换岗位。

2）施工升降机安装单位应具备建设行政主管部门颁发的起重设备安装工程专业承包资质和建筑施工企业安全生产许可证。施工升降机使用单位应与安装单位签订施工升降机安装、拆卸合同，明确双方的安全生产责任。实行施工总承包的，施工总承包单位应与安装单位签订施工升降机安装、拆卸工程安全协议书。

3）施工总承包单位向安装单位提供拟安装设备位置的基础施工资料，确保施工升降机进场安装所需的施工条件；审核施工升降机的特种设备制造许可证、产品合格证、起重机械制造监督检验证书、备案证明等文件；审核施工升降机安装单位、使用单位的资质证书、安全生产许可证和特种作业人员的特种作业操作资格证书；审核安装单位制订的施工升降机安装、拆卸工程专项施工方案；审核使用单位制订的施工升降机安全应急预案；指定专职安全生产管理人员监督检查施工升降机安装、使用、拆卸情况。

4）监理单位工作内容包括审核施工升降机特种设备制造许可证、产品合格证、起重机械制造监督检验证书、备案证明等文件；审核施工升降机安装单位、使用单位的资质证书、安全生产许可证和特种作业人员的特种作业操作资格证书；审核施工升降机安装、拆卸工程专项施工方案；监督安装单位对施工升降机安装、拆卸工程专项施工方案的执行情况；监督检查施工升降机的使用情况；发现存在生产安全事故隐患的，应要求安装单位、使用单位限期整改；对安装单位、使用单位拒不整改的，应及时向建设单位报告。

5）施工升降机应具有特种设备制造许可证、产品合格证、使用说明书、起重机械制造监督检验证书，并已在产权单位工商注册所在地县级以上建设行政主管部门备案登记。施工升降机的类型、型号和数量应能满足施工现场货物尺寸、运载重量、运载频率和使用高度等方面的要求。

2. 安装及验收

1）安装作业前，安装单位应根据施工升降机基础验收表、隐蔽工程验收单和混凝土强度报告等相关资料，确认所安装的施工升降机和辅助起重设备的基础、地基承载力、预埋件、基础排水措施等符合施工升降机安装、拆卸工程专项施工方案的要求。

施工升降机安装前应对各部件进行检查。对有可见裂纹的构件应进行修复或更换，对有严重锈蚀、严重磨损、整体或局部变形的构件必须进行更换，符合产品标准的有关规定后方能进行安装。

安装作业前，应对辅助起重设备和其他安装辅助用具的力学性能和安全性能进行检查，合格后方能投入作业。

安装作业前，安装技术人员应根据施工升降机安装、拆卸工程专项施工方案和使用说明书的要求，对安装作业人员进行安全技术交底，并由安装作业人员在交底书上签字。在施工期间内，交底书应留存备查。

2）施工升降机专用开关箱应设在架底附近便于操作的位置，配电供电容量应满足施工升降机直接起动的要求，箱内必须设短路、过载、相序、断相及零位保护等装置。施工升降机所有电气装置的安装应符合临时用电的有关规定。

施工升降机吊笼周围 2.5m 范围内应设置稳固的防护栏杆，各楼层平台通道应平整牢固，出入口应设防护栏杆。全行程四周不得有危害安全运行的障碍物。

夜班作业的施工升降机应在全行程上装设足够的照明和楼层编号标志灯。

3）施工升降机安装后，应经产权单位技术负责人会同有关部门对基础和附壁支架以及施工升降机架设安装质量、精度等进行全面检查，并应按规定程序进行技术试验，经试验合格验收签证后，方可投入使用。

新安装的施工升降机必须经过坠落试验。施工升降机在使用中每隔三个月，应进行一次坠落试验。试验程序应按使用说明书进行，当试验中吊笼坠落超过 1.2m 制动距离时，应查明原因，并应调整防坠安全器，切实保证不超过 1.2m 制动距离。试验后以及正常操作中每发生一次防坠动作，均必须对防坠安全器进行复位。

有下列情况之一的施工升降机不得安装使用：属国家明令淘汰或禁止使用的；超过由安全技术标准或制造厂家规定使用年限的；经检验达不到安全技术标准规定的；无完整安全技术档案的；无齐全有效的安全保护装置的。

施工升降机必须安装防坠安全器，如图 6-21 所示。防坠安全器应在一年有效标定期内使用。施工升降机应安装超载保护装置。超载保护装置在载荷达到额定载重量的 110% 前应能中止吊笼起动，在齿轮齿条式载人施工升降机载荷达到额定载重量的 90% 时应能给出报警信号。

施工升降机安装完毕且经调试后，安装单位应按验收表及使用说明书的有关要求对安装质量进行自检，并应向使用单位进行安全使用说明。安装单位自检合格后，应经有相应资质的检验检测机构监督检验。检验合格后，使用单位应组织租赁单位、安装单位和监理单位等进行验收。严禁使用未经验收或验收不合格的施工升降机。

使用单位应自施工升降机安装验收合格之日起 30 日内，将施工升降机安装验收资

图 6-21 防坠安全器

料、施工升降机安全管理制度、特种作业人员名单等，向工程所在地县级以上建设行政主管部门办理使用登记备案。安装自检表、检测报告和验收记录等应纳入设备档案，见表 6-2。

表 6-2　施工升降机安装验收表

工程名称			工程地址		
设备型号			产权备案录登记		
设备生产厂			出厂编号		
出厂日期			安装高度		
安装负责人			安装日期		
检查结果代号说明		√=合格　　○=整改后合格　　×=不合格　　无=无此项			
检查项目	序号	内容和要求		检查结果	备注
主要部件	1	导轨架、附墙架连接安装齐全、牢固，位置正确			
	2	螺栓拧紧力矩达到技术要求，开口销完全撬开			
	3	导轨架安装垂直度满足要求			
	4	结构件无变形、开焊、裂纹			
	5	对重导轨符合使用说明书要求			
传动系统	6	钢丝绳规格正确，未达到报废标准			
	7	钢丝绳固定和编结符合标准要求			
	8	各部位滑轮转动灵活、可靠，无卡阻现象			
	9	齿条、齿轮、曳引轮符合标准要求，保险装置可靠			
	10	各机构转动平稳，无异常响声			
	11	各润滑点润滑良好，润滑油牌号正确			
	12	制动器、离合器动作灵活可靠			
电气系统	13	供电系统正常，额定电压值偏差≤5%			
	14	接触器、继电器接触良好			
	15	仪表、照明、报警系统完好可靠			
	16	控制、操作装置动作灵活、可靠			
	17	各种电器安全保护装置齐全、可靠			
	18	电气系统对导轨架的绝缘电阻应≥0.5MΩ			
	19	接地电阻≤4Ω			
安全系统	20	防坠安全器在有效标定期限内			
	21	防坠安全器灵敏可靠			
	22	超载保护装置灵敏可靠			
	23	上、下限位开关灵敏可靠			
	24	上、下极限开关灵敏可靠			
	25	急停开关灵敏可靠			
	26	安全钩完好			
	27	额定载重量标牌牢固清晰			
	28	地面防护围栏门、吊笼门机电连锁灵敏可靠			

（续）

检查项目	序号	内容和要求		检查结果	备注
试运行	29	空载	双吊笼施工升降机应分别对两个吊笼进行试运行。试运行中吊笼应起动、制动正常,运行平稳,无异常现象		
	30	额定载重量			
	31	125%额定载重量			
坠落试验	32	吊笼制动后结构及连接件应无任何损坏或永久变形,且制动距离应符合要求			

验收结论:

总承包单位(盖章):
验收日期: 年 月 日

总承包单位		参加人员签字	
使用单位		参加人员签字	
安装单位		参加人员签字	
监理单位		参加人员签字	
租赁单位		参加人员签字	

6.3.3 使用及维护

施工升降机同其他机械设备一样,如果使用得当、维修及时、合理保养,不仅会延长使用寿命,而且能够降低故障率,提高运行效率。不得使用有故障的施工升降机。严禁施工升降机使用超过有效标定期的防坠安全器。

施工升降机额定载重量、额定乘员数标牌应置于吊笼醒目位置。严禁在超过额定载重量或额定乘员数的情况下使用施工升降机。应在施工升降机作业范围内设置明显的安全警示及宣传教育标志标牌。当建筑物超过 2 层时,施工升降机地面通道上方应搭设防护棚。当建筑物高度超过 24m 时,应设置双层防护棚。

使用单位应在现场设置相应的设备管理机构或配备专职的设备管理人员,并指定专职设备管理人员、专职安全生产管理人员进行监督检查。

施工升降机每 3 个月应进行 1 次 1.25 倍额定载重量的超载试验,确保制动器性能安全可靠。在每天开工前和每次换班前,施工升降机驾驶员应按使用说明书"施工升降机每日使用前检查表"要求对施工升降机进行检查,并进行记录,发现问题应向使用单位报告。在使用期间,项目部应每月组织专业技术人员按"施工升降机每月检查表"对施工升降机进行检查,并对检查结果进行记录。使用期间,使用单位应按使用说明书的要求对施工升降机定期进行保养。使用单位应对施工升降机驾驶员进行书面安全技术交底,交底资料应留存备查。

6.4 龙门架及井架物料提升机安全技术

物料提升机主要有井架、龙门架两种形式。

6.4.1　安全装置

进入施工现场的井架、龙门架必须具有下列安全装置：起重量限制器；防坠安全器；安全停层装置；限位装置；上限位开关：上部越程距离应不小于 3m；下限位开关；紧急断电开关；缓冲器；通信装置（具备语音和影像显示功能）。

6.4.2　安全与拆卸安全技术

1. 安全专项施工方案

按照规定，在安装和拆除物料提升机之前必须编制专项施工方案，并严格履行审批程序。

专项安装、拆除方案应具有针对性、可操作性，并应包括下列内容：工程概况；编制依据；安装位置及示意图；专业安装、拆除技术人员的分工及职责；辅助安装、拆除起重设备的型号、性能、参数及位置；安装、拆除的工艺程序和安全技术措施；主要安全装置的调试及试验程序。

安装、拆除物料提升机的单位应具备下列条件：安装、拆除单位应具有起重机械安拆资质及安全生产许可证；安装、拆除作业人员必须经专门培训，取得特种作业资格证。物料提升机安装、拆除前，应根据工程实际情况编制专项安装、拆除方案，且应经安装、拆除单位技术负责人审批后实施。

2. 基本规定

1）用于物料提升机的材料、钢丝绳及配套零部件产品应有出厂合格证。起重量限制器、防坠安全器应是经型式检验合格的产品。

2）当物料提升机采用对重时，对重应设置滑动导靴或滚轮导向装置，并应设有防脱轨保护装置。对重应标明质量并涂成警告色。吊笼不应做对重使用。

3）物料提升机的制造商应具有特种设备制造许可资格，在各停层台口处，应设置能清晰显示楼层的标志。

3. 准备工作

安装作业前的准备应符合下列规定：物料提升机安装前，安装负责人应依据专项安装方案对安装作业人员进行安全技术交底；应确认物料提升机的结构、零部件和安全装置经出厂检验，并符合要求；应确认物料提升机的基础已验收，并符合要求；应确认辅助安装起重设备及工具经检验检测，并符合要求；应明确作业警戒区，并设专人监护。

4. 安装与拆除

1）基础的位置应保证视线良好，物料提升机任意部位与建筑物或其他施工设备间的安全距离不应小于 0.6m；与外电线路的安全距离应符合现行行业标准《施工现场临时用电安全技术规范》JGJ 46 的规定。

2）卷扬机（曳引机）的安装位置宜远离危险作业区，且视线良好。

3）导轨架的安装程序应按专项方案要求执行。紧固件的紧固力矩应符合使用说明书要求。安装精度应符合下列规定：导轨架的轴心线对水平基准面的垂直度偏差不应大于导轨架高度的 1.5‰。

4）标准节安装时导轨结合面对接应平直，错位形成的阶差应符合下列规定：吊笼导轨不应大于 1.5mm；对重导轨、防坠器导轨不应大于 0.5mm。标准节截面内，两对角线长度偏差不应大于最大边长的 3‰。

5）拆除作业前，应对物料提升机的导轨架、附墙架等部位进行检查，确认无误后方能进行拆除作业。拆除作业应先挂吊具，后拆除附墙架或缆风绳及地脚螺栓。拆除作业中，不得抛掷构件。拆除作业宜在白天进行，夜间作业应有良好的照明。

5. 验收

物料提升机安装完毕后，应由工程负责人组织安装单位、使用单位、租赁单位和监理单位等对物料提升机安装质量进行验收，见表 6-3。

表 6-3 物料提升机（龙门架、井架）验收表

工程名称		设备编号	
安装单位		安装高度	
验收项目	验收项目及要求		验收结果
架体安装	架体安装正确，螺栓紧固		
	垂直偏差≤3‰，且最大不超过200mm（新制作≤1.5‰）		
	架体与吊篮间隙控制在 5~10mm		
	缆风绳组数符合规范要求，使用钢丝绳直径 $\phi \geqslant 9.3$mm，与地面夹角45°~60°；地锚设置符合规范要求		
	架高在 20m 以下设一组缆风绳，21~30m 设两组		
	附墙杆材质和架体相同，连接牢靠，位置正确，间隔不大于 9m		
	井架顶部自由高度不得超过 6m		
吊篮	两侧应设置高度 1m 的安全挡板或挡网，顶板采用 50mm 厚木板，前后设工具化安全门，不得使用单根钢丝绳提升		
机构	卷扬机安装稳固，设置前桩后锚，安装卷筒保险		
	钢丝绳缠绕整齐，润滑良好，不超过报废标准，边路有保护和防拖地措施		
	第一个导向滑轮距离大于 5 倍卷筒高度		
	滑轮与架体刚性连接，无破损，且与钢丝绳匹配		
安全防护	安全停靠装置灵敏可靠		
	31~150m 高架提升机必须安装下极限限位器、缓冲器和超载限制器		
	卸料平台安装符合规范要求，设防护栏杆，防护严密；脚手板搭设符合要求；有工具化防护门		
	地面进料口防护棚符合规范要求		
	卷扬机操作棚符合规范要求		
电气	架体及设备外壳做保护接零；使用符合要求的开关箱，采用按钮开关，严禁使用倒顺开关		
	避雷装置设置冲击接地电阻值不大于30Ω		
验收结论	安装部门负责人： 使用部门负责人： 年 月 日		

物料提升机验收合格后，应在导轨架明显处悬挂验收合格标志牌。

6. 使用管理

使用单位应建立设备档案，档案内容应包括下列项目：安装检测及验收记录；大修及更换主要零部件记录；设备安全事故记录；累计运转记录。

物料提升机必须由取得特种作业操作证的人员操作。

思考题与习题

一、选择题

1. 下列对起重力矩限制器主要作用的叙述正确的是（　　　）。

  A. 限制塔式起重机回转半径   B. 防止塔式起重机超载

  C. 限制塔式起重机起升速度   D. 防止塔式起重机出轨

2. 对小车变幅的塔式起重机，起重力矩限制器应分别由（　　　）进行控制。

  A. 起重量和起升速度   B. 起升速度和变幅

  C. 起重量和起升高度   D. 起重量和幅度

3. 当起重量大于相应档位的额定值并小于额定值的110%时，（　　　）应当动作，使塔式起重机停止提升方向的运行。

  A. 起重力矩限制器   B. 起重量限制器

  C. 变幅限位器   D. 行程限制器

4. （　　　）能够防止塔式起重机超载，避免由于严重超载而引起塔式起重机的倾覆或折臂等恶性事故。

  A. 力矩限制器   B. 吊钩保险   C. 行程限位器   D. 变幅限位器

5. 下列是用来防止运行小车超过最大或最小幅度的两个极限位置的安全装置是（　　　）。

  A. 起重量限制器   B. 超高限制器   C. 行程限位器   D. 变幅限位器

6. （　　　）设于小车变幅式起臂的头部和根部，用来切断小车牵引机构的电路，防止小车越位。

  A. 变幅限位器   B. 力矩限制器

  C. 大车行程限位器   D. 小车行程限位器

7. （　　　）能够防止钢丝绳在传动过程中脱离滑轮槽而造成钢丝绳卡死和伤损。

  A. 力矩限制器   B. 超高限制器

  C. 吊钩保险   D. 钢丝绳防脱装置

8. （　　　）是防止起吊钢丝绳由于角度过大或挂钩不妥时，造成起吊钢丝绳脱钩的安全装置。

  A. 力矩限制器   B. 超高限制器

  C. 吊钩保险   D. 钢丝绳防脱装置

9. 塔式起重机顶升作业，必须使（　　　）和平衡臂处于平衡状态。

  A. 配重臂   B. 起重臂   C. 配重   D. 小车

10. 附着框架应尽可能设置在（　　　）。

A. 塔身 2 个标准节之间　　　　　　　B. 起重臂与塔身的连接处

C. 塔身标准节的节点连接处　　　　　D. 平衡臂与塔身的连接处

11. 施工升降机的（　　）与基础进行连接。

A. 吊笼　　　　　B. 底笼　　　　　C. 底架　　　　　D. 导轨架

12. 用来传递和承受荷载，是吊笼上下运动的导轨，表述的是施工升降机的（　　）。

A. 导轨架　　　　B. 底架　　　　　C. 标准节　　　　D. 防坠安全器

13. 下列物料提升机使用的叙述正确的是（　　）。

A. 只准运送物料，严禁载人上行

B. 一般情况下不准载人上下，遇有紧急情况可以载人上下

C. 安全管理人员检查时可以乘坐吊篮上下

D. 维修人员可以乘坐吊篮上下

14. 力矩限制器可安装在（　　）。

A. 塔帽　　　　　B. 起重臂根部　　　　　C. 底架

D. 吊钩　　　　　E. 起重臂端部

15. 对动臂变幅的塔式起重机，设置幅度限位器时，应设置（　　）。

A. 最小幅度限位器　　　　　　　　　B. 小车行程限位开关

C. 终端缓冲装置　　　　　　　　　　D. 防止小车出轨装置

E. 防止臂架反弹后倾装置

16. 对小车变幅的塔式起重机，设置幅度限位器时，应设置（　　）。

A. 最小幅度限位器　　　　　　　　　B. 小车行程限位开关

C. 终端缓冲装置　　　　　　　　　　D. 防止小车出轨装置

E. 防止臂架反弹后倾装置

17. 塔式起重机爬升过程中，禁止进行的动作有（　　）。

A. 起升　　　　　B. 变幅　　　　　C. 回转

D. 起升和回转　　E. 起升和变幅

18. 塔式起重机日常检查和使用前检查的主要内容包括（　　）。

A. 基础　　　　　　　　　　　　　　B. 主要部位的连接螺栓

C. 金属结构和外观结构　　　　　　　D. 安全装置

E. 配电箱和电源开关

19. 起重机的拆装作业应在白天进行，当遇有（　　）天气时应停止作业。

A. 大风　　　　　B. 潮湿　　　　　C. 浓雾

D. 雨雪　　　　　E. 高温

20. 塔式起重机上必备的安全装置有（　　）。

A. 起重量限制器　　B. 力矩限制器　　　C. 提升高度限位器

D. 回转限位器　　　E. 幅度限位器

二、简答题

1. 塔式起重机的安全保护装置有哪些？

2. 施工电梯的安全保护装置有哪些？

3. 物料提升机的安全装置有哪些？

三、看图发现问题

职业活动训练

活动一　塔式起重机的验收

1. 分组要求：全班分 6~8 个组，每组 5~7 人。

2. 资料要求：选择某一工程塔式起重机的专项施工方案。

3. 学习要求：学生在老师的指导下阅读塔式起重机专项施工方案，熟悉塔式起重机检查项目、检查内容及检查方法，并进行模拟检查验收。

4. 结果：安全检查表。

活动二　施工电梯（升降机）的验收

1. 分组要求：全班分 6~8 个组，每组 5~7 人。

2. 资料要求：选择某一工程施工电梯专项施工方案。

3. 学习要求：学生在老师的指导下阅读施工电梯专项施工方案，熟悉施工电梯检查项目、检查内容及检查方法，并进行模拟检查验收。

4. 结果：安全检查表。

活动三　井字架、龙门架物料提升机的验收

1. 分组要求：全班分 6~8 个组，每组 5~7 人。

2. 资料要求：选择某一工程井字架、龙门架物料提升机的专项施工方案。

3. 学习要求：学生在老师的指导下阅读井字架、龙门架物料提升机的施工方案，熟悉井字架、龙门架物料提升机的检查项目、检查内容及检查方法，并进行模拟检查验收。

第 7 章

拆除工程施工技术与安全管理

知识目标

1. 了解拆除工程施工综述。
2. 掌握拆除工程主要项目的施工方案。
3. 掌握拆除工程施工安全管理。

能力目标

1. 能编制各种拆除工程施工方案。
2. 能够组织各种拆除工程专项施工。
3. 能组织管理各种拆除工程的安全管理工作。

重点与难点

1. 拆除工程主要项目的施工技术。
2. 拆除工程施工安全管理。

为了贯彻国家有关安全生产的法律和法规，确保建筑拆除工程施工安全，保障从业人员在拆除作业中的安全和健康以及人民群众的生命、财产安全，根据建筑拆除工程特点，国家制定了《建筑拆除工程安全技术规范》（JGJ 147—2016）。规范适用于工业与民用建筑、构筑物、市政基础设施、地下工程、房屋附属设施拆除的施工安全及管理。

拆除工程

7.1 拆除工程的施工综述

7.1.1 施工依据

1）《建筑拆除工程安全技术规范》（JGJ 147—2016）。

2）《建筑机械使用安全技术规程》（JGJ 33—2012）。

3）《建筑施工高处作业安全技术规范》（JGJ 80—2016）。

4）《建筑物、构筑物拆除技术规程》（DBJ 08-70-98）。

5）住建部有关标准和现场施工文明、卫生、安全防护管理规定和标准。

6）业主提供的建筑物设计说明，建筑物拆除图样和建筑物周边的管线布置情况。

7）根据工程特点、施工现场实际情况、施工环境、施工条件和自然条件分析。

8）其他相关专业规范及行业标准。

7.1.2 施工原则

1. 遵循设计文件的原则

在编制施工组织设计时，认真阅读核对获得的设计文件资料，了解设计意图，掌握现场情况，严格按设计资料和设计原则编制施工组织设计，满足设计标准要求。

2. 遵循施工技术规范和验收标准的原则

在编制施工组织设计时，严格按施工技术规范要求优化施工技术方案，认真执行工程质量检验及验收标准。

3. 遵循实事求是的原则

在编制施工组织设计时，不得影响正常交通、其他单位正常上班、市民休息等，因此我们考虑了交通标志、封闭施工、安全防护及对噪声污染等控制措施，并在施工中做好交通疏解、环境保护和文明施工的要求。

4. 体现"安全第一、防范为主"的原则

严格按照施工安全操作规程，从制度、管理、方案等方面制订切实可行的措施，确保施工安全，服从建设单位指令，服从监理工程师的监督指导，严肃安全纪律，严格按规章程序办事。

5. 遵循文明施工和环境保护的原则

施工中严格执行我国《环境保护法》和有关文明施工和环境保护的地方法规，创建文明施工现场。

7.1.3 施工准备

1. 施工现场作业准备

1）施工前，要认真检查影响拆除工程安全施工的各种管线的切断、迁移工作是否完毕，确认安全后方可施工。清理被拆除建筑物倒塌范围内的物资、设备，不能搬迁的须妥善加以防护。

2）疏通运输道路，接通施工中临时用水、电源。

3）切断被拆建筑物的水、电、煤气管道等，当建筑外测有架空线路或电缆线路时，应与有关部门取得联系，采取防护措施，确认安全后方可施工。

4）向周围群众出示安民告示，在拆除危险区域设置警戒标志。

2. 组织准备

针对本工程的特点和要求，组建项目组，由单位主要岗位负责人员参加。通过现场例会，具体解决解决施工过程中存在的问题、设备、劳动力及技术质量、安全、文明施工等有关问题，确保工程质量，按期完成。

3. 技术准备

1）工程技术人员认真理解施工图和学习有关设计文件，认真听取技术交底，熟悉图样内容，领会设计意图，了解各专业、各工种之间相互配合的关键所在。

2）做好对各施工班组的技术培训和技术交底，特别是对特殊工艺的技术交底和施工研

讨，同时要深化和完善施工组织设计、编制施工预算等。对施工组织设计和施工方案要及早报请施工监理和业主认可。

3）按工程的特点和设计要求，备齐工程施工所需要的有关标准、规范和规程，以及标准图集、技术资料及工具书等。

4）向进场施工人员进行安全技术教育，向班组进行安全技术交底。

4. 机械设备材料的准备

主要施工机械设备及材料需用按表 7-1、表 7-2 完成。

表 7-1　主要施工机械设备表

序号	机械设备名称	规格型号	数量	国别产地	制造年份	额定功率	生产能力	备注
1								
2								
3								

表 7-2　主要材料需用表

序号	名称	单位	数量	备注
1				
2				
3				

5. 在工地固定场所设置标牌

1）工程概况牌：标明工程项目名称、施工单位名称和施工项目经理、拆（竣）工日期、监督电话。

2）拆除工程安全生产牌。

3）文明施工牌，在拆除工程施工现场醒目位置，应设安全警示标志牌，采取可靠防护措施，实行封闭施工。

7.2　拆除工程主要项目的施工技术

7.2.1　模板工程拆除

1. 模板拆除的一般要点

1）侧模拆除：在混凝土强度能保证其表面及棱角不因拆除模板而受损后，方可拆除。

2）底模及冬期施工模板的拆除，必须执行《混凝土结构工程施工质量验收规范》的有关条款。作业班组必须进行拆模申请，经技术部门批准后方可拆除。

3）预应力混凝土结构构件模板的拆除，侧模应在预应力张拉前拆除；底模应在结构构件建立预应力后拆除。

4）已拆除模板及支架的结构，在混凝土达到设计强度等级后方允许承受全部使用荷载；当施工荷载所产生的效应比使用荷载的效应更不利时，必须经核算，加设临时支撑。

5）拆装模板的顺序和方法，应按照配板设计的规定进行。若无设计规定时，应遵循先

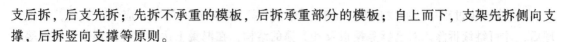

支后拆，后支先拆；先拆不承重的模板，后拆承重部分的模板；自上而下，支架先拆侧向支撑，后拆竖向支撑等原则。

6）模板工程作业组织，应遵循支模与拆模统由一个作业班组执行作业。其好处是，支模时就考虑拆模的方便与安全，拆模时，人员熟知情况，易找拆模关键点位，对拆模进度、安全、模板及配件的保护都有利。

2．梁板模板拆除

（1）施工工艺流程　拆除局部支撑→拆除梁侧模→拆除楼板底模→最后拆除梁底模。拆除跨度较大的梁下支柱时，应从跨中开始分别拆向两端。

（2）拆除工程施工要点

1）拆除模板，应搭脚手架、操作平台，操作平台的钢跳板必须要绑牢，并设防护栏杆，上、下要使用梯子。

2）两人抬运模板时要互相配合，协同工作。传递模板、工具应用运输工具或绳子系牢后升降，不得乱抛。模板装拆时，上下应有人接应，严禁野蛮施工。支模过程中，如需中途停歇，应将支撑、搭头、柱头板等钉牢。拆模间歇时，应将已活动的模板、牵杠、支撑等运走或妥善堆放，防止因踏空、扶空而坠落。

3）拆除模板一般用长撬棒，人不许站在正在拆除的模板上，在拆除楼板模板时，要注意整块模板掉下，尤其是用定型模板做平台模板时，更要注意，拆模人员要站在门窗洞口外拉支撑，防止模板突然全部掉落伤人。

4）拆模必须一次性拆清，不得留下无撑模板，拆下的模板要及时清理。

5）拆除的模板做平台底模时，不得一次将顶撑全部拆除，应分批拆下顶撑，然后按顺序拆下搁栅、底模，以免发生模板在自重荷载下一次性大面积垮塌。

（3）多层楼板模板支柱的拆除

1）当上层楼板正在浇筑混凝土时，下层楼板的模板和支柱不得拆除。再下层楼板的模板和支柱应视待浇筑混凝土楼层荷载和本楼层混凝土强度而定，如荷载很大，拆除再通过计算确定。一般荷载时，混凝土达到设计强度即可拆除。达到设计强度70%时，保留部分跨度4m以上大梁底模及支柱，其支柱间距一般不得大于3m。

2）在拆除模板过程中，如发现混凝土有影响结构、安全、质量问题时，应暂停拆除，经过处理后，方可继续拆除。

3．墙柱模板拆除

（1）墙柱模板拆除顺序和方法　模板的拆除顺序一般是先非承重模板，后承重模板；先侧板，后底板。大型结构的模板，拆除时必须事前制订详细方案。

（2）墙柱模板拆除要求　剪力墙、柱拆模时间应考虑混凝土的自身重力和拆除后不掉楞，以及柱的高低。一般的住宅混凝土剪力墙、柱应满足基本要求。具体拆模时间是要根据室外昼夜气温以及混凝土的强度等级来决定拆模时间，不是笼统地以多少天来定论。

（3）墙柱模板拆模的注意事项

1）拆模时，操作人员应站在安全处，以免发生安全事故；拆模时应尽量不要用力过猛过急，严禁用大锤和撬棍硬砸硬敲，以免混凝土表面或模板受到损坏。

2）拆下的模板及其配件，严禁乱抛乱扔，应有专人接应传递，按指定地点堆放，并及时清理、维修和刷隔离剂，以备周转使用。

3）在拆模过程中，如发现混凝土有影响结构安全的质量问题时，应停止拆除，经过处理后，才可继续拆除。对已拆除模板及其支撑的结构，在混凝土达到设计的混凝土强度等级后，才能承受全部使用荷载。

7.2.2　钢管外脚手架工程拆除

1. 拆除准备工作

1）脚手架拆除前应由有关人员对落地外脚手架实地进行全面检查（必要时需加连墙杆），建筑物及楼层材料已转运，已不需要脚手架时，方可进行拆除。

2）脚手架拆除前，先划定安全范围，设置警戒线，拆除人员必须先熟悉现场，了解四周环境，检查是否有隐患之处，每层楼面必须做好临边洞口的防护。

3）应认真将各层架体上的存留材料、杂物等清除干净，以防坠落伤人。

4）组织拆除人员做好安全技术交底，并有交底接受人签字，对作业人员交接清楚工作中要注意的相关安全技术要求。准备好安全带、绳、吊具、工具，配备运输人员。堆放在脚手架上物体严禁过多，并随时运到地面，堆放整齐。

5）拆除人员必须是专职架子工，持有特殊工种操作证方可参加作业。

6）由负责安全的部门进行专门的安全交底。

2. 外架拆除要点

1）按自上而下，先搭后拆，后搭先拆逐步拆除，严禁上下同时作业，不得采用踏步式或采取分段、分立面拆除。

2）连墙杆应随脚手架逐层拆除，严禁先将连墙杆整层或数层拆除后再拆除架体；拆除连墙杆的同时应设临时连墙杆加固。拆除后的各构配件应分层、分段往下传递，严禁随意抛扔。

3）拆下的钢管、扣件等材料运至地面时，应随时按品种、分规格堆放整齐，妥善保管。

3. 脚手架拆除施工工艺流程

安全密目网→挡脚板→脚手片→连墙杆→拉杆→剪刀撑→搁栅→大横杆→小横杆→立杆→木板。

4. 拆除注意事项

1）划出工作区标志，周围必须设围栏或竖立警戒标志，地面设有专人监护和指挥，严禁非作业人员入内。

2）工人作业前必须对个人防护用品进行检查合格后，方可投入使用。检查使用的工具是否牢固，防止掉落伤人。高处或悬空作业必须戴好安全帽和系好安全带。

3）严格遵守拆除顺序，由上而下，后装者先拆，先装者后拆，一般是先拆栏杆、脚手架、剪刀撑，而后拆横杆、立杆等。严禁上下交叉作业。

4）拆立杆时，要先抱住立杆再拆开最后两个扣，拆除大横杆、斜撑、剪刀撑时，应先拆中间扣，然后托住中间，再解端头扣。

5）统一指挥，上下呼应，动作协调，当解开与另一人有关的结扣时应先告知对方，以防坠落。

6）材料工具要用滑轮和绳索运送，不得乱扔。拆下的材料严禁抛掷，运至地面的材料

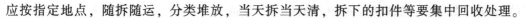

应按指定地点，随拆随运，分类堆放，当天拆当天清，拆下的扣件等要集中回收处理。

7）在拆架过程中，不得中途换人，如必须换人时，应将拆除情况交代清楚后方可离开。作业人员在离场前必须对自己或相邻人员拆除的脚手架进行检查，对松动的架子必须进行善后处理方可离开。

8）拆除时，所拆除的材料或构件若需垂直运输时，必须对所吊运的材料或构件进行捆绑牢固后方可进行吊运。吊运时不得伤及他人或破坏建筑物、公共财物。

5．外架拆除安全措施

1）外架拆除上岗人员必须持有特种作业上岗证。拆除脚手架前必须认真向操作人员进行安全技术交底。班组长必须将脚手架拆除的相关安全技术要求对作业人员交接清楚。

2）严禁酒后、带病或穿拖鞋或硬底鞋上岗操作。

3）拆除外架应在白天进行，并做好区域维护工作，在通道明显的地方挂好警示牌并由专人监督。在整个拆除作业过程中，项目安全员应切实做好现场巡查工作，在主要通道处设置警戒区，安排一名警戒员巡视，确保拆除作业顺利进行。

4）拆除外架首先拆除所有竹夹板及安全网，然后自上而下拆除，拆除时，先拆横杆，然后再拆除立杆，不能上下同时作业。连墙件必须与脚手架同步拆除。一般不允许分段、分立面拆除，拆下的扣件和配件应及时运至地面，严禁高处抛掷。

5）凡已松动的钢管、扣件应及时拆除运走。

6）拆除下的钢管严禁向楼下抛投，应逐层向下传递。

7）拆除时应四周同时进行，禁止单面拆除后再拆另一面。

8）工人在架上作业时，应注意自我保护和他人的安全，避免发生碰撞、闪失和落物；严禁在架上嬉闹和坐在栏杆上等不安全处休息。

9）拆除下的所有周转材料应分类堆放整齐。在进库存放以前逐件检查，有变形和损伤的部件应剔除修理，漆皮脱落者应重新油漆。

10）如遇大风、大雨等恶劣天气，应立即停止作业，并注意保护脚手架，必要时加强与墙体的连接，确保牢靠。

7.2.3 主体工程拆除

1．主体工程拆除注意事项

1）首先检查安全通道情况，必须保持安全通道畅通无阻。

2）做好一些预留设施、重要部位、部件的防护保护工作，拆除承重墙时要先加固（由专业队伍施工），得到相关单位的认可后方可进行下一道工序施工。

3）将拆除区域内的易燃易爆品包括废纸、纺织品、木制品等集中外运。

4）多层建筑物，高处作业易采用移动式脚手架。

2．拆除顺序

室内墙：切断电路→关闭给水排水管→拆除管线→室内门窗→顶棚→龙骨→墙面砖→地砖→石膏板隔墙→内墙。

室外墙：自上而下外墙面砖拆除。

3．主体拆除工程安全保证措施

（1）防振、减少噪声措施

1）多采用性能好、噪声低、振动小的机具及设备。

2）不破坏任何主体结构及其他保留物。

3）运输车辆在场区及居民区行驶速度控制在 5km/h 内，禁止鸣笛、哄油门。

4）人员在施工其他场所或经过时，禁止大声喧哗。

5）装卸物品时轻拿轻放。

6）拆除作业时，一律由上而下拆除，禁止整堵墙面或大块从高处倒塌，绝对禁止从建筑物下方掏空使建筑物整体倒塌。

7）对噪声较大的机械设备要搭隔声棚。

8）对办公区、生产区较近的施工部位，要搭设隔声墙。

（2）施工现场防火措施　为做好消防工作，保证施工现场及周边建筑物、设备设施及人身安全，实现文明施工、安全施工，消除火险隐患，为此须制订施工期间防火措施：

1）施工管理人员进场前进行全员安全防火教育培训，建立逐级防火责任制，对消防工作做得好，成绩显著者，给予表扬奖励；对不按防火职责办事或违反者，要按情况和造成的后果轻重，给予处分或处罚，触犯刑法的依法追究刑事责任。

2）完善配备消防设施和灭火器材，根据甲方提供的水源，配备符合标准数量的消防水带和灭火器，包括二氧化碳灭火器、泡沫灭火器、干粉灭火器。

3）建立安全防火领导小组，成立义务消防队。

4）对施工现场内重点部位进行登记，制订灭火作战方案，并进行不少于两次的演练。

5）义务消防员要达到"两知三会三能"（知防火知识，知灭火知识；会报火警，会疏散自救，会协助救援；能检查出问题，能宣传防火常识，能扑救初起小火）。

6）封闭施工现场的同时，要留足够的消防通道。

7）要组织相关人员经常检查、指导、宣传防火知识和通报检查结果，发现隐患及时处理，发现事故苗头采取措施，发现火灾及时报告。

8）进场后，对施工区域内的易燃物，如棉纱、旧布、油污品、树叶进行清扫，装袋运出现场，到指定消纳场进行妥善处理。

9）拆除木质结构和带有油污物品时严禁动明火，并对所拆除的物品及时清运出场。

10）严格用电管理，严禁私搭乱接，接临时用电必须经甲方同意，并按规范安装电器及照明设施，绝对不允许用电取暖、做饭等非生产用电。

11）用电气焊等明火作业，须对周围易燃物进行清理，经检查合格后报甲方同意方可实施。

12）如有情况应及时上报，以免耽误救火时机。必要时拨打火警 119。

（3）消防保卫措施

1）施工现场主要出入口设警卫室，建立警卫制度和现场保卫记录。

2）现场设有明显的防火宣传标志，每月对职工进行一次治安、防火教育，建立一支技术熟练、经验丰富的义务消防队。

3）施工现场备有足够的消防器材；设置消火栓；消火栓并涂上红漆，注明"消火栓"。

4）现场使用明火作业必须事先取得业主同意，由负责人亲自审批；明火附近不得有易燃、易爆物品。

5）现场应设置循环消防车道，宽度不少于 3.5m。消防车道不能环行的，在适当地点修建回转车辆场地。

6）易燃、易爆、剧毒等危险物品单独存放，专人负责，必须有严格的领退料手续。

7）施工中，易产生可燃、有毒气体时，应保证隧道内通风良好或配备强制通风设施。

8）施工中使用的易燃、易爆材料，严禁在施工现场存放，并以当日作业的用量发放。

9）施工中的明火作业，必须配备固定的看火人员和灭火器材；一切用火必须办理用火手续，并经批准。

10）施工现场严禁吸烟。必要时应设有防火措施的吸烟室。施工现场及生活区严禁使用与施工无关的用电设备及工具。

11）在施工过程中，要坚持防火安全交底制度，特别是在进行电焊、油漆、保温或从事防水等危险作业时，要有具体防火要求。

12）切割钢层架时下方要配备看护人员，配备消防器材。

（4）防尘及环保环卫措施

1）施工期间，设专人定期清扫施工围边各道路及通往主要干道和门前三包地段，清运废旧物品期间每天派人清扫。

2）现场无扬尘。在进行拆除作业时，如有必要一边拆一边喷水降尘。

3）运输车辆的车容、车况良好；车辆出场时清扫车轮以免尘土飞扬或遗洒。

4）一些有毒有害有污染的物品要单独处理，以免运出后污染土地或危害他人健康。

5）特殊工种的施工人员，配备劳动保护用品，防止受到污染，保护施工人员的身体健康。

6）环保环卫管理工作是实现绿色环保施工的重要手段，一定要与整个施工过程结合在一起。

7.2.4　关键部位拆除工程

1. 管线部位的建筑拆除

拆除建筑前，对施工道路及拆除区的地下管线、地上的电力、通信线路及树木采取防护措施。

1）对地下管线、地上的电力、通信线路确认并划线标记。

2）切断电力、通信线路的电源和信号，对不能切断的电源和通信线路，做好醒目标记，选取施工点时绕开线路，并派专人看护。

3）拆除前对施工点的地下管线采用厚钢板或木板进行覆盖防护，拆除时尽量避免坍塌方式，防止砸坏管线设施。

2. 与树木相临建筑的拆除

如拆除区内有需要保留的树木，可采取如下保护措施：

1）在拆除施工时要选择远离树木的位置作为作业点。

2）派专人看护施工，防止施工中对树木的破坏。

3）对于距离拆除建筑较近的绿化带，必要时可采取覆盖或围挡防护。

3. 与保留建筑相临处的拆除

在拆除保留建筑相临处的建筑时，可采取如下措施：

1）如有与保留建筑相连处，可先将连接部位使用切割设备切割分离，并拆除出 2m 以上宽度的隔离带，再对拆除建筑实施大范围拆除。

2）如拆除建筑与道路相临，必须在施工前，将拆除区与道路封闭，并悬挂安全警告标识，并在拆除时派专职安全人员看护，指挥行人和车辆绕行，以保证安全。

3）为保证拆除区域外建筑的安全，可考虑在重点部位采取人工方式拆除，可保证区域外重点保护的临近建筑的安全。

7.3 拆除工程施工安全管理

7.3.1 安全生产管理组织机构

1）设立安全委员会（图7-1）：由公司主要负责人全面承担安全责任；委员会下设专业组和办公室，由主任一人和成员若干人组成，办公室为委员会的常设机构，设在公司项目管理部，负责处理日常工作。

2）工程项目部设安全生产领导小组，组长由公司安全委员会主要负责人担任，下设专职安全员。

7.3.2 安全教育培训的形式

安全教育培训可以根据各自的特点，因地制宜，采取多种形式进行。如建立安全教育室，举办多层次安全培训班、安全课、安全知识讲座、报告会、智力竞赛、典型事故图片展览、书画摄影展、电视片、黑板报、墙报、简报等；或者给职工家属发送安全宣传品，动员职工家属进行安全生产监督，效果较好。总之，安全教育要避免枯燥无味，流于形式，并要坚持经常化、制度化、讲究实效。

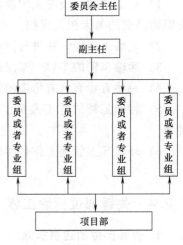

图 7-1 安全委员会

7.3.3 拆除工程安全生产检查制度及标准

安全生产检查形式有：定期安全检查、专业性安全检查、经常性（不定期）安全检查、季节性及节假日前后安全检查、工程项目部经常进行自检、互检和交接检查。

安全检查验收标准：严格按照住建部颁发的《建筑施工安全检查标准》中逐项进行检查和验收，不满足标准要求的部分不得进行现场作业。

7.3.4 拆除工程安全施工基本规定

员工必须遵守以下基本安全规定：

1）施工人员在作业前应识别作业的危险，确定安全防护措施，落实安全措施。

2）施工人员发现危险时或对工作风险有疑问时，应立即停止作业，并通知相关部门。

3）施工人员在施工现场必须穿戴个人劳动保护用品，禁止穿短裤、拖鞋、赤膊、赤脚。

4）特殊工种作业时必须使用特殊防护用品。

5）作业现场必须保持整洁，禁止乱扔垃圾、随地吐痰；不得随意遮盖、堵塞排水管道；工作时不得喧哗；禁止在工作现场吃零食；工作结束后必须清理现场，恢复原状。

6）作业现场应设立警告标志，禁止无关人员入内。

7）原则上夜间不进行拆除作业，若非进行夜间作业时，现场必须设立安全警示灯。作业人员和指挥人员穿反光背心，照明满足作业需要。

8）在临边、孔洞的作业和登高作业时，必须设置安全围栏和安全标志，以防坠落事故的发生。

9）禁止在高处、临边处、坑洞旁、无安全网的脚手架等有落物风险的地方或部位摆放物料和工具，以防落物打击事故。

10）禁止私接电源，施工用电必须得到对口部门批准，必须由有资格的电工操作，以防触电事故。

11）使用起重机械作业时，必须由有资格的起重工操作；作业现场必须建立临时警告标志，必须指定专人监护；禁止歪拉斜吊，禁止站在起重物下；禁止在汽车式起重机行走、转动区域内停留或走动。

12）高处作业（2m及以上）必须使用安全带。

13）禁止在梯子上负重作业和长时间作业（半小时以上）。

14）在道路、通道上作业，必须设置临时围栏和警告标志，夜间作业必须设置警告灯光信号。

15）临时电缆穿过道路或车辆/人行通道时，必须使用有安全色的保护板。

16）禁止在"禁烟"场所吸烟，禁止游动吸烟，禁止乱扔烟头，禁止将烟灰、烟头倒入废纸篓。

17）在现场存放施工物料，必须得到同意，并按规定办理手续。

18）施工人员有权拒绝任何人的强令冒险作业和声音指挥。

19）除遵守上述基本安全规定外，还应遵守治安管理规定。

7.3.5　拆除工程不能忽视的六大安全管理要点

1）前期准备要充分。拆除前须根据图样了解建筑物结构情况、设备情况及管线情况。了解周围建筑、道路、管道、房屋等情况，拆除前限定范围防止对周边环境产生过大影响。转移拆除范围内的各种物资设备。做好临时用水以及临时用电工作，且在切断被拆除建筑的水、电、煤气等管道后方可拆除主体结构。在拆除范围外设立警示标志，采取可靠的防护措施以实行封闭施工。

2）标牌设立要明确。及时在拆除范围外设立：工程概况牌、安全生产牌、文明施工牌、安全警示标志牌。

3）拆除顺序要牢记。拆除前须了解拆除房屋结构及传力关系，先拆非承重构件，再拆承重构件；先拆次受力构件，再拆主要受力构件。遵循自上而下对称拆除，严禁交叉拆除或数层同时拆除。通常按屋顶板→屋架→梁→承重砖墙或柱→基础的顺序自上而下进行拆除。

4）环境保护不能忘：①拆除过程中注意现场洒水，现场堆放垃圾须用安全网覆盖并洒水湿润；大风天气时禁止拆除作业，同时应对现场材料等进行覆盖处理。②拆除工程中所用污水禁止随意排放，必须经过滤后排入市政管道。

5）危险源要常检查。拆除施工中常见危险源包括：①施工机具触电；②配电箱漏电；③高处坠落；④切割用乙炔导致火灾等。

6）保障措施要落实：

消防措施：建立健全消防保障体系，设立消防安全负责人；施工现场合理设置消防器材，规划时留设消防通道并保持畅通，设立醒目标志牌；禁止吸烟；严格用火制度，使用明火前必须申请；对乙炔等气体的使用管理要严格，此类工种作业人员必须持证上岗。

防触电措施：电气设备严禁带"缺陷"运转；移动电气设备前必须先切断电源并做妥善处理，暂停使用设备时必须断电，隔离开关，并关门上锁；临时用电线路应悬挂使用，严禁落地，相关机具设备须做好接地保护；施工用电全部采取三相五线制，所有用电设备均须配备漏电保护器。

7.3.6　拆除过程安全保证措施

1）所有拆除作业的施工人员必须经过拆除工程的安全技术培训，并接受有效的安全技术交底工作及签字手续，做好个人的防护方可进行施工作业。

2）现场机电维修人员应该经常检查设备触电漏电保护是否完好有效。

3）拆除施工应根据房屋结构，采取从上往下分层拆除，不得立体交叉拆除作业；框架结构的房屋确需连体倾覆拆除的，距相邻建筑物、构筑物和人行通道必须达到被拆除建筑物高度的 1.5 倍以上。

4）拆除过程中，现场照明不得使用被拆除建筑物中的配电线路，应另外设置配电线路。

5）拆除建筑物的栏杆、楼梯和楼板时，应该和整体拆除进度相配合，不能先行拆除。建筑物的承重支柱和横向联合梁，要等待它所承担的全部结构和荷重拆掉后才可以拆除。

6）拆除二层以上的房屋，按房屋的层高进行防尘围护，防止拆除房屋产生较大粉尘，应及时洒水降尘，建筑垃圾和房屋旧料、废弃物应设置垂直运输设备或流放槽倾倒，拆除物不得随意从高处往下抛，以保护环境卫生和空气的清洁度。

7）拆除建筑物时，楼板上不许有多人聚集和堆放材料，以免楼盖结构超载发生坍塌。

8）在高处进行拆除工程，要将拆下的较大或沉重的材料，用吊绳或起重机及时吊下或运走，禁止向下抛掷。拆卸下来的各种材料要及时清理，分别堆放在一定位置。

思考题与习题

1. 梁板模板拆除施工工艺及施工要点有哪些？

2. 主体拆除工程安全保证措施有哪些？

3. 简述外架拆除要点。

4. 拆除工程安全生产检查形式有哪些？安全检查验收标准是什么？

5. 拆除工程不能忽视的六大安全管理要点是哪些？

第8章

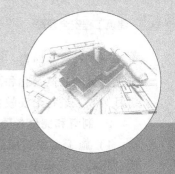

安全文明施工

知识目标

1. 了解治安保卫工作的主要内容、责任制和各项治安管理制度。
2. 掌握施工现场管理与文明施工的主要内容。
3. 熟悉施工噪声污染、现场大气污染、水污染、固体废弃物等污染的防治措施。
4. 熟悉施工现场环境卫生与防疫管理。

能力目标

1. 具备编制治安防范管理制度的能力。
2. 具有编制施工现场场容场貌与料具堆放方案的能力，并对场容场貌及料具堆放进行检查验收。
3. 具有对环境保护与环境卫生进行安全检查验收的能力。

重点与难点

1. 施工现场管理与文明施工的主要内容。
2. 施工现场环境保护的措施。

8.1 施工现场治安保卫综合治理

施工现场治安保卫综合治理就是维护施工现场正常的工作秩序，保障各项工作的顺利进行，保护企业财产和施工人员人身、财产的安全，预防和打击犯罪行为。

8.1.1 治安保卫工作内容

施工企业应对施工现场治安保卫工作进行统一管理。企业有关部门负责监督、检查、指导施工现场落实治安保卫责任制的情况。施工现场的治安保卫工作，应贯彻"依靠群众，预防为主，确保重点，打击犯罪，保障安全"的方针，坚持"谁主管，谁负责"的原则，实行综合治理，建立并落实治安保卫责任制。

施工现场治安保卫工作的主要任务是：

1. 贯彻执行国家、地方和行业治安保卫工作的法律、法规和规章

施工企业要结合施工现场特点，对施工现场有关人员开展社会主义法制教育、敌情教育、保密教育和防盗、防火、防破坏、防治安、灾害事故教育等治安保卫工作的宣传，增强施工人员的法制观念和治安意识，提高警惕，动员和依靠群众积极同违法犯罪行为做斗争；每月对职工进行治安教育，每季度召开一次治保会，定期组织保卫检查。

2. 制订和完善各项工作制度，落实各项具体措施，维护施工现场的治安秩序

1）施工企业要加强治安保卫队伍的建设，提高治安保卫人员和值班守卫人员的素质，保持治安保卫人员的相对稳定；积极与当地公安机关配合，做好企业治安保卫队伍建设。

可由施工企业提出申请，经公安机关批准，建立经济护卫队和专职消防组织，为施工现场治安保卫工作提供可靠的人员保证。施工企业保卫组织的变动及其保卫组织负责人的任免，应当报当地公安机关备案；施工现场应当根据治安保卫工作的需要，建立保卫组织、义务消防组织、护场组织，或配备专职、兼职保卫人员；施工现场治安保卫人员和值班守卫人员应当坚守岗位，认真履行治安保卫工作职责。

2）施工企业应当制订和完善各项治安保卫工作制度，建立一个治安保卫管理体系。根据国家有关规定，结合施工现场实际，施工企业应建立以下制度：

① 门卫、值班、巡逻制度。

② 现金、票证、物资、产品、商品、重要设备和仪器、文物等安全管理制度。

③ 易燃易爆物品、放射性物质、剧毒物品的生产、使用、运输、保管等安全管理制度。

④ 消防安全管理制度。

⑤ 机密文件、图样、资料的安全管理和保密制度。

⑥ 施工现场、内部公共场所和集体宿舍的治安管理制度。

⑦ 治安保卫工作的检查、监督制度的考核、评比、奖惩制度。

⑧ 施工现场需要建立的其他治安保卫制度。

施工企业应当按照地方人民政府的有关规定正确划定施工现场的要害部门、部位；制订和落实要害部门、部位的各项治安保卫制度和措施，经常进行安全检查，消除隐患，堵塞漏洞；要害部门、部位的职工应当严格按照规定条件配备，经培训合格方可上岗工作；要害部门、部位应当安装报警装置和其他技术防范装置。

要加强重点防范部位、贵重物品、危险物品等的安全管理。与生产有关的物资设备在经营、存放、运输、维修、使用过程中要建立防盗管理制度；库房、货场、办公室、实验室等要害部位应有防护措施，要做到安全牢固并纳入守护人员视线。

施工企业要为保卫组织配备必要的装备，并安排必要的业务经费；为施工现场配备安全技术防范设施和器材。

3）积极配合当地公安机关组织的各项活动。

施工现场保卫组织在施工企业领导和公安机关的监督、指导下，依照法律、法规规定的职责和权限，进行治安保卫工作。要加强治安信息工作，发现可疑情况、不安定事端时，要及时报告公安机关、企业保卫部门；发生事故或案件时，要保护刑事、治安案件和治安灾害事故现场，抢救受伤人员和物资，并及时向公安机关、企业保卫部门报告，协助公安机关、企业保卫部门做好侦破和处理工作；参加当地公安机关组织的治安联防、综合治理活动，协助公安机关查破刑事案件和查处治安案件、治安灾害事故。对公安机关指出的治安隐患和提出的改进建议，应在规定的期限内解决，并将结果报告公安机关；对暂时难以解决的治安隐患，应采取相应的安全措施；防止偷窃或治安灾害事故的发生。

4）做好法律、法规和规章规定的其他治安保卫工作，办理人民政府及其公安机关交办的其他治安保卫事项。

做好施工现场内部治安保卫工作应注意以下问题：

1）实行双向承诺，明确责权，规范治安承诺。总承包企业的项目经理部配合当地派出所向施工现场的所有施工队伍公开承诺检查、防范等各项工作内容、各项责任追究及赔偿办法；所有施工队伍向派出所承诺，依照施工现场内保条例落实防范措施的内容及自负责任，互签治安承诺服务责任书，健全警企主要责任人联系议事、赔偿责任金管理等制度，从而使双方各有其责，风险共担，责任共负。定期开展法制教育，提供法律援助服务；为施工现场发展创造一个良好的外部环境。项目经理部配合责任区民警每周保证进行安全检查，并建立健全内保组织，落实安全防范措施，确保施工现场内部安全。通过签订双向治安承诺责任书，明确项目经理部和施工队伍的权利和义务关系，促进管防措施的落实。项目经理部应将治安承诺责任书悬挂在施工现场门口，实行公开挂牌保护。

2）落实专业保安驻厂，阵地前移。为提高治安质量，及时收集掌握第一手信息，迅速发现和处置突发性事件，确保施工现场及周边治安秩序持续稳定，要变静态管理为动态管理，在施工现场实行专业保安驻厂制，实行一企一专业保安、专业保安多能的管理模式。

驻厂专业保安的主要任务是"两建一查一提高"，即协助公司从门卫值班、安全教育到调查、处理纠纷，从四防检查到各类案件防范等方面，建立一套行之有效的安全管理制度；建立内保自治队伍，并负责相关培训工作；驻厂专业保安与内保干部每天对各环节安全生产情况进行一次检查，对施工现场内部及周边各类纠纷及时调查、处理，做到"三个及时，稳妥调处"，即工地内部发生纠纷，责任区专业保安与内保干部及时赶到、及时调查、及时处理，不让纠纷久拖不决，不使纠纷扩大升级，保证不影响施工现场的正常生产经营；聘请政法部门的领导和专家到场讲课，提高职工的法律意识。

3）构筑防范网络，固本强基，拓展治安承诺。扎实的防范工作是支持治安的基础平台。要牢固树立"管理就是服务"的思想，加强对施工现场安全防范工作的检查、指导、督促各项防范措施落实。通过认真分析施工现场的治安环境，建立从点到线、由线到面的立体防控体系，做到人防、物防和技防相结合，增大防范力度，提高防范效益。重点狠抓不同施工队伍的"单位互防"，即由项目部组织施工现场成立联合巡逻队开展护场安全保卫工作，重点加强对要害部位、重要机械和原材料生产的安全保卫和夜间巡逻。

4）加强内保建设，群防群治，夯实治安承诺。治安保卫工作的实践告诉我们，要提高施工现场治安控制力，就必须加强以内保组织为核心的群防群治建设。首先，应加强内保组织建设。施工现场要建立保卫科，配齐、配强一名专职保卫科长，选取治安积极分子作为兼职内保员。保卫科定期召开会议研究解决工作中遇到的新情况、新问题，找出薄弱环节，有针对性地开展工作。其次，加强规范化建设。保卫科要做到"八有"，即有房子、有牌子、有章子、有办公用品、有档案、有台账、有规章制度、有治安信息队伍。保卫科长与责任区民警合署办公，每月到派出所参加例会，总结汇报上月工作情况，接受新的工作部署和安排。最后，发挥职能作用。内保组织要认真履行法制宣传、安全防范、调解纠纷和落实帮教等方面的职责，积极协助派出所做好预防和管理工作。

8.1.2　现场治安管理制度

1. 门卫制度

门卫制度是治安保卫工作制度的重要组成部分。

施工现场门卫值班人员一般应具备下列条件：

1）年满 18 周岁，年龄在 35 岁以下的中华人民共和国公民。

2）身体健康，具有高中以上文化程度；思想进步，政治可靠，热爱治安保卫工作，敢于同坏人坏事做斗争。

3）经过公安机关组织的治安保卫工作培训，取得上岗合格证书。

施工现场值班人员要协助材料员做好材料进出的验收，做好施工现场的安全防范工作，加强巡逻检查，严防坏人进行偷盗和破坏活动。

门卫值班人员必须坚持原则，不徇私情，对违章人员应给予批评教育和纠正；不得随意离开岗位，如被发现，必须进行批评教育，并给予罚款。

工地设门卫值班室，门卫值班人员昼夜轮流值班，白天对外来人员和进出车辆及所有物资进行登记，夜间值班巡逻护场，并保证报警器等技术防范装置的正常使用。

出入制度是门卫制度的重要组成部分，施工企业要根据企业和施工现场特点明确具体要求，可操作性要强，一方面加大宣传力度，要求施工人员积极遵守；另一方面要求门卫值班人员严格执行。

出入制度主要内容有：

1）主要出入口的通行时间。

2）对施工场地内的一切建筑物资、设备的数量、规格进行查对，符合出门单的准予出门，凡是无出门单或者与出门单不符的，门卫有权暂扣。

3）节假日和下班以后，原则上不准物资出门，如生产急用，除了必须有出门单外，经办人员必须出示本人证件，向值班门卫登记签名。

4）个人携带物品进入大门，值班门卫认为有必要时，有权进行检查，有关人员不得拒绝；调整到其他工地住宿的施工人员所携带的行李物品出门，必须持有关部门的出门手续，值班门卫才能放行。

5）外来人员进入施工现场联系工作、探亲访友，门卫必须先验明证件，进行登记后方可进入，夜间访友者必须在晚上十时以前离开。

6）严禁与工程项目无关的人员进出工地。

除出入制度外，门卫制度内容还有：制订具体措施，做好成品保卫工作；严防盗窃、破坏和治安灾害事故发生；做好报纸、杂志和信件的收发、登记、保管及发放工作，不得遗失，严守秘密。

2. 暂住人员管理

由于建筑工程的固定性的特点，决定了建筑从业人员必须要流动起来。因此，加强暂住人员的管理是做好现场治安管理的基础，也是现场治安管理的重要部分。

暂住人员是指离开常住户口所在市区或者乡（镇）在本市行政区域内其他地域居住（以下称暂住地）3 日以上的人员。

为了维护现场施工、生活秩序和财产安全，根据国家、地方的有关规定，并结合施工现场的实际情况，施工企业应制订暂住人员管理制度。

施工企业应积极配合政府相关单位做好暂住人员管理工作，对暂住人员实行合理调控，严格管理，文明服务，依法保护的方针，严格执行"谁用工、谁管理，谁留宿、谁负责"的原则。任何单位和个人不得侵犯暂住人员的合法权益。

建筑施工企业应当教育暂住人员遵守法律、法规和政府有关规定，服从管理，自觉维护社会秩序，遵守社会公德。

施工企业应当与当地派出所签订治安责任书，并承担下列责任：

1）对暂住人员进行经常性的法制、职业道德和安全教育。

2）不得招用无合法身份证明，未按规定办理暂住手续的人员。

3）及时填报暂住人员登记簿，并向派出所报告暂住人员变动及管理情况。

4）发现违法犯罪情况及时报告公安部门。

5）成立治保组织或者配备专（兼）职治保人员，协助做好暂住人员管理工作。

3．重点要害部位安全制度

1）凡属施工现场的重点及要害部位，必须建立安全管理规章制度，工作人员必须坚守岗位，恪尽职守；施工现场办公室必须门窗完整、安全，钥匙要随身携带，做到人离关窗、上锁，贵重物品（如现金、手表）要随身携带。

2）对在重点及要害部位上的工作人员要进行经常性的治安保卫常识和遵纪守法教育；有关部门要定期进行考核，对不适合在本部位上工作的人员要坚决调离。

3）要落实防盗、防火、防破坏和防其他治安灾害事故的措施，维护正常的生产和生活秩序。

4）现金及有价证券应按指定地点存放在金属柜内，并设专人看守，其他部位严禁存放，如违反规定，要追究有关人员责任。

4．库房、食堂安全管理制度

1）库房、食堂等重点部位，严禁闲杂人员进入。

2）落实值班制度，实行责任管理。

3）各种物资要分类堆放、留出通道，不要紧靠围墙。

4）库房、食堂内禁止吸烟，禁止使用电热器具。

5）离开库房、食堂时，注意检查门窗，拉闸断电，锁好门。

6）禁止使用临时照明、取暖设备，以防发生火灾。

7）仓库保管人员应当熟悉所储存物品的分类、性质，熟悉保管业务知识和防火安全制度，正确掌握消防器材的使用。

8）安全使用各种炊事机械设备，注意劳动保护。

5．危险物品管理

危险物品管理包括对易燃、易爆、剧毒、病毒菌种和放射性物质等危险品的生产、储存和使用管理。危险物品必须专库存放，库房结构及位置应符合危险物品安全管理规程，必须设专人保管，建立领取、使用、批准的专项制度，做到账物相符，领取有登记，消耗有定额，回收有记录，交代有手续。

8.2　施工现场文明施工

8.2.1　施工现场文明施工内容

1. 文明施工的内容

文明施工是保持施工现场良好的作业环境、卫生环境和工作秩序，科学组织施工，施工程序合理的一种施工现象。

文明施工主要包括以下几个方面的工作：

1）规范施工现场的场容，保持作业环境的整洁卫生。

2）科学组织施工，使生产有序进行。

3）减少施工对周围居民和环境的影响。

4）保证职工的安全和身体健康。

5）做好现场材料、机械、安全、技术、保卫、消防和生活卫生等方面的管理工作。

2. 文明施工的意义

（1）文明施工能促进建筑企业综合管理水平的提高　保持良好的作业环境和秩序，对促进安全生产、加快施工进度、保证工程质量、降低工程成本、提高经济和社会效益有较大作用。文明施工涉及人、财、物各个方面，贯穿于施工全过程之中，一个工地的文明施工水平是该工地乃至所在建筑企业在工程项目施工现场的综合管理水平的体现。

（2）文明施工是适应现代化施工的客观要求　现代化施工需要采用先进的技术、工艺、材料、设备和科学的施工方案，需要严密组织、严格要求、标准化管理和高素质的职工等。文明施工能适应现代化施工的要求，是实现优质、高效、低耗、安全、清洁、卫生的有效手段。

（3）文明施工代表建筑企业的形象　良好的施工环境与施工秩序，可以得到社会的支持和信赖，可以提高建筑企业的知名度和市场竞争力。

（4）文明施工有利于员工的身心健康，有利于培养和提高施工队伍的整体素质　文明施工可以提高职工队伍的文化、技术和思想素质，培养尊重科学、遵守纪律、团结协作的大生产意识，促进建筑企业精神文明建设，还可以促进施工队伍整体素质的提高。

3. 文明施工组织和管理

（1）组织和管理制度　施工现场应成立以项目经理为第一责任人的文明施工管理组织。分包单位应服从总承包单位文明施工管理组织的统一管理，并接受监督检查。

各项施工现场管理制度应有文明施工的规定，包括个人岗位责任制、经济责任制、安全检查制度、持证上岗制度、奖惩制度、竞赛制度和各项专业管理制度等。

加强和落实现场文明检查、考核及奖惩管理，以促进施工文明管理工作提高。检查范围和内容应全面周到，包括生产区、生活区、场容场貌、环境文明及制度落实等内容。检查发现的问题应采取整改措施。

（2）建立收集与保存文明施工资料的措施　施工组织设计（方案）中应明确对文明施工的管理规定，明确各阶段施工过程中现场文明施工所采取的各项措施。

建立收集文明施工的资料，包括上级关于文明施工的标准、规定、法律法规等资料，并

建立其相应保存的措施。

建立施工现场相应的文明施工管理的资料系统并整理归档：

1）文明施工自检资料。

2）文明施工教育、培训、考核计划的资料。

3）文明施工活动各项记录资料。

（3）加强文明施工的宣传和教育 在坚持岗位练兵基础上，要采取派出去、请进来、短期培训、上技术课、登黑板报、广播、看录像、看电视等方法狠抓教育工作；要特别注意对临时工的岗前教育；专业管理人员应熟悉掌握文明施工的规定。

（4）现场文明施工管理的主要内容

1）现场管理。

2）安全防护。

3）临时用电安全。

4）机械设备安全。

5）消防、保卫管理。

6）材料管理。

7）环境保护管理。

8）环卫卫生管理。

9）宣传教育。

8.2.2 文明施工一般要求

施工现场文明施工一般要求如下：

1）施工现场主出入口醒目的位置，应公示工程概况、管理人员名单与监督电话、消防保卫、安全生产、文明施工、入场须知及施工现场平面图等内容。其中，工程概况牌设置在工地大门入口处，标明项目名称、规模，开、竣工日期，施工许可证号，建设单位，设计单位，施工单位，监理单位和联系电话等。施工现场周围设围挡，高度不小于2m。

2）施工现场的管理人员在施工现场应当佩戴证明其身份的证卡。

3）应当按照施工总平面布置图设置各项临时设施。现场堆放的大宗材料物品和机具设备不得侵占场内道路及安全防护等设施。

4）施工现场的用电线路、用电设施的安装和使用必须符合安装规范和安全操作规程，并按照施工组织设计进行架设，严禁任意拉线接电。施工现场必须设有保证施工安全要求的夜间照明；危险潮湿场所的照明及手持照明灯具，必须采用符合安全要求的电压。

5）施工机械应当按照施工总平面布置图规定的位置和线路设置，不得任意侵占场内道路。施工机械进场须经过安全检查，经检查合格的方能使用。施工机械操作人员必须建立机组责任制，并依照有关规定持证上岗，禁止无证人员操作。

6）应保证施工现场道路畅通，排水系统处于良好的使用状态；保持场容场貌的整洁，随时清理建筑垃圾。在车辆、行人通行的地方施工，应当设置施工标志，并对沟、井、坎、穴进行覆盖。

7）施工现场的各种安全设施和劳动保护器具，必须定期进行检查和维护，及时消除隐患，保证其安全有效。

8）施工现场应当设置各类必要的职工生活设施，并符合卫生、通风、照明等要求。职工的膳食、饮水供应等应当符合卫生要求。

9）应当做好施工现场安全保卫工作，采取必要的防盗措施，在现场周边设立围护设施。

10）应当严格依照《中华人民共和国消防条例》的规定，在施工现场建立和执行防火管理制度，设置符合消防要求的消防设施，并保持完好的备用状态。在容易发生火灾的地区施工，或者储存、使用易燃易爆器材时，应当采取特殊的消防安全措施。

11）施工现场发生工程建设重大事故的处理，依照《工程建设重大事故报告和调查程序规定》执行。

8.2.3　现场文明施工管理的要求

1. 现场管理

1）工地现场设置大门和连续、密闭的临时围护设施，且牢固、安全、整齐美观；围护外部色彩与周围环境协调。

2）严格按照相关文件规定的尺寸和规格制作各类工程标志标牌，如施工总平面图、工程概况牌、文明施工管理牌、组织网络牌、安全记录牌、防火须知牌等。

3）场内道路要平整、坚实、畅通，有完善的排水措施；严格按施工组织设计中平面布置图划定的位置整齐堆放原材料和机具、设备。

4）施工区和生活、办公区有明确的划分；责任区分片包干，岗位责任制健全，管理制度健全并上墙；施工区内废料和垃圾及时清理，成品保护措施健全有效。

2. 安全防护

1）安全帽、安全带佩戴符合要求；特殊工种个人防护用品符合要求。

2）预留洞口、电梯口防护符合要求，电梯井内每隔两层（不大于10m）设一道安全网。

3）脚手架搭设牢固、合理，梯子使用符合要求。

4）设备、材料放置安全合理，施工现场无违章作业。

5）安全技术交底及安全检查资料齐全，大型设备吊装运输方案有审批手续。

3. 临时用电

1）施工区、生活区、办公区的配电线路架设和照明设备、灯具的安装、使用应符合规范要求；特殊施工部位的内外线路按规范要求采取特殊安全防护措施。

2）配电箱和开关箱选型、配置合理，安装符合规定，箱体整洁、牢固，具备防潮、防水功能。

3）配电系统和施工机具采用可靠的接零或接地保护，配电箱和开关箱设两级漏电保护；值班电工个人防护整齐，持证上岗。

4）电动机具电源线压接牢固，绝缘完好，无乱拉、扯、压、砸现象；电焊机一、二级线防护齐全，焊把线双线到位，无破损。

5）临时用电有设计方案和管理制度，值班电工有值班、检测、维修记录。

4. 机械设备

1）室外设备有防护棚、罩；设备及加工场地整齐、平整、无易燃及妨碍物。

2）设备的安全防护装置、操作规程、标志、台账、维护保养等齐全并符合要求；操作人员持证上岗。

3）起重机械和吊具的使用应符合其性能、参数及施工组织设计（方案）的规定。

5. 消防、保卫

1）施工现场有明显防火标志，消防通道畅通，消防设施、工具、器材符合要求。现场不准吸烟。

2）易燃、易爆、剧毒材料的领退、存放、使用应符合相关规定。

3）明火作业符合规定要求，电、气焊工必须持证上岗。

4）施工现场有保卫、消防制度和方案、预案，有负责人和组织机构，有检查落实和整改措施。

6. 材料管理

1）工地的材料、设备、库房等按平面图规定地点、位置设置；材料、设备分规格存放整齐，有标识，管理制度、资料齐全，并有台账。

2）料场、库房整齐，易燃、易爆物品单独存放，库房有防火器材。"活完料净脚下清"，施工垃圾集中存放、回收、清运。

7. 环境保护

1）施工中使用易飞撒物料（如矿棉）、熬制沥青、有毒溶剂等，应有防大气污染措施。主要场地应全部硬底化，未做硬底化的场地，要定期压实地面和洒水，减少灰尘对周围环境的污染。

2）施工及生活废水、污水、废油按规定处理后排放到指定地点。

3）强噪声机械设备的使用应有降噪措施，人为活动噪声应有控制措施，以免影响污染周围居民工作与生活。当施工噪声可能超过施工现场的噪声限值时，应在开工前向建设行政主管部门和环保部门申请，核准后才能开工。

4）夜间施工应向有关部门申请，核准后才能施工。

5）在施工组织设计中要有针对性的环保措施，建立环保体系并有检查记录。

8. 环卫管理

1）建立卫生管理制度、明确卫生责任人、划分责任区，有卫生检查记录。

2）施工现场各区域整齐清洁、无积水，运输车辆必须冲洗干净后才能离场上路行使。

3）生活区宿舍整洁，不随意泼污水、倒污物，生活垃圾按指定地点集中，及时清理。

4）食堂应符合卫生标准，加工、保管生、熟食品要分开，炊事员上岗须穿戴工作服、工作帽，持有效的健康证明。

5）卫生间屋顶、墙壁严密，门窗齐全有效，按规定采用水冲洗或加盖措施，每日有专人负责清扫、保洁、灭蝇蛆。

6）应设茶水亭和茶水桶，做到有盖、加锁和有标志，夏期施工备有防暑降温措施；配备药箱，购置必要的急救、保健药品。

9. 宣传教育

1）现场组织机构健全，动员、落实、总结表彰工作扎实。

2）施工现场黑板报、宣传栏、标志标语板、旗帜等规范醒目，内容适时。使施工现场各类员工知法、懂法并自觉遵守和维护国家的法律、法令，提高员工安全意识，防止和杜绝盗窃、斗殴及黄、赌、毒等非法活动的发生。

8.3 施工现场环境保护

施工现场环境保护是按照国家有关法律法规、各级主管部门和建筑企业的要求，保护和改善作业现场的环境，控制现场的各种粉尘、废水、废气、固体废弃物、噪声、振动等对环境的污染和危害。环境保护也是文明施工的重要组成部分。

8.3.1 施工现场环境保护的主要内容

1. 建设工程项目环境管理的特点

（1）复杂性　建筑产品的固定性、生产的流动性及受外部环境影响因素多，决定了环境管理的复杂性。建筑产品生产过程中，生产人员、工具与设备的流动性、建筑产品受不同外部环境影响，使环境管理很复杂，稍有考虑不周就会出现问题。

（2）多样性　建筑产品的多样性和生产的单件性决定了环境管理的多样性。每一个建筑产品都要根据其特定要求进行施工，因此，每个建设工程项目都要根据其实际情况制订具体的环境管理计划，不可相互套用。

（3）协调性　建筑产品生产过程的连续性和分工性决定了环境管理的协调性。建筑产品不能像其他许多工业产品分解为若干部分同时生产，而必须在同一固定场地按严格程序连续生产，上一道程序不完成，下一道程序就不能进行，上一道工序生产的结果往往会被下一道工序所掩盖，而且每一道程序由不同的人员和单位来完成。因此，在建筑工程项目环境管理中，要求各单位和各专业人员横向配合与协调，共同关注产品生产接口部分环境管理的协调性。

（4）不符合性　建筑产品的委托性决定了环境管理的不符合性。建筑产品在建造前就确定了买主，按建设单位特定的要求进行委托建造。在建设工程市场供大于求的情况下，业主经常会压低标价，造成产品生产单位对健康安全管理费用的投入减少，不符合环境管理规定的现象时有发生。这就要求建设单位和生产组织单位必须重视环保费用的投入，杜绝不符合环境管理要求的现象发生。

（5）持续性　建筑产品生产的阶段性决定了环境管理的持续性。一个建设工程项目从立项到投产使用要经历五个阶段，即设计前的准备阶段（包括项目的可行性研究和立项）、设计阶段、施工阶段、使用前的准备阶段（包括竣工验收和试运行）、保修阶段。这五个阶段都要十分重视项目的安全和环境问题，持续不断地对项目各个阶段可能出现的安全和环境问题实施管理。否则，一旦在某个阶段出现环境问题就会造成投资的巨大浪费，甚至造成工程项目建设的失败。

2. 施工现场环境保护的措施

（1）施工现场环境保护措施的制订　施工现场环境保护的措施制订包括对确定的重要环境因素制定目标、指标及管理方案；明确关键岗位人员和管理人员的职责；建立施工现场对环境保护的管理制度；对噪声、电焊弧光、无损检测等方面可能造成的污染和防治的控制；易燃、易爆及其他化学危险品的管理；废弃物，特别是有毒有害及危险品包装等固体或液体的管理和控制；节能降耗管理；应急准备和响应等方面的管理制度；对工程分包方和相

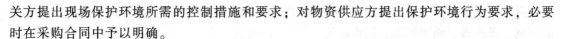

关方提出现场保护环境所需的控制措施和要求；对物资供应方提出保护环境行为要求，必要时在采购合同中予以明确。

（2）现场环境保护措施的落实

1）施工作业前，应对确定的与重要环境因素有关的作业环节，进行操作安全技术交底或指导，落实到作业活动中，并实施监控。

2）在施工和管理活动过程中进行控制检查，并接受上级部门和当地政府或相关方的监督检查，发现问题立即整改。

3）进行必要的环境因素监测控制，如施工噪声、污水或废气的排放等，项目经理部自身无条件检测时，可委托当地环境管理部门进行检测。

4）施工现场、生活区和办公区应配备的应急器材、设施应落实并完好，以备应急时使用。

5）加强施工人员的环境保护意识教育，组织必要的培训，使制订的环境保护措施得到落实。

8.3.2 防治施工噪声污染

声音是由物体振动产生的，当频率在 20～20000Hz 时，作用于人的耳鼓膜而产生的感觉称为声音。由声音构成的环境称为声环境。当环境中的声音对人类、动物及自然物没有产生不良影响时，就是一种正常的物理现象。相反，对人的生活和工作造成不良影响的声音就称之为噪声。

噪声是影响与危害非常广泛的环境污染问题。噪声环境可以干扰人的睡眠与工作、影响人的心理状态与情绪，造成人的听力损失，甚至引起许多疾病，此外噪声对人们的对话干扰也是相当大的。

噪声控制技术可从声源、传播途径、接收者防护、严格控制人为噪声、控制强噪声作业的时间等方面来考虑。

1. 声源控制

从声源上降低噪声，是防止噪声污染的最根本的措施。

施工现场尽量采用低噪声设备和工艺代替高噪声设备与加工工艺，如低噪声振捣器、风机、电动空气压缩机、电锯等。

在声源处安装消声器消声，即在通风机、鼓风机、压缩机、燃气机、内燃机及各类排气放空装置等进出风管的适当位置设置消声器。

严格控制人为噪声。施工现场应严格执行《建设工程施工现场管理规定》，提倡文明施工；建立健全控制人为噪声的管理制度，加强施工人员的素质培养，减少人为的大声喧哗；增强全体施工人员防噪声扰民的自觉意识，进入施工现场不得高声喊叫、无故甩打模板、乱吹哨；限制高音喇叭的使用，运输材料的车辆进入施工现场严禁鸣笛；装卸材料应做到轻拿轻放。

2. 传播途径的控制

在传播途径上控制噪声方法主要有以下几种：

吸声：利用吸声材料（大多由多孔材料制成）或由吸声结构形成的共振结构（金属或木质薄板钻孔制成的空腔体）吸收声能，降低噪声。

隔声：应用隔声结构，阻碍噪声向空间传播，将接收者与噪声声源分隔。隔声结构包括隔声室、隔声罩、隔声屏障、隔声墙等。

消声：利用消声器阻止传播。允许气流通过的消声降噪是防治空气动力性噪声的主要装置，如对空气压缩机、内燃机产生的噪声进行消声等。

减振降噪：对来自振动引起的噪声，通过降低机械振动减小噪声，如将阻尼材料涂在振动源上，或改变振动源与其他刚性结构的连接方式等。

3. 接收者的防护

让处于噪声环境下的人员使用耳塞、耳罩等防护用品，减少相关人员在噪声环境中的暴露时间，以减轻噪声对人体的危害。

4. 控制强噪声作业的时间

在施工现场，超出规定时间的一般是连续搅拌混凝土、支模板及浇筑混凝土等作业。这些产生噪声的作业在正常情况下是避免不了的，而且这些噪声的强度非常大，都超出了国家规定的噪声排放标准，夜间作业时尤为突出。当施工单位在人口稠密区进行强噪声作业时，须严格控制作业时间，一般晚10点到次日早6点之间停止强噪声作业。施工现场的强噪声设备宜设置在远离居民区的一侧。对因生产工艺要求或其他特殊需要，确需在22时至次日早6时期间进行强噪声工作的，施工前建设单位和施工单位应到有关部门提出申请，经批准后方可进行夜间施工，并公告附近居民。

根据国家标准《建筑施工场界环境噪声排放标准》（GB 12523—2011）的要求，对不同施工作业的噪声限值见表8-1。在工程施工中，要特别注意不得超过国家标准的限值，尤其是夜间禁止打桩作业。

表 8-1   建筑施工场界噪声限值

施工阶段	主要噪声源	噪声限值/dB（A）	
		昼间	夜间
土石方	推土机、挖掘机、装载机等	75	55
打桩	各种打桩机械等	85	禁止施工
结构	混凝土搅拌机、振捣棒、电锯等	70	55
装修	起重机、升降机	65	55

8.3.3   防治空气污染

气体状态污染物具有运动速度较大，扩散较快，在周围大气中分布比较均匀的特点。施工工地的气体污染物主要有锅炉、熔化炉、厨房烧煤产生的烟尘；建材破碎、筛分、碾磨、加料过程、装卸运输过程中产生的粉尘；汽车尾气、沥青烟中含有的碳氢化合物等。

空气污染的防治措施主要有：

1）施工现场宜采取措施硬化，其中主要道路、料场、生活办公区域必须进行硬化处理，土方应集中堆放。裸露的场地和集中堆放的土方应采取覆盖、固化或绿化等措施，施工现场垃圾渣土要及时清理出现场。

2）施工现场道路应指定专人定期洒水清扫，形成制度，防止道路扬尘。车辆开出工地要做到不带泥沙，基本做到不洒土、不扬尘，减少对周围环境污染。

3）高大建筑物清理施工垃圾时，要使用封闭式的容器或者采取其他措施处理高处废弃物，严禁凌空随意抛撒。

4）对于细颗粒散体材料（如水泥、粉煤灰、白灰等）的运输、储存要注意遮盖、密封，防止和减少飞扬。

5）除设有符合规定的装置外，禁止在施工现场焚烧油毡、橡胶、塑料、皮革、树叶、枯草、各种包装物等废弃物品，以及其他会产生有毒、有害烟尘和恶臭气体的物质。

6）机动车都要安装减少尾气排放的装置，确保符合国家标准。

7）工地茶炉应尽量采用电热水器，若只能使用烧煤茶炉和锅炉时，应选用消烟除尘型茶炉和锅炉，大灶应选用消烟节能回风炉灶，使烟尘降至允许排放范围为止。

8）城市市区的建设工程已不容许搅拌混凝土。在容许设置搅拌站的工地，应将搅拌站封闭严密，并在进料仓上方安装除尘装置，采用可靠措施控制工地粉尘污染。

9）拆除旧建筑物时，应适当洒水，防止扬尘。

8.3.4 防治建筑工地上常见的固体废物

1. 固体废物的概念

固体废物是生产、建设、日常生活和其他活动中产生的固态、半固态废弃物质。固体废物是一个极其复杂的废物体系，按照其化学组成可分为有机废物和无机废物；按照其对环境和人类健康的危害程度可以分为一般废物和危险废物。

施工工地常见的固体废物有：

建筑渣土：包括砖瓦、碎石、渣土、混凝土碎块、废钢铁、碎玻璃、废屑、废弃装饰材料等。

废弃的散装建筑材料：包括散装水泥、石灰等。

生活垃圾：包括炊厨废物、丢弃食品、废纸、生活用具、玻璃、陶瓷碎片、废电池、废旧日用品、废塑料制品、煤灰渣、粪便、废交通工具。

设备、材料等的废弃包装材料。

2. 固体废物对环境的危害

固体废物对环境的危害是全方位的，主要表现在以下几个方面：

（1）侵占土地 由于固体废物的堆放，可直接破坏土地和植被。

（2）污染土壤 固体废物的堆放中，有害成分易污染土壤，并在土壤中发生积累，给作物生长带来危害。部分有害物质还能杀死土壤中的微生物，使土壤丧失腐解能力。

（3）污染水体 固体废物遇水浸泡、溶解后，其有害成分随地表径流或土壤渗流污染地下水和地表水；此外，固体废物还会随风飘迁进入水体造成污染。

（4）污染大气 以细颗粒状存在的废渣垃圾和建筑材料在堆放和运输过程中，会随风扩散，使大气中悬浮的灰尘废弃物提高；此外，固体废物在焚烧等处理过程中，可能产生有害气体，造成大气污染。

（5）影响环境卫生 固体废物的大量堆放，会招致蚊蝇滋生，臭味四溢，严重影响工地及周围环境卫生，对员工和工地附近居民的健康造成危害。

3. 固体废物的主要处理方法

固体废物处理的基本思路是采取资源化、减量化和无害化的处理，对固体废物产生的全过程进行控制。建筑工地固体废物的主要处理方法有：

（1）回收利用　回收利用是对固体废物进行资源化、减量化的重要手段之一。对建筑渣土可视其情况加以利用；废钢可按需要用作金属原材料；对废电池等废弃物应分散回收，集中处理。

（2）减量化处理　减量化是对已经产生的固体废物进行分选、破碎、压实浓缩、脱水等减少其最终处置量，降低处理成本，减少对环境的污染。在减量化处理的过程中，也包括和其他处理技术相关的工艺方法，如焚烧、热解、堆肥等。

（3）焚烧技术　焚烧用于不适合再利用且不宜直接予以填埋处置的废物，尤其是对于受到病菌、病毒污染的物品，可以用焚烧进行无害化处理。焚烧处理应使用符合环境要求的处理装置，注意避免对大气的二次污染。

（4）稳定和固化技术　利用水泥、沥青等胶结材料，将松散的废物包裹起来，减小废物的毒性和可迁移性，使得污染减少。

（5）填埋　填埋是固体废物处理的最终技术，经过无害化、减量化处理的废物残渣集中到填埋场进行处置。填埋场应利用天然或人工屏障，尽量使需处置的废物与周围的生态环境隔离，并注意废物的稳定性和长期安全性。

8.3.5　防治水污染

1. 水污染物的主要来源

（1）工业污染源　是指各种工业废水向自然水体的排放。

（2）生活污染源　主要有食物废渣、食油、粪便、合成洗涤剂、杀虫剂、病原微生物等。

（3）农业污染源　主要有化肥、农药等。

施工现场废水和固体废物随水流流入水体部分，包括泥浆、水泥、油漆、各种油类、混凝土外加剂、重金属、酸碱盐、非金属无机毒物等。

废水处理的目的是把废水中所含的有害物质分离出来。废水处理方法分为物理法、化学法、物理化学方法和生物法。

2. 施工现场水污染的防治

1）施工现场应统一规划排水管线，建立污水、雨水排水系统，设置排水沟及沉淀池，现场废水不得直接排入市政污水管网和河流。

2）现场存放的油料、化学溶剂等物品应设有专门的库房，地面应进行防渗漏处理，如采用防渗混凝土地面、铺油毡等措施。使用时，要采取防止油料跑、冒、滴、漏的措施，以免污染水体；废弃的油料和化学溶剂应集中处理，不得随意倾倒。

3）施工现场临时食堂的污水排放时，可设置简易有效的隔油池，定期清理，防止污染；不得将食物加工废料、食物残渣等废弃物排入下水道。

4）中心城市施工现场的临时厕所可采用水冲式厕所，并有防蝇、灭蛆措施，化粪池应采取防渗漏措施，防止污染水体和环境。现场临时厕所产生的污水经过分解、沉淀后，通过施工现场内的管线排入化粪池，与市政排污管网相接。

5）食堂、盥洗室、淋浴间的下水管线应设置隔离网，并应与市政污水管线连接，保证排水通畅。

6）禁止将有毒有害废弃物做土方回填，以免污染地下水和环境。

8.3.6 环境卫生与防疫

建筑工程施工现场条件差，人员流动性强，做好环境卫生与防疫工作非常重要。为防止或最大限度地减少疾病事故和传染病的流行，搞好环境卫生与卫生防疫工作应采取以下措施：

1. 卫生保健

1）施工现场应设置保健卫生室，配备保健药箱、常用药及绷带、止血带、颈托、担架等急救器材，小型工程可以用办公用房兼作保健卫生室。

2）施工现场应当配备兼职或专职急救人员，处理伤员和职工保健，对生活卫生进行监督和定期检查食堂、饮食等卫生情况。

3）要利用板报等形式向职工介绍防病的知识和方法，做好对职工卫生防病的宣传教育工作，针对季节性流行病、传染病等。

4）当施工现场作业人员发生法定传染病、食物中毒、急性职业中毒时，必须在2h内向事故发生所在地建设行政主管部门和卫生防疫部门报告，并应积极配合调查处理。

5）现场施工人员患有法定的传染病或为病源携带者时，应及时进行隔离，并由卫生防疫部门进行处置。

2. 保洁

办公区和生活区应设专职或兼职保洁员，负责卫生清扫和保洁，应有灭鼠、蚊、蝇、蟑螂等措施，并应定期投放和喷洒药物。

3. 食堂卫生

1）食堂必须有卫生许可证。

2）炊事人员必须持有身体健康证，上岗应穿戴洁净的工作服、戴工作帽和口罩，并应保持个人卫生。

3）炊具、餐具和饮水器具必须及时清洗消毒。

4）必须加强食品、原料的进货管理，做好进货登记。严禁购买无照、无证商贩经营的食品和原料，施工现场的食堂严禁出售变质食品。

思考题与习题

1. 治安保卫工作有哪些内容？
2. 施工现场门卫值班人员一般要具备哪些条件？
3. 工程现场文明施工有哪些基本要求？
4. 现场文明施工的措施有哪些？
5. 简述建筑施工现场防治大气污染的措施。
6. 简述建筑施工现场防治噪声污染的措施。
7. 如何做好建筑施工现场环境卫生与防疫工作？

职业活动训练

活动　文明施工检查与评分

1. 分组要求：全班分 6~8 个组，每组 5~7 人。

2. 学习要求：学生在教师指导下，观看施工现场的影像及图文资料，按文明施工检查评分表的内容对现场文明施工情况进行检查评分。

3. 成果：以小组为单位填写文明施工检查评分表。

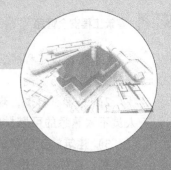

第9章

消防安全管理

9.1 消防安全管理介绍

9.1.1 消防安全基本概念

消防安全是指控制能引起火灾、爆炸的因素，消除能导致人员伤亡或引起设备、财产破坏和损失的条件，为人们生产、经营、工作、生活创造一个不发生或少发生火灾的安全环境。

消防安全管理是指单位管理者和主管部门遵循经营管理活动规律和火灾发生的客观规律，依照有关规定，运用管理方法，通过管理职能合理有效地组合，保证消防安全的各种资源所进行的一系列活动，以保护单位员工免遭火灾危害，保护财产不受火灾损失，促进单位改善消防安全环境，保障单位经营、技术的顺利发展。

消防安全管理是单位劳动、经营过程的一般要求，是其生存和发展的客观要求，是单位共同劳动和共同生活不可缺少的组成部分。

9.1.2 消防安全管理的必要性

加强施工现场消防安全管理的必要性主要体现在以下几个方面：

1）在建设工程中，可燃性临时建筑物多，受现场条件限制，仓库、食堂等临时性的易燃建筑物毗邻。

2）易燃材料多，现场除了传统的油毡、木料、油漆等可燃性建材之外，还有许多施工人员不太熟悉的可燃材料，如聚苯乙烯泡沫塑料板、聚氨酯软质海绵、玻璃钢等。

3）建筑施工手段的现代化、机械化，使施工离不开电源、卷扬机、起重机、搅拌机、对焊机、电焊机、聚光灯塔等大功率电气设备，其电源线的敷设大多是临时性的，电气绝缘层容易磨损，电气负荷容易超载，而且这些电气设备多是露天设置的，易使绝缘老化、漏电或遭受雷击，造成火灾。

施工现场存在着用电量大，临时线路纵横交错，容易短路、漏电产生电火花或用电负荷量大等引起火灾的隐患。

4）交叉作业多，施工工序相互交叉，火灾隐患不易发现，施工人员流动性较大，安全文化程度不一，安全意识薄弱。

5）装修过程险情多，在装修阶段或者工程竣工后的维护过程，因场地狭小、操作不便，建筑物的隐蔽部位较多，如果用火、喷涂油漆等，不加小心就会酿成火灾。

施工现场存在较多的火灾隐患，一旦发生火灾，不仅会烧毁未建成的建筑物和其周围建筑物，带来巨大的经济损失，而且会造成重大人员伤亡。消防安全直接关系到人民群众生命和财产安全，必须加强消防安全管理。

9.2 施工现场消防安全职责

9.2.1 施工单位消防安全职责

《机关、团体、企业、事业单位消防安全管理规定》第十二条规定，建筑工程施工现场的消防安全由施工单位负责。实行施工总承包的，由总承包单位负责。分包单位向总承包单位负责，服从总承包单位对施工现场的消防安全管理。对建筑物进行局部改建、扩建和装修的工程，建设单位应当与施工单位在订立的合同中明确各方对施工现场的消防安全责任。

《中华人民共和国消防法》（简称《消防法》）第十四条规定，机关、团体、企业、事业单位应当履行下列消防安全职责：

1）制订消防安全制度、消防安全操作规程。

2）实行防火安全责任制，确定本单位和所属部门、岗位的消防安全责任人。

3）针对本单位的特点对职工进行消防安全教育。

4）组织防火检查，及时消除火灾隐患。

5）按照国家有关规定配置消防设施和器材、设置消防安全标志，并定期组织检查、维修，确保消防设置和器材完好、有效。

6）保障疏散通道、安全出口畅通，并设置符合国家规定的消防安全疏散标志。

《消防法》第十八条规定，禁止在具有火灾、爆炸危险的场所使用明火；因特殊情况需要使用明火作业的，应当按照规定程序事先办理审批手续。作业人员应当遵守消防安全规定，并采取相应的消防安全措施。进行电焊、气焊等具有火灾危险的作业人员和自动消防系统的操作人员，必须持证上岗，并严格遵守消防安全操作规程。

《消防法》第二十一条规定，任何单位、个人不得损坏或者擅自挪用、拆除、停用消防设施、器材，不得埋压、圈占消防栓，不得占用防火间距，不得堵塞消防通道。

《中华人民共和国建筑法》第三十九条规定，建筑施工企业应当在施工现场采取维护安全、防范危险、预防火灾等措施；有条件的，应当对施工现场实行封闭管理。

《建设工程安全生产管理条例》第三十一条规定，施工单位应当在施工现场建立消防安全责任制度，确定消防安全责任人，制定用火、用电、使用易燃易爆材料等各项消防安全管理制度和操作规程，设置消防通道、消防水源，配备消防设施和灭火器材，并在施工现场入口处设置明显标志。

《关于防止发生施工火灾事故的紧急通知》（建监安〔1998〕12号）主要内容如下：

1）各地区、各部门、各企业都要切实增强全员的消防安全意识。

2）各地区、各部门、各企业要立即组织一次施工现场消防安全大检查，切实消除火灾隐患，警惕火灾的发生。检查的重点是施工现场（包括装饰装修工程）、生产加工车间、临时办公室、临时宿舍以及有明火作业和各类易燃易爆物品的存放场所等。

3）建筑施工企业要严格执行国家和地方有关消防安全的法规、标准和规范，坚持"预防为主"的原则，建立和落实施工现场消防设备的维护、保养制度以及化工材料、各类油料等易燃品仓库管理制度，确保各类消防设施的可靠、有效及易燃品存放、使用安全。

4）要严肃施工火灾事故的查处工作，对发生重大火灾事故的，要严格按照"四不放过"的原则，查明原因、查清责任，对肇事者和有关负责人要严肃进行查处。施工现场发生重大火灾事故的，在向公安消防部门报告的同时，必须及时报告当地建设行政主管部门，对有重大经济损失的和产生重大社会影响的火灾事故，要及时报告建设部建设监理司。

9.2.2　施工单位消防安全组织

建立消防安全组织，明确各级消防安全管理职责，是确保施工现场消防安全的重要前提。施工现场消防安全组织包括：

1）建立消防安全领导小组，负责施工现场的消防安全领导工作。

2）成立消防安全保卫组（部），负责施工现场的日常消防安全管理工作。

3）成立义务消防队，负责施工现场的日常消防安全检查、消防器材维护和初期火灾扑救工作。

4）项目经理是施工现场的消防安全责任人，对施工现场的消防安全工作全面负责；同时确定一名主要领导为消防安全管理人，具体负责施工现场的消防安全工作；配备专、兼职消防安全管理人员（消防干部、消防主管），负责施工现场的日常消防安全管理工作。

9.2.3　施工现场消防安全职责

1. 项目经理职责

1）对项目工程生产经营过程中的消防工作负全面领导责任。

2）贯彻落实消防方针、政策、法规和各项规章制度，结合项目工程特点及施工全过程的情况，制订本项目各消防管理办法或提出要求，并监督实施。

3）根据工程特点确定消防规章管理体制和人员，并确定各业务承包人的消防保卫责任和考核指标，支持、指导消防人员工作。

4）组织落实施工组织设计中的消防措施，组织并监督项目施工中消防技术交底和设备、设施验收制度的实施。

5）领导、组织施工现场定期的消防检查，发现消防工作中的问题，制订措施，及时解决。对上级提出的消防与管理方面的问题，要定时、定人、定措施予以整改。

6）发生事故，要做好现场保护与抢救工作，及时上报，组织、配合事故调查，认真落实制订的整改措施，吸取事故教训。

7）对外包队伍加强消防安全管理，并对其进行评定。

8）参加消防检查，对施工中存在的不安全因素，从技术方面提出整改意见和方法并予以清除。

9）参加并配合火灾及重大未遂事故的调查，从技术上分析事故原因，提出防范措施、意见。

2. 工长职责

1）认真执行上级有关消防安全生产规定，对所管辖班组的消防安全生产负直接领导责任。

2）认真执行消防安全技术措施及安全操作规程，针对生产任务的特点，向班组进行书面消防安全技术交底，履行签字手续，并对规程、措施、交底的执行情况实施经常检查，随时纠正现场及作业中的违章、违规行为。

3）经常检查所管辖班组作业环境及各种设备、实施的消防安全状况，发现问题及时纠正、解决。对重点、特殊部位施工，必须检查作业人员及设备、设施状况是否符合消防安全要求，严格执行消防安全技术交底，落实安全技术措施，并监督其认真执行，做到不违章指挥。

4）定期组织所管辖班组学习消防规章制度，开展消防安全教育活动，接受安全部门或人员的消防安全监督检查，及时解决提出的不安全问题。

5）对分管工程项目应用的符合审批手续的新材料、新工艺、新技术，要组织作业工人进行消防安全技术培训；若在施工中发现问题，必须立即停止使用，并上报有关部门或领导。

6）发生火灾或未遂事故要保护现场，立即上报。

3. 班组长职责

1）对本班组的消防工作负全面责任。认真贯彻执行各项消防规章制度及安全操作规程，认真落实消防安全技术交底，合理安排班组人员工作。

2）熟悉本班组的火灾危险性，遵守岗位防火责任制，定期检查班组作业现场消防状况，发现问题及时解决。

3）严格执行劳动纪律，及时纠正违章、蛮干现象，认真填写交接班记录和有关防火工作的原始资料，使防火管理和火灾隐患检查整改在班组不留任何漏洞。

4）经常组织班组人员学习消防知识，监督班组人员正确使用个人劳动保护用品。

5）对新调入的职工或变更工种的职工，在上岗位之前进行防火安全教育。

6）熟悉本班组消防器材的分布位置，加强管理，明确分工，发现问题及时反映，保证初期火灾的扑救。

7）发现火灾苗头，保护好现场，立即上报有关领导。

8）发生火灾事故，立即报警和向上级报告，组织本班组义务消防人员和职工扑救，保护火灾现场，积极协助有关部门调查火灾原因，查明责任者并提出改进意见。

4. 班组工人职责

1）认真学习和掌握消防知识，严格遵守各项防火规章制度。

2）认真执行消防安全技术交底，不违章作业，服从指挥、管理；随时随地注意消防安全，积极主动地做好消防安全工作。

3）发扬团结友爱精神，在消防安全生产方面做到相互帮助、互相监督，对新工人要积极传授消防保卫知识，维护一切消防设施和防护用具，做到正确使用，不损坏、不私自拆改、挪用。

4）对不利于消防安全的作业要积极提出意见，并有权拒绝违章指挥。

5）发现有火灾险情立即向领导反映，避免事故发生。

6）发现火灾应立即向有关部门报告火警，不谎报火警。

7）发生火灾事故时，有参加、组织灭火工作的义务，并保护好现场，主动协助领导查清起火原因。

5. 消防负责人职责

项目消防负责人是工地防火安全的第一责任人，负责本工地的消防安全，履行以下职责：

1）制订并落实消防安全责任制和防火安全管理制度，组织编制火灾的应急预案和落实防火、灭火方案以及火灾发生时应急预案的实施。

2）拟定项目经理部及义务消防队的消防工作计划。

3）配备灭火器材，落实定期维护、保养措施，改善防火条件，开展消防安全检查和火灾隐患整改工作，及时消除火灾隐患。

4）管理本工地的义务消防队和灭火训练，组织灭火和应急疏散预案的实施和演练。

5）组织开展职工消防知识、技能的宣传教育和培训，使职工懂得安全动火、用电和其他防火、灭火常识，增强职工消防意识和自防自救能力。

6）组织火灾自救，保护火灾现场，协助火灾原因调查。

6. 消防干部职责

1）认真贯彻"预防为主、防消结合"的消防工作方针，协助防火负责人制订防火安全方案和措施，并督促落实。

2）定期进行防火安全检查，及时消除各种火灾隐患，纠正违反消防法规、规章的行为，并向防火负责人报告，提出对违章人员的处理意见。

3）指导防火工作，落实防火组织、防火制度和灭火准备，对职工进行防火宣传教育。

4）组织参加本业务系统召集的会议，参加施工组织设计的审查工作，按时填报各种报表。

5）对重大火灾隐患及时提出消除措施的建议、填发火灾隐患通知书，并报消防监督机关备案。

6）组织义务消防队的业务学习和训练。

7）发生火灾事故，立即报警和向上级报告，同时要积极组织扑救，保护火灾现场，配合事故的调查。

7. 义务消防队职责

1）热爱消防工作，遵守和贯彻有关消防制度，并向职工进行消防知识宣传，提高防火警惕。

2）结合本职工作，班前、班后进行防火检查，发现不安全的问题及时解决，解决不了的应采取措施并向领导报告，发现违反防火制度者有权制止。

3）经常维修、保养消防器材及设备，并根据本单位的实际情况需要报请领导添置各种消防器材。

4）组织消防业务学习和技术操练，提高消防业务水平。

5）组织队员轮流值勤。

6）协助领导制订本单位灭火的应急预案。发生火灾立即启动应急预案，实施灭火与抢救工作。协助领导和有关部门保护现场，追查失火原因，提出改进措施。

9.2.4　消防安全法律责任

消防安全法律责任分为民事责任、行政责任和刑事责任三种。

1. 行政责任

《消防法》设定了警告、罚款、没收非法财物和没收非法所得、责令停止施工、停止使用、停产停业、拘留等行政处罚。

《消防法》第四十二条规定，擅自降低消防技术标准施工、使用防火性能不符合国家标准或者行业标准的建筑构件和建筑材料或者不合格的装修、装饰材料施工的责令限期改正；逾期不改正的，责令停止施工，可以并处罚款。单位有前款行为的，依照前款的规定处罚，并对其直接负责人员处警告或者罚款。

《消防法》第四十六条规定，违反规定生产、储存、运输、销售或者使用、销毁易燃易爆危险物品的，责令停止违反行为，可以处警告、罚款或者十五日以下拘留。单位有前款行为的，责令停止违反行为，可以处警告或者罚款，并对其直接负责的主管人员和其他责任人员依照前款的规定处罚。

《消防法》第四十七条规定，有下列行为之一的，处警告、罚款或者十日以下拘留：

1）违反消防安全规定进入生产、储存易燃易爆危险物品场所的。

2）违法使用明火作业或者在具有火灾、爆炸危险的场所违反禁令，吸烟、使用明火的。

3）阻拦报火警或者谎报火警的。

4）故意阻碍消防车、消防艇赶赴火灾现场或者扰乱火灾现场秩序的。

5）拒不执行火场指挥员指挥，影响灭火救灾的。

6）过失引起火灾、尚未造成严重损失的。

《消防法》第四十八条规定，违反本法的规定，有下列行为之一的，处警告或者罚款：

1）指使或者强令他人违反消防安全规定，冒险作业，尚未造成严重后果的。

2）埋压、圈占消火栓或者占用防火间距、堵塞消防通道的，或者损坏和擅自挪用、拆除、停用消防设施、器材的（应当责令期限恢复原状或者赔偿损失，对逾期不恢复原状的，应当强制拆除或者清除，所需要费用由违法行为人承担）。

3）有重大火灾隐患，经公安消防机构通知逾期不改正的。

4）单位有此行为的，依照前款的规定处罚，并对其直接负责的主管人员和其他直接责任人员处警告或者罚款。

5）火灾扑灭后，为隐瞒、掩饰起火原因，推卸责任，故意破坏现场或者伪造现场，尚不构成犯罪的，处警告、罚款或者十五日以下拘留。单位有前款行为的，处警告或者罚款，并对其直接负责的主管人员和其他直接责任人员依照前款的规定处罚。

2．刑事责任

有违犯《消防法》的行为，构成犯罪的，依法追究刑事责任。《中华人民共和国刑法》中与消防安全相关条款有：危害公共安全罪（第115条）、重大责任事故罪（第134条）、违反危险物品管理罪（136条）、违反消防管理罪（139条）。

此外，《建筑工程安全生产管理条例》规定，施工单位未在施工现场的危险部位设置明显的安全警示标志，或者未按照国家有关规定在施工现场设置消防通道、消防水源，配备消防设施和灭火器材的，责令限期改正；逾期未改正的，责令停业整顿，依照《中华人民共和国安全生产法》的有关规定处以罚款；造成重大安全事故，构成犯罪的，对直接责任人员，依照刑法有关规定追究刑事责任。

9.3 施工现场平面布置的消防安全要求

9.3.1 防火间距要求

施工现场的平面布局应以施工工程为中心，明确划分出用火作业区、禁火作业区（易燃可燃材料的堆放场地）、仓库区、现场生活区和办公区等区域；应设立明显的标志，将火灾危险性大的区域布置在施工现场常年主导风向的下风侧或侧风向，各区域之间的防火间距应符合消防技术规范和有关地方法规的要求。

1）禁火作业区距离生活区应不小于15m，距离其他区域应不小于25m。

2）易燃、可燃材料的堆料场及仓库距离修建的建筑物和其他区域应不小于20m。

3）易燃废品的集中场地距离修建的建筑物和其他区域应不小于30m。

4）防火间距内，不应堆放易燃、可燃材料。

5）临时设施最小防火间距，要符合《建筑设计防火规范》和国务院《关于工棚或临时宿舍防火和卫生设施的暂行规定》。

9.3.2 现场道路消防要求

1）施工现场的道路，夜间要有足够的照明设备。

2）施工现场必须建立消防通道，其宽度应不小于3.5m，禁止占用场内通道堆放材料，在工程施工的任何阶段都必须通行无阻。施工现场的消防水源处，还要有消防车能驶入的道路，如果不可能修建通道时，应在水源（池）一边铺砌停车和回车空地（图9-1）。

3）临时性建筑物、仓库以及正在修建的建（构）筑物的道路旁，都应该配置适当种类和一定数量灭火器，并布置在明显和便于取用的地点。冬期施工还应对消防水池、消火栓和

图 9-1　厂区道路

灭火器等做好防冻工作。

9.3.3　临时设施消防要求

作业棚和临时生活设施的规划和搭建，必须符合下列要求：

1）临时生活设施应尽可能搭建在距离正在修建的建筑物 20m 以外的地区，禁止搭设在高压架空电线的下面，距离高压架空电线的水平距离不应小于 6m。

2）临时宿舍与厨房、锅炉房、变电所和汽车库之间的防火距离不应小于 15m。

3）临时宿舍等生活设施，距离铁路的中心线以及小量易燃品储藏室的间距不应小于 30m。

4）临时宿舍距离火灾危险性大的生产场所不得小于 30m。

5）为储存大量的易燃物品、油料、炸药等所修建的临时仓库，与永久工程或临时宿舍之间的防火间距应根据所储存物品的数量，按照有关规定来确定。

6）在独立的场地上修建成批的临时宿舍时，应当分组布置，每组最多不超过两幢，组与组之间的防火距离，在城市市区不小于 20m，在农村不小于 10m。作为临时宿舍的简易楼房的层高应当控制在两层以内，且每层应当设置两个安全通道。

7）生产工棚包括仓库，无论有无用火作业或取暖设备，室内最低高度一般不应小于 2.8m，其门的宽度要大于 1.2m，并且要双扇向外开。

9.3.4　消防用水要求

施工现场要设有足够的消防水源（给水管道或蓄水池），对有消防给水管道设计的工程，应在施工时先敷设好室外消防给水管道与消火栓。

现场应设消防水管网，配备消火栓。进水干管直径不小于 100mm。较大工程要分区设置消火栓；施工现场消火栓处，日夜要设明显标志，配备足够消防水带，周围 3m 内，不准存放任何物品。消防泵房应用非燃材料建造，设在安全位置，消防泵专用配电线路应引自施工现场总断路器的上端，要保证连续不间断供电。

9.4　消防设施、器材的配备及布置

根据灭火的需要，建筑施工现场必须配置相应种类、数量的消防器材、设备、设施，如消防水池（缸）、消防梯、沙箱（池）、消火栓、消防桶、消防锹、消防钩（安全钩）及灭火器等。

9.4.1　消防器材的配备

1）一般临时设施区域内，每 $100m^2$ 配备 2 只 10L 灭火器。

2）大型临时设施总面积超过 $1200m^2$，应备有专供消防用的积水桶（池）、黄沙池等器材、设施。上述设施周围不得堆放物品，并留有消防车通道。

3）临时木工间、油漆间，木、机具间每 $25m^2$ 配备一只种类合适的灭火器。油库、危险品仓库应配备足够数量、种类合适的灭火器。

4）仓库或堆料场内，应根据灭火对象的特征，分组布置酸碱、泡沫、清水、二氧化碳等灭火器，每组灭火器不应少于 4 个，每组灭火器之间的距离不应大于 30m。

5）高度 24m 以上高层建筑施工现场应设置具有足够扬程的高压水泵或其他防火设备和设施。

6）施工现场的临时消火栓应分设于明显且便于使用的地点，并保证消火栓的充实水柱能达到工程的任何部位。

7）室外消火栓应沿消防车通道或堆料场内交通道路的边缘设置，消火栓之间的距离不应大于 50m。

8）采用低压给水系统，管道内的压力在消防用水量最大时不低于 0.1MPa；采用高压给水系统，管道内的压力应保证两支消防水枪同时布置在堆场内最远和最高处的要求，消防水枪充实水柱不小于 13m，每支消防水枪的流量不应小于 5L。

9.4.2　消防器材的设置位置

灭火器不得设置在环境温度超出其使用温度的范围，见表 9-1，如图 9-2 所示。

表 9-1　灭火器的使用温度范围

灭火器类型	使用温度范围/℃	灭火器类型		使用温度范围/℃
清水灭火器	4~55	干粉灭火器	储气瓶式	10~55
酸碱灭火器	4~55		储压式	20~55
化学泡沫灭火器	4~55	卤代烷式灭火器		20~55
二氧化碳灭火器	10~55			

9.4.3　消防器材的日常管理

1）各种消防梯经常保持完整、完好。

2）消防水枪要经常检查，保持开关灵活，水流畅通，附件齐全、无锈蚀。

3）消防水带冲水防骤然折弯，不被油脂污染，用后清洗晒干，收藏时单层卷起，竖直

图 9-2　消防器材，右侧中间红色的是消防灭火器

放在架上。

4）各种管接头和阀盖应接装灵便，松紧适度，无渗漏，不得与酸碱等化学品混放，使用时不得撞压。

5）消火栓按室内外（地上、地下）的不同要求定期进行检查和及时加注润滑液，消火栓上应经常清理。

6）工地设有火灾探测和自动报警灭火系统时，应设专人管理，保持处于完好状态。

7）消防水池与建筑物之间的距离一般不得小于 10m，在水池的周围留有消防车通道。在冬季或寒冷地区，消防水池应有可靠的防冻措施。

9.5　焊接机具、燃气具的安全管理

9.5.1　电焊设备的防火、防爆要求

1）每台电焊机均需设专用断路开关，并有与电焊机相匹配的过流保护装置，装在防火防雨的配电箱内。现场使用的电焊机，应设有防雨、防潮、防晒的机棚，并装设相应消防器材。

2）每台电焊机应设独立的接地、接零线，其接点用螺钉压紧。电焊机的接线柱、接线孔等应装在绝缘板上，并有防护罩保护。电焊机应放置在避雨、干燥的地方，不准与易燃、易爆的物品或容器混放在一起。

3）电焊机和电源要符合用电安全负荷。超过 3 台以上的电焊机要固定地点集中管理，统一编号。室内焊接时，电焊机的位置、线路敷设和操作地点的选择应符合防火安全要求，作业前必须进行检查。

4）电焊钳应具有良好的绝缘和隔热能力。电焊钳握柄必须绝缘良好，握柄与导线连接牢靠，接触良好。

5）电焊机导线应具有良好的绝缘，绝缘电阻不得小于 1MΩ，应使用防水型的橡胶护套

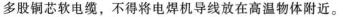

多股铜芯软电缆，不得将电焊机导线放在高温物体附近。

6）电焊机导线和接地线不得搭在氧气瓶、乙炔瓶、乙炔发生器、煤气、液化气等易燃、易爆设备和带有热源的物品上；专用的接地线直接接在焊件上，不准接在管道、机械设备、建筑物金属架或轨道上。

7）电焊机导线长度不宜大于30m，当需要加长时，应相应增加导线的截面面积，电焊机导线中间不应有接头，如果必须设有接头，其接头处要距离易燃、易爆物10m以上，防止接触打火，造成起火事故。

8）电焊机二次线，应用线鼻子压接牢固，并加防护罩，防止松动、短路放弧。禁止使用无防护罩的电焊机。

9）施焊现场10m范围内，不得堆放油类、木材、氧气瓶、乙炔发生器等易燃易爆物品。

10）当长期停用的电焊机恢复使用时，其绝缘电阻不得小于0.5MΩ，接线部分不得有腐蚀和受潮现象。

9.5.2 气焊设备的防火、防爆要求

1. 氧气瓶与乙炔瓶

1）氧气瓶与乙炔瓶是气焊工艺的主要设备，属于易燃、易爆的压力容器。乙炔气瓶必须配备专用的乙炔减压器和回火防止器，可以防止氧气倒回而发生事故。氧气瓶要安装高、低气压表，不得接近热源，瓶阀及其附件不得沾油脂。

2）氧气瓶、乙炔气瓶与气焊操作地点（含一切明火）的距离不应小于10m，焊、割作业时，两者的距离不应小于5m，存放时的距离不小于2m。

3）氧气瓶、乙炔瓶应立放固定，严禁倒放，夏季不得在日光下曝晒，不得放置在高压线下面，禁止在氧气瓶、乙炔瓶的垂直上方进行焊接。

4）气焊工在操作前，必须对其设备进行检查，禁止使用保险装置失灵或导管有缺陷的设备。装置要经常检查和维护，防止漏气，同时严禁气路沾油。

5）冬期施工完毕后，要及时将乙炔瓶和氧气瓶送回存放处，并采取一定的防冻措施，以免冻结。如果冻结，严禁敲击和明火烘烤，要用热水或蒸汽加热解冻，不许用热水或蒸汽加热瓶体。

6）检查漏气时，要用肥皂水，禁止用明火试漏。作业时，要根据金属材料的材质、形状确定焊炬与金属的距离，不要距离太近，以防喷嘴太热，引起焊炬自燃回火。点火前，要检查焊炬是否正常，其方法是检查焊炬的吸力，若开了氧气而乙炔管毫无吸力，则焊炬不能使用，必须及时修复。

7）瓶内气体不得用尽，必须留有0.1~0.2MPa的余压。

8）储运时，瓶阀应戴安全帽，瓶体要有防振圈，应轻装轻卸，搬运时严禁滚动、撞击。

2. 液化石油气瓶

1）运输和储存时，环境温度不得高于60℃；严禁受日光曝晒或靠近高温热源；与明火距离不小于10m。

2）气瓶正立使用，严禁卧放、倒置。必须装专用减压器，使用耐油性强的橡胶管和衬

垫；使用环境温度以 20℃为宜。

3）冬期时，严禁火烤或沸水加热气瓶，只可以用40℃以下温水加热。

4）禁止自行倾倒残液，防止发生火灾和爆炸。

5）瓶内气体不得用尽，必须留有 0.1MPa 以上的余压。

6）禁止剧烈振动和撞击。

7）严格控制充装量，不得充满液体。

思考题与习题

一、消防安全组织、制度案例

（1）情景描述

某加油站站内设罐区（内设埋地汽油罐 2 台，单罐容积 45m³；柴油罐 1 台，单罐容积 45m³）、站房、加油区（设 10 台单枪加油机）。加油站正在逐步发展，各方面逐渐趋于成熟。加油站整体外观如下图所示。

加油站的总建筑面积 1500m²。西面由加油区、工作生活区、储油区和卸油区组成。加油区占地面积 200m²；工作生活区分为两层楼，占地面积 360m²，一楼为工作区，二楼为员工生活区；储油区和卸油区各占地面积 150m²。东面由便利店和自动洗车房组成，便利店占地面积 64m²，自动洗车房占地面积 40m²。加油站布局示意图如下图所示。

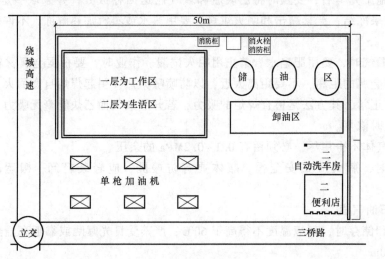

单位组建了消防安全组织机构，并且设有专职消防队，安全技术部作为该单位消防安

工作归口管理部门，并层层确定了消防安全责任人和消防安全管理人员。该单位还成立了义务消防队，并在灭火预案中明确了灭火行动组、通信联络组、疏散引导组、安全防护救护组。

单位建立健全了消防安全管理制度和保障消防安全的操作规程。

（2）问题

1）针对本项目特点及国家规范要求，请简述消防目标要求。

2）单位消防安全制度主要包括哪些内容？

二、单项选择题

1. 法人单位的法定代表人或者非法人单位的主要负责人是单位的消防安全（　　　），对本单位的消防安全工作全面负责。

A. 管理人　　　　　　B. 责任人　　　　　　C. 灭火人员　　　　　D. 消防安全检查人

2. 单位应当落实逐级消防安全（　　　）和岗位消防安全责任制，明确逐级和岗位消防安全职责，确定各级、各岗位的消防安全责任人。

A. 巡查员　　　　　　B. 检查员　　　　　　C. 责任制　　　　　　D. 灭火员

三、多项选择题

1. （　　　）单位应当加强自身的消防安全管理，预防火灾和减少火灾危害，认真贯彻落实《中华人民共和国消防法》。

A. 机关　　　　　　　B. 团体　　　　　　　C. 企业　　　　　　　D. 事业

E. 在中国国境以外施工的企业

2. 单位应当遵守国家有关规定，对易燃易爆危险品的（　　　）实行严格的消防安全管理。

A. 生产　　　　　　　B. 使用　　　　　　　C. 储存　　　　　　　D. 销售

E. 运输或者销毁

参 考 文 献

［1］ 住建部. 建筑深基坑工程施工安全技术规范：JGJ 311—2013 ［S］. 北京：中国建筑工业出版社，2013.

［2］ 住建部. 建筑施工土石方工程安全技术规范：JGJ 180—2009 ［S］. 北京：中国建筑工业出版社，2009.

［3］ 住建部. 建筑工程资料管理规程：JGJ/T 185—2009 ［S］. 北京：中国建筑工业出版社，2009.

［4］ 住建部. 建筑施工模板安全技术规范：JGJ 162—2008 ［S］. 北京：中国建筑工业出版社，2008.

［5］ 住建部. 建筑施工扣件式钢管脚手架安全技术规范：JGJ 130—2011 ［S］. 北京：中国建筑工业出版社，2011.

［6］ 住建部. 建筑施工高处作业安全技术规范：JGJ 80—2016 ［S］. 北京：中国建筑工业出版社，2016.

［7］ 住建部. 施工现场临时用电安全技术规范：JGJ 46—2005 ［S］. 北京：中国建筑工业出版社，2005.

［8］ 住建部. 施工现场机械设备检查技术规程：JGJ 160—2016 ［S］. 北京：中国建筑工业出版社，2016.

［9］ 住建部. 建筑施工安全检查标准：JGJ 59—2011 ［S］. 北京：中国建筑工业出版社，2011.

［10］ 张瑞生. 建设工程安全管理 ［M］. 武汉：武汉理工大学出版社，2008.

［11］ 胡戈，王贵宝，杨晶. 建设工程安全管理 ［M］. 北京：北京理工大学出版社，2017.

教材使用调查问卷

尊敬的老师：

您好！欢迎您使用机械工业出版社出版的教材，为了进一步提高我社教材的出版质量，更好地为我国教育发展服务，欢迎您对我社的教材多提宝贵的意见和建议。敬请您留下您的联系方式，我们将向您提供周到的服务，向您赠阅我们最新出版的教学用书、电子教案及相关图书资料。

本调查问卷复印有效，请您通过以下方式返回：

邮寄：北京市西城区百万庄大街22号机械工业出版社建筑分社（100037）

张荣荣（收）

传真：010-68994437 （张荣荣收） Email：21214777@qq.com

一、基本信息

姓名：_____ 职称：_____ 职务：_____

所在单位：_____

任教课程：_____

邮编：_____ 地址：_____

电话：_____ 电子邮件：_____

二、关于教材

1. 贵校开设土建类哪些专业？

□建筑工程技术　　□建筑装饰工程技术　　□工程监理　　□工程造价

□房地产经营与估价　□物业管理　　　　　□市政工程　　□园林景观

2. 您使用的教学手段：□传统板书　　　　　□多媒体教学　□网络教学

3. 您认为还应开发哪些教材或教辅用书？_____

4. 您是否愿意参与教材编写？希望参与哪些教材的编写？

课程名称：_____

形式：　　□纸质教材　　□实训教材（习题集）　　□多媒体课件

5. 您选用教材比较看重以下哪些内容？

□作者背景　　□教材内容及形式　　□有案例教学　　□配有多媒体课件

□其他_____

三、您对本书的意见和建议（欢迎您指出本书的疏误之处）_____

_____

_____

_____

四、您对我们的其他意见和建议_____

_____

_____

请与我们联系：

100037　北京百万庄大街22号

机械工业出版社·建筑分社　张荣荣　收

Tel：010—88379777（O），6899 4437（Fax）

E-mail：21214777@qq.com

http：//www.cmpedu.com（机械工业出版社·教材服务网）

http：//www.cmpbook.com（机械工业出版社·门户网）

http：//www.golden-book.com（中国科技金书网·机械工业出版社旗下网站）